环境污染与健康研究丛书·第二辑

名誉主编○魏复盛　丛书主编○周宜开

真菌毒素污染与健康

主编○姚平

长江出版传媒　湖北科学技术出版社

图书在版编目(CIP)数据

真菌毒素污染与健康 / 姚平主编. 一武汉:湖北科学
技术出版社,2021.12
(环境污染与健康研究丛书 / 周宜开主编. 第二辑)
ISBN 978-7-5352-7527-1

Ⅰ.①真… Ⅱ.①姚… Ⅲ.①真菌毒素－影响－健康－
研究 Ⅳ.①X503.1

中国版本图书馆 CIP 数据核字(2021)第 237656 号

策　　划:冯友仁
责任编辑:常　宁　李　青　　　　　　　　　　　封面设计:胡　博

出版发行:湖北科学技术出版社　　　　　　　　电话:027－87679485
地　　址:武汉市雄楚大街 268 号　　　　　　　邮编:430070
　　　　　(湖北出版文化城 B 座 13—14 层)
网　　址:http://www.hbstp.com.cn

印　　刷:湖北金港彩印有限公司　　　　　　　邮编:430023

889×1194　　　　　　　1/16　　　　　　10.25 印张　　　　　282 千字
2021 年 12 月第 1 版　　　　　　　　　　　　2021 年 12 月第 1 次印刷
　　　　　　　　　　　　　　　　　　　　　　定价:78.00 元

《真菌毒素污染与健康》

编 委 会

序

　　像保护眼睛一样保护生态环境，像对待生命一样对待生态环境。人因自然而生，人不能脱离自然而存在，人与自然的辩证关系，构成了人类发展的永恒主题。

　　生态文明建设功在当代、利在千秋，是关系中华民族永续发展的根本大计。党的十八大以来，我国污染治理力度之大、制度出台频度之密、监管执法尺度之严、环境质量改善速度之快前所未有，无疑是我国生态文明建设力度最大、举措最实、推进最快、成效最好的时期。

　　在这样的时代背景下，我国的环境医学科学研究工作也得到了极大的支持与发展，科学家们满怀责任与使命，兢兢业业，投入到我国的环境医学科学研究事业中来，并做出了许多卓有成效的工作，这些工作是历史性的。良好的生态环境是最公平的公共产品，是最普惠的民生福祉，天蓝、地绿、水净的绿色财富将造福所有人。

　　本套丛书将关注重点落实到具体的、重点的污染物上，选取了与人民生活息息相关的重点环境问题进行论述，如空气颗粒物、蓝藻、饮用水消毒副产物等，理论性强，兼具实践指导作用，既充分展示了我国环境医学科学近些年来的研究成果，也可为现在正在进行的研究、决策工作提供参考与指导，更为将来的工作提供许多好的思路。

　　加强生态环境保护、打好污染防治攻坚战，建设生态文明、建设美丽中国是我们前进的方向，不断满足人民群众日益增长的对优美生态环境需要，是每一位环境人的宗旨所在、使命所在、责任所在。本套丛书的出版符合国家、人民的需要，乐为推荐！

中国工程院院士　魏复盛

前　言

真菌在自然界分布广泛，与人类生活关系密切。然而，总有小部分真菌是食品中常见的和几乎不可避免的生物性污染源。食品在从农田到餐桌，包括农作物种植、田间采收及农产品仓储、运输、加工、消费全链条各个环节中都可能受到污染，尤其是田间采收与仓储环节。真菌对农作物和农产品的污染，以及在此过程中产生的毒素，是影响农产品特别是粮油类食品、饲料安全的突出因素，是制约农业发展甚至下游产品质量安全的主要瓶颈。从公元 10 世纪前后肆虐于欧洲百余年的"圣安东尼之火"，到 20 世纪俄罗斯西伯利亚暴发的白细胞减少症、败血症和导致英国伦敦 10 万只火鸡以奇异姿势暴亡的"火鸡 X 病"，人类历史长河中，真菌毒素污染及其导致的严重危害从未缺席。

真菌毒素毒性强，污染广，一旦产生则难以清除、降解，即使是现代化的农业和食品工业，也难以幸免。气候变化、农产品的不当久贮和长链条异地加工消费，以及环境污染、化肥农药的不当使用等，进一步增加了真菌毒素污染的风险。频频引起国际食品、饲料贸易纠纷，且不时牵动公众"食品安全敏感神经"的真菌毒素超标，就是这一问题的缩影。联合国粮农组织（Food and Agriculture Organization of the United Nations，FAO）估计，全世界每年约有 25％的农作物不同程度地受到真菌及其毒素的污染，约 2％的农作物因污染严重而失去营养价值和经济价值，每年因此减产 10％～30％，经济损失高达数千亿美元。世界卫生组织（World Health Organization，WHO）和 FAO 将真菌毒素列为食源性疾病的三大根源之首。如何防范和控制食品中真菌及其毒素的污染，是全球范围内食品生产经营与监督管理的棘手难题之一。本书聚焦于真菌毒素污染，全书分为九章，第一章为总论，介绍真菌及其特征与分类、真菌毒素的毒理学特征、产毒真菌及其产毒条件与特点、真菌毒素污染危害及风险监测评估与防控，特别提到真菌毒素"隐性"污染和联合污染等新问题。第二至第九章分别具体介绍黄曲霉毒素、单端孢霉烯族化合物、玉米赤霉烯酮、伏马菌素、赭曲霉毒素、烟曲霉震颤素、展青霉素和其他真菌毒素（包括杂色曲霉毒素、链格孢霉毒素、橘青霉素、丁烯酸内酯、3-硝基丙酸等）的污染、危害、防控知识与研究进展。

本书编著过程中，在专注传统基础知识的同时，特别强调在真菌毒素毒作用机制、污染危害、风险评估与管控等领域跟踪分析国际理论研究前沿和最新应用进展，注意吸纳国内外最新的研究成果，引入新的理念，力求体现"主题鲜明、体系完整、内容丰富、学术前沿、理论与应用并重"的特色，能够系统、详尽地反映近十年来国内外真菌毒素污染领域的研究热点和成果，为读者奉献一部具有权威性、前瞻性、实用性、可读性等特色的专业著作。

本书不仅可作为食品安全及相关领域教学、科研与管理工作者的参考工具书，以及研究生学习的辅助教材，还可为广大食品生产经营者和消费者在食品污染控制和安全保障方面提供全面、科学、系统的专业咨询与指导。

限于编者水平，本书难免有疏漏之处，恳请诸位同人和广大读者批评指正，以便今后进一步修订、补充和完善。

编　者

2021 年 10 月 15 日

目　录

第一章 总 论

"民以食为天，食以安为先。"食品是人类赖以生存的物质基础，其安全性是人们对食品最基本的要求，是直接关系到社会公众身体健康和生命安全的重大公共卫生问题，与国计民生和社会稳定关系密切，是世界各国政府和民众长期和密切关注的重要民生焦点，是国泰民安之根。然而，食品在关系密切、养殖及生产、加工、贮存、运输、销售直至烹调的各个环节中，均有可能因各种自然或人为的原因而受到生物性、化学性或物理性污染，导致卫生质量和安全性能下降，诱发食用者急慢性中毒反应，危及公众健康。食品安全关乎政府形象，食品安全治理是全球绝大多数国家常抓不懈的重大民心工程，其治理水平在某种程度上已成为国际社会衡量居民生活质量、法制建设、社会管理和执政能力的重要指征。

纵观全球，食品安全形势不容乐观，甚至危机四伏：食品生产经营者的卫生与法律意识淡薄，农药、兽药的大量违规使用，食品添加剂、化学物的误用、滥用和非法添加，工业污染物、环境污染物的不断累积或富集，生物性病原体与人类长期共存并不断变异，食品新工艺、新技术在应用中尚未充分考量潜在的安全问题，再加上食品的集约化生产和国际贸易的推动，而监管不可能全时空高效覆盖，导致世界各国食品安全事件层出不穷，时刻牵动着国际社会的敏感神经。

真菌（fungi）在自然界分布广泛，是食品从农田到餐桌的全链条中常见的和几乎不可避免的生物性污染源，在农作物种植、庄稼收获及农产品储藏、运输、加工、消费各个环节都可能受到污染。真菌对农作物和农产品的污染，以及在此过程中产生的毒素，是影响农产品特别是粮油类食品、饲料安全的突出因素，是制约农业发展甚至下游产品质量安全的主要瓶颈。真菌毒素毒性强，污染广，一旦产生则难以清除、降解，其污染防控历来是各国政府重点关注的战略性问题。被真菌及其毒素污染的食品、饲料在颜色、气味及营养成分方面会发生变化，适口性变差，营养价值下降，人、畜食用后可能发生急慢性中毒、生长发育迟缓、器官功能障碍、免疫力下降，诱发癌症、畸形、突变甚至死亡等，给农业生产、人类生活带来巨大隐患。

随着食品工业的发展和食物消费方式的异地化，农作物种植和食品生产、加工、消费的链条愈拉愈长，各环节受到有害真菌及其毒素"隐性"污染的问题越来越突出。世界卫生组织（World Health Organization，WHO）和联合国粮农组织（Food and Agriculture Organization of the United Nations，FAO）将真菌毒素列为食源性疾病的三大根源之首。如何防范和控制食品中真菌及其毒素的污染，是全球范围内食品生产经营与监督管理的棘手难题之一。

第一节 真菌及其特征与分类

对于地球上不计其数的各类生物，根据形态结构、特征习性、生态功能等，人为习惯地粗分为植物、动物和微生物。生物学特征总体更接近于微生物但与植物甚至动物也有一定相似之处的真菌，是一类具有完整细胞核、产孢，但无叶绿体和根、茎、叶分化的真核生物，其分类地位长期争议不断。

随着物种起源学说与进化论的确立，以及生物学尤其是系统发育生物学的发展，人们逐渐认识到：现存生物种类的多样性由古生物经过数十亿年长期进化形成，各生物类群之间存在着不同程度的亲缘关系，其亲缘关系的远近和生物进化的脉络应在分类中加以反映。基于这一理念，将微生物进一步细分，形成了病毒界、原核生物界、原生生物界和真菌界，加上原有的植物界和动物界，地球上的生物共分为六界。自成一界的真菌广泛存在于自然界中，与人类生活关系密切，尽管在林林总总的各大生物类群中并不显眼。真菌在地球上究竟存在了多长时间、如何起源，至今尚无定论。

一、真菌与人类的关系

目前已经发现的真菌有万余属 12 万多种，是物种数量仅次于昆虫的第二大生物类群。真菌是自然生态系统中的重要生命组分、生产力的重要贡献者和有机物的主要降解者，在地球生物圈的发育、演化、物质与能量循环、生态环境维持和恢复中发挥着不可替代的作用。

绝大多数真菌对人类无害，甚至与人类生活关系密切。人类文明的早期，就有先民采集野生菌菇如木耳、银耳、金针菇、平菇、草菇、香菇、杏鲍菇、茶树菇、竹荪、牛肝菌、灵芝等高等真菌充饥食用和入药（可食用的真菌有 2 000 多种，其中 50 多种实现了人工栽培），甚至利用真菌加工食物如制作发酵食品、酿酒、制醋等。酵母菌是人类文明史中应用最早的真菌，目前已知有 1 000 多种，在啤酒、乌龙茶、面包、味精、果酱、乳酪等生产加工中广为应用。

然而，也有不少真菌直接或间接危害人类。自然界 12 万多种真菌中，只有 200 多种真菌具有致病性或条件致病性。如具有致病性的毛癣菌（Trichophyton）、小孢子菌（Microsporum）和表皮癣菌（Epidermophyton）等，为亲角质蛋白的浅部真菌，主要侵犯人和动物的皮肤、毛发、甲板等，可引起各种皮肤癣。多为条件致病菌的深部真菌，可侵染皮下组织、黏膜等深部组织和内脏，引起更为严重的肺念珠菌病、真菌性肠炎甚至全身播散性感染。近年来，随着广谱抗生素、糖皮质激素、免疫抑制剂、抗肿瘤药物的大量使用，艾滋病患者的增多，以及器官移植、插管技术的开展，人们被条件致病性真菌感染的风险不断增加。另有 400 多种有毒真菌（与食用菌相对，称为毒蕈），其中 40 多种如毒伞、白毒伞、鳞柄毒伞等极毒（具有强烈的肝毒性、肾毒性），是食物中毒后致死的首要原因。

300 多种曲霉、青霉、木霉、镰刀菌等霉菌，广泛存在于植物和土壤等环境介质中，是农作物根腐病、霜霉病、黑斑病、纹枯病等病变的罪魁祸首，常导致庄稼的减产绝收，或在农产品和食品、饲料上大量滋生繁殖，破坏其结构，分解、消耗其营养成分，导致其腐败变质，外观、气味和营养品质迅速下降。霉菌在农作物、农产品基质上生长繁殖时形成分枝繁茂的菌丝体，长出肉眼可见的绒毛状、絮状或蛛网状菌落——丝状真菌，由此而得名。霉菌菌落呈白色、褐色、灰色或鲜艳的颜色，部分还能分泌色素使基质着色，但不会像食用菌那样产生大型且颜色、形状各异的子实体。霉菌的孢子小、轻、干、多，形态色泽各异，休眠期长，抗逆性强，经由空气、水及昆虫等传播，在自然界广泛分布，农作物、农产品深受其害。

上述霉菌中，有 100 余种可在生长代谢过程中产生有毒的小分子次级代谢产物——真菌毒素（mycotoxin），如黄曲霉毒素、玉米赤霉烯酮、呕吐毒素等，引起人、畜急慢性中毒。若庄稼收获期遇到阴雨、潮湿天气，或农产品未完全干燥而久贮或仓储时受潮，就极有可能受到产毒真菌及其毒素的污染。在饥荒、战争、洪涝灾害期间，真菌毒素污染常给人类带来灾难性后果。本书重点关注此类危及农业和食品、饲料工业及人类健康的产毒霉菌及其产生的毒素。

二、真菌的生物学特征与分类

不同于原核生物，真菌是有成形细胞核的单细胞或多细胞生物。真菌的细胞质含有线粒体、内质网、高尔基体等细胞器，以及类似于植物细胞的液泡和细胞壁结构，但不含叶绿素，且其细胞壁主要成分是几丁质、纤维素或两者兼有。真菌的基因组中有大量非编码DNA，异养，营养方式为腐生或寄生，以有机物作为碳源，是生态系统中的分解者。

1. 真菌营养体

绝大多数的真菌营养体是可分枝的丝状体，单根丝状体称为菌丝。菌丝在显微镜下观察时呈管状，无色或有色。菌丝可无限生长，但直径有限，一般为 $2\sim30\mu m$，粗者可达 $100\mu m$。低等真菌如根霉、毛霉的菌丝没有隔膜，称为无隔菌丝，可视为具有多个细胞核的单细胞。高等真菌的菌丝有许多隔膜，借此分隔成多个细胞，每个细胞中有1至多个细胞核，称为有隔菌丝。大量菌丝聚集形成或疏松或紧密的菌丝体。真菌通过菌丝体吸附于寄主细胞或穿过细胞扩展蔓延，基于渗透压原理吸取寄主细胞内的营养物质。有些真菌还可在寄主细胞内形成吸收养分的特殊结构——吸器。吸器因真菌种属不同而形状各异，如白粉菌的吸器为掌状、霜霉菌的为丝状、锈菌的为指状、白锈菌的为小球状。

真菌菌丝体有菌核、子座、菌索等形态之分。真菌生长到一定阶段后相互纠结交织，形成贮有一定营养的休眠性菌丝体——菌核。菌核内层为疏丝组织，外层是拟薄壁组织，表皮细胞壁厚、色深、坚硬，因而能抵抗各种不良环境。当条件适宜时，菌核又能萌发产生新的营养菌丝或形成新的繁殖体。子座是菌丝在寄主表面或表皮下紧密交织甚至结合寄主组织形成的垫状褥座，可产生外生孢子或内生孢子，形成子实体并纳入其中，是真菌从营养阶段过渡到繁殖阶段的菌丝组织体，有度过不良环境的作用。菌索是由菌丝体平行组成的长条形绳索状结构，外形与植物的根相似，所以也称根状菌索。菌索可抵抗不良环境，还有助于菌丝体在基质上蔓延。有些真菌菌丝或孢子中的某些细胞膨大变圆、原生质浓缩、细胞壁加厚而形成能抵抗不良环境的厚垣孢子。待条件适宜时，厚垣孢子再萌发成菌丝。

2. 真菌繁殖体

当营养生活进行到一定时期时，真菌就开始转入繁殖阶段，形成各种繁殖体即子实体。真菌繁殖体包括无性繁殖形成的无性孢子和有性繁殖产生的有性孢子。无性繁殖是营养体不经过核配和减数分裂产生后代个体的繁殖方式，通常直接由菌丝分化产生无性孢子，如游动孢子、孢囊孢子和分生孢子。有性繁殖是两个性细胞结合后通过减数分裂产生孢子的繁殖方式。多数真菌由菌丝分化产生性器官即配子囊，通过雌雄配子囊结合形成有性孢子。其整个过程可分为质配、核配和减数分裂三个阶段，产生卵孢子、接合孢子、子囊孢子、担孢子等。有些低等真菌如根肿菌和壶菌产生的有性孢子，是游动配子结合形成合子后再发育成的厚壁休眠孢子。

3. 真菌分类

早期根据形态与理化、生殖方式将真菌简单分为酵母菌、霉菌和蕈菌（大型真菌）。酵母菌是单细胞真菌，和高等植物的细胞一样有细胞核、细胞膜、细胞壁、线粒体和相同的酵素和代谢途径。酵母菌容易生长，广泛分布于空气、土壤、水、动物体内。酵母菌在有氧或者无氧环境中都能生存，在无氧环境中，酵母菌通过对糖类的无氧酵解获取能量。霉菌是多细胞丝状真菌的俗称，因其绒毛状、絮状或蛛网状菌落而得名"发霉的真菌"，并非分类学名词。霉菌广泛存在于自然界中，不需要较高的营养条件，在各种农产品、食品上生长繁殖，一般需要氧气，适宜生长温度 $25\sim30℃$。蕈菌是指能形成大型子实体或菌核组织的高等真菌，大多数属于担子菌类，极少数属于子囊菌类。

　　然而，上述分类方式粗放，且严重依赖于真菌的纯培养与生化鉴定和生殖方式的观察，难度大，周期长，导致大量真菌的分类地位难定，无法反映真菌类群的进化和亲缘关系。近年来，随着分子生物学技术的发展及其与系统生物学的深度融合，以核酸序列分析为核心的分子系统生物学方法得到应用，使真菌类群的划分进入基因分类时代，真菌分类系统发生重大变革，更为客观和完善。2008 年安贝氏第 10 版《真菌词典》对真菌的分类如图 1-1 所示。

真菌界（Kingdom Fungi）

子囊菌门（Ascomycota）
　外囊菌亚门（Taphrinomycotina）
　　外囊菌纲（Taphrinomycetes）　肺孢子菌纲（Pneumocystidomycetes）
　　粒毛盘菌纲（Neolectomycetes）　裂殖酵母菌纲（Schizosaccharomycetes）
　盘菌亚门（Pezizomycotina）
　　星裂菌纲（Arthoniomycetes）　座囊菌纲（Dothideomycetes）
　　散囊菌纲（Eurotiomycetes）　虫囊菌纲（Laboulbeniomycetes）
　　茶渍菌纲（Lecanoromycetes）　锤舌菌纲（Leotiomycetes）
　　李基那地衣纲（Lichinomycetes）　圆盘菌纲（Orbiliomycetes）
　　盘菌纲（Pezizomycetes）　粪壳菌纲（Sordariomycetes）
　酵母菌亚门（Saccharomycotina）：酵母菌（Saccharomycetes）

黑粉菌亚门（Ustilaginomycotina）：黑粉菌纲（Ustlaginomycetes）

担子菌门（Basidiomycota）
　柄锈菌亚门（Pucciniomycotinal）
　　小纺锤菌纲（Atractiellomycetes）　伞型束梗孢菌纲（Agaricostilbomycetes）
　　柄锈菌纲（Pucciniomycetes）　小葡萄菌纲（Microbotryomycetes）
　　混合菌纲（Mixiomycetes）　囊担子菌纲（Cystobasidiomycetes）
　　经典菌纲（Classiculomycetes）　隐菌寄生菌纲（Cryptomycocolacomycetes）

伞菌亚门（Agaricomycotina）：银耳纲（Tremellomycetes）花耳纲（Dacrymycetes）伞菌纲（Agaricomycetes）

壶菌门（Chytridiomycota）：壶菌纲（Chytridiomycetes）单毛壶菌纲（Monoblepharidomycetes）

球囊菌门（Glomeromycota）：球囊菌纲（Glomeromycetes）

接合菌门（Zygomycota）
　毛霉菌亚门（Mucoromycotina）：被孢霉纲（Mortierellomycetes）毛霉纲（Mucoromycetes）
　捕虫霉菌亚门（Zoopagomycotina）：捕虫霉纲（Zoopagomycetes）
　虫霉菌亚门（Entomophthorotina）：虫霉纲（Entomophthoromycetes）
　梳霉亚门（Kickxellomycotina）：梳霉纲（Kickxellomycetes）

新丽鞭毛菌门（Neocallimastigomycota）：新丽鞭毛菌纲（Neocallimastigomycota）

芽枝霉门（Blastocladiomycota）：芽枝霉纲（Blastocladiomycetes）

图 1-1　真菌的分类

第二节　真菌毒素的毒理学特征

　　真菌毒素是由真菌在其所污染的农产品、食品、饲料及其原料中生长繁殖时产生的小分子有毒次级代谢产物。以黄曲霉毒素、镰刀菌毒素为代表的具有强毒性和致癌性的真菌代谢产物，已经渗透到几乎所有种类的食用和饲用农产品中，其中以粮油类农产品污染最为严重，并随着食物链影响到人、畜的健康与生命。毒麦角、赤霉病麦、霉玉米、霉变甘蔗等引起的急性中毒至今时有报道，慢性中毒则更为普遍和隐蔽。

一、真菌毒素的毒性

人类对真菌毒素健康危害的最早体验源于食物与饲料急性中毒。真菌毒素广泛分布于玉米、花生、麦谷等粮油类农产品中，其产生与农作物或农产品被真菌污染密切相关，污染菌主要为曲霉菌、青霉菌、镰刀菌等，产生的真菌毒素有 300 多种，较为常见、危害较大、相应研究较多的有黄曲霉毒素（aflatoxin，AF）、玉米赤霉烯酮（zearalenone，ZEA）、单端孢霉烯族化合物（trichothecenes，TS）、赭曲霉毒素（ochratoxin，OT）、伏马菌素（fumonisin，FB）、杂色曲霉毒素（sterigmatocystin，ST）、展青霉素（patulin，PAT）、橘青霉素（citrinin，CIT）等。如 AF 主要由黄曲霉、寄生曲霉合成，造成玉米、花生等被污染，ZEA、TS、FB 等则于各类镰刀菌污染谷麦时产生。

真菌毒素通常包含结构和毒性类似的一组甚至数组化合物。例如，目前已分离出 20 多种黄曲霉毒素（AF）及其衍生物，较为常见的是 AFB_1、AFB_2、AFG_1 和 AFG_2，其中以 AFB_1 的毒性和致癌性最强。TS 目前已鉴定出 148 种之多，常见且重要的有 T-2 毒素、HT-2 毒素、二醋酸藨草镰刀菌烯醇（diacetoxyscirpenol，DAS）、雪腐镰刀菌烯醇（nivalenol，NIV）、脱氧雪腐镰刀菌烯醇（deoxynivalenol，DON）及其酰化产物等。TS 分子结构中不同侧基引起极性、构象的变化，导致其在摄取、结合和生物活性、毒性等方面有着显著不同。A 型的 T-2 毒素毒性较强，少量摄入就可导致人和动物的死亡；而 B 型的 DON 全球分布最广，主要引起呕吐和厌食。赭曲霉毒素（OT）主要有 OTA、OTB、OTC 三种衍生物，其中以 OTA 毒性最强、分布最广。伏马菌素（FB）已经发现有 24 种，含量较高且毒性明显的是伏马菌素 B_1（FB_1）、伏马菌素 B_2（FB_2）和伏马菌素 B_3（FB_3），其中以 FB_1 危害最大，相关研究也最多。

由于种类、剂量的不同，真菌毒素可使人和动物产生广泛而多样的毒性表现，可以是急性中毒，也可作用于靶器官引起肝、肾、神经、皮肤、血液、免疫等器官系统的功能紊乱与衰竭，或者产生慢性毒性和致癌性。人和动物一次性摄入含大量真菌毒素的食物，常会发生急性中毒；而长期摄入含少量真菌毒素的食物，则会导致慢性中毒和癌症。一般来说，急性中毒潜伏期短，先有胃肠道症状，如上腹不适、恶心、呕吐、腹胀、腹痛、厌食等，偶有腹泻（镰刀菌毒素类中毒时较为突出）。靶器官损伤随后出现，如黄曲霉毒素中毒时会出现肝脏肿大、压痛、肝功异常、黄疸等；纯绿青霉毒素中毒时主要表现为蛋白尿、血尿、少尿、无尿等；黑色葡萄状穗霉毒素、岛青霉毒素则会引起中性粒细胞减少症或血小板减少症；展青霉素、米曲霉毒素中毒易发生神经系统症状，出现头晕、头痛、反应迟钝、躁动、运动失调，甚至惊厥、麻痹、昏迷等，患者多死于中枢神经、循环或呼吸衰竭，死亡率高达 40%～70%。

部分真菌毒素具有明显的致癌及致畸、致突变效应。国际癌症研究机构（International Agency for Research on Cancer，IARC）已将黄曲霉毒素（AF）列为 1 类确认致癌物（对人类确定致癌），其中以 AFB_1 的毒性和致癌性最高，是迄今发现的毒性和致癌性最强的化学物。AFM_1 为 2B 类可能致癌物，即对人类致癌证据有限且对实验动物致癌证据也不充分，或对人类致癌证据不足而对实验动物致癌证据充分。同样列为 2B 类的还有赭曲霉毒素 A（OTA）和杂色曲霉毒素（ST）。单端孢霉烯族化合物（TS），包括 T-2 毒素、脱氧雪腐镰刀菌烯醇（DON）、雪腐镰刀菌烯醇（NIV）、镰刀菌烯酮-X 以及展青霉素（PAT）、橘青霉素（CIT）等，因目前尚无充分的人体或动物致癌性数据，被列为 3 类可疑致癌物（对人类致癌性存疑）。

常见真菌毒素及其产毒菌株、主要污染对象和相应的毒性与危害表现如表 1-1 所示。

表 1-1　常见真菌毒素及其产毒菌株、主要污染对象和相应的毒性与危害表现

真菌毒素	主要产毒菌株	主要污染对象	毒性与危害表现
黄曲霉毒素（AF）	黄曲霉（A. flavus）、寄生曲霉（A. parasiticus）	花生、玉米、大豆、稻米、小麦等粮油类产品	1类致癌物。对许多脏器，尤其是肝脏有严重的毒害作用，还能引发胃肠功能紊乱、生殖能力减退和出血性贫血等
玉米赤霉烯酮（ZEA）	禾谷镰刀菌（F. graminearum）	玉米、小麦、燕麦、大麦和小米等谷物及农副产品	具有生殖发育毒性、免疫毒性和肝毒性，引起雌激素综合征和诱导肿瘤发生
脱氧雪腐镰刀菌烯醇（DON）	禾谷镰刀菌（F. graminearum）、黄色镰刀菌（F. culmorum）	小麦、大麦、玉米等	引发腹痛、腹泻、呕吐、发热等急性中毒症状，引起食欲减退、消化不良等慢性中毒症状，高剂量摄入会导致休克甚至死亡。具有细胞毒性、基因毒性、免疫毒性和致癌性，与人类大骨节病、克山病的发生有关
赭曲霉毒素 A（OTA）	赭曲霉（A. ochraceus）、炭黑曲霉（A. carbonarius）和疣孢青霉（P. verrucosum）等	玉米、小麦、大麦等，也会对一些豆类造成污染	2B 类可能致癌物。引起多种类型的急慢性肾脏疾病，具有肝毒性、免疫毒性、神经毒性、致畸性、致癌性等
伏马毒素（FB）	拟轮枝镰刀菌（F. verticillioides）和层出镰刀菌（F. proliferatum）	玉米、大米和高粱等	2B 类可能致癌物。具有神经毒性和肝毒性，引发脑水肿、脑坏死和运动失调等，造成儿童发育不良，长期接触会导致免疫系统损伤。与人类食管癌和肝癌的发生密切相关
T-2 毒素	拟枝孢镰刀菌（F. sporotricoides）为主的多种镰刀菌	玉米、小麦、燕麦、大麦、黑麦等粮食作物及其制品	具有细胞毒性、基因毒性和免疫毒性，引发多种急慢性中毒，造成肝脏、肾脏、胰腺、血液、胃肠、肌肉、食管、淋巴细胞及生殖器官等的功能障碍

二、真菌毒素的毒作用机制

真菌毒素结构多样，进入机体后发挥毒效应的具体机制也各有不同，如抑制细胞分裂、阻滞 DNA 复制与蛋白质合成、影响 DNA 与组蛋白形成复合物、减少免疫应答等，甚至多种机制协同发挥毒效应。具体而言，真菌毒素的毒作用机制主要有如下方面。

1. DNA 损伤

真菌毒素中典型致癌物是黄曲霉毒素（AF），但即使是致癌性最强的 AFB_1 也不具有直接的致癌活性，而是在肝脏中经 Ⅰ 相代谢酶细胞色素 P450 酶系（CYP450）中的 CYP1A2 和 CYP3A4 代谢转化为活性致癌物 AFB_1-8,9-环氧化物（AFBO），后者亲核攻击并加成在 DNA 侧链鸟嘌呤 N^7 位，生成鸟嘌呤加合物（AFB_1-N^7-Gua），这才是 AFB_1 致癌的关键。AF 二呋喃环末端若含有不饱和双键，则更有利于 AFBO 的形成，这也是 AFB_1、AFG_1 较 AFB_2、AFG_2 致癌性更强的根本原因。然而，AFB_1-N^7-Gua 因咪唑环上的阳离子而变得不稳定，可能通过释放 AFB_1-二氢二醇使 DNA 损伤得以修复，但也可能连同鸟嘌呤一起脱落形成脱嘌呤 DNA，或经酶催化水解使咪唑环打开形成稳定的 AFB_1-甲酰嘧啶加合物

（AFB$_1$-FAPY）。AFB$_1$不仅通过AFB$_1$-N^7-Gua尤其AFB$_1$-FAPY诱使DNA碱基G→T突变，激活 *ras* 癌基因而抑制抑癌基因如 *p*53 等，同时阻滞DNA损伤的修复，这是AFB$_1$致癌的核心机制。

2. 抑制 RNA 聚合酶活性

黄曲霉毒素（AF）、展青霉素（PAT）等真菌毒素对DNA依赖的RNA聚合酶活性具有明显的抑制作用，导致基因转录受阻，直接影响到细胞的增殖、分化与代谢。AFB$_1$对RNA聚合酶的抑制，导致其与抑癌基因 *p*53 的结合活性下降，*p*53 基因无法正常表达，导致肝癌等多部位癌症的发生。

3. 与核糖体结合影响蛋白质的翻译

真菌毒素通过与核糖体结合，可在不同程度上影响到蛋白质的翻译效率和细胞功能。单端孢霉烯族化合物（TS）通过与核糖体60S亚基肽基结合，抑制肽转移酶活性进而阻止蛋白质合成，引起核糖体应激反应，激活丝裂原活化蛋白激酶（MAPKs）、Janus激酶/信号转导与转录激活子（JAK/STAT）等蛋白激酶，导致免疫应答异常和细胞凋亡，这可能是TS攻击T淋巴细胞、B淋巴细胞和巨噬细胞产生免疫毒性的主要机制。赭曲霉毒素A（OTA）通过与苯丙氨酸-tRNA连接酶的结合，抑制蛋白质的合成。而应用苯丙氨酸或阿斯巴甜可与OTA竞争结合而降低其毒性。

4. 与蛋白质相互作用

AFB$_1$在肝脏代谢活化生成的AFB$_1$-8，9-环氧化物（AFBO）不仅可亲核攻击DNA并形成DNA加合物，还可与蛋白质结合形成加合物，如与白蛋白赖氨酸残基的ε-氨基反应生成AFB$_1$-白蛋白复合物，从而抑制细胞介导的免疫应答，抑制细胞的增殖、分化及细胞因子的合成与释放，损害细胞的趋化功能与吞噬功能。展青霉素（PAT）可时间与剂量依赖性地磷酸化激活p38激酶、细胞外信号调节蛋白激酶1/2和C-Jun氨基末端激酶，引起细胞代谢与功能的紊乱。伏马菌素B$_1$（FB$_1$）的免疫毒性也与其对肿瘤坏死因子-α、干扰素-γ和白介素-1β的表达与活性的影响有关。

5. 诱导细胞凋亡与坏死

细胞凋亡是镰刀菌素致病的重要机制之一。研究表明，镰刀菌毒素可以诱导肝、肾、胃、肠和免疫器官的细胞凋亡，其机制较为复杂，可能与神经鞘氨醇、某些基因如 *p*21、蛋白激酶、CAMP信号系统、细胞内Ca^{2+}水平等多种因素有关。伏马菌素B$_1$（FB$_1$）及其水解产物可使神经鞘氨醇在细胞内大量累积（升高25～35倍），上调 *p*21、*p*27、*p*57 等基因的表达，诱导细胞凋亡。其中 *p*21 基因的两个SP-1结合位点可能是FB$_1$的作用靶点。T-2毒素可通过依次激活Ca^{2+}信号、蛋白激酶、核酸内切酶而诱导细胞凋亡，T-2毒素的4-位和8-位酯键与其凋亡活性密切相关，因为水解后凋亡活性明显下降。在较高的浓度下，真菌毒素还可直接而迅速地诱导细胞坏死。

6. 影响线粒体功能

单端孢霉烯族化合物（TS）通过影响线粒体呼吸链功能而抑制细胞的呼吸作用，细胞氧化磷酸化解偶联，线粒体生物合成抑制和能量代谢降低，ATP生成下降，线粒体源活性氧（ROS）大量产生，导致线粒体膜电位降低、线粒体嵴减少、肿胀甚至消失，基质空泡化，严重时启动线粒体依赖的细胞凋亡。例如，伏马菌素B$_1$（FB$_1$）对线粒体呼吸链复合物Ⅰ有明显的抑制作用；节菱孢霉菌产生的3-硝基丙酸（3-NPA），通过对线粒体呼吸链复合物Ⅱ（琥珀酸脱氢酶）的强效不可逆性抑制，产生强烈的神经毒性。

7. 抑制关键代谢酶

黄曲霉毒素B$_1$（AFB$_1$）和橘青霉素主要影响细胞对碳水化合物的代谢，单端孢霉烯族化合物（TS）则主要干扰脂质代谢。与鞘磷脂化学结构类似的伏马菌素（FB），通过竞争性抑制神经酰胺合成酶活性，减少神经酰胺及其复合磷脂的从头合成，抑制鞘脂类化合物的周转利用和游离鞘氨醇的回收再利用，导致神经鞘氨醇在细胞内大量累积。

8. 类雌激素效应

玉米赤霉烯酮（ZEA）结构类似于 17β-雌二醇，可刺激雌激素受体转录激活，诱导雌激素受体阳性细胞增殖而发挥雌激素样作用（其作用可被雌激素拮抗剂完全阻断），产生毒性。麦角生物碱作为多巴胺激动剂，可抑制催乳素的分泌。基于该原理开发的卡麦角林（cabergoline，麦角衍生物），可强力、长效和选择性地激活多巴胺受体，已在临床上用于与高催乳素血症有关的紊乱和帕金森病的治疗。

9. 表观遗传效应

表观遗传修饰包括 DNA 甲基化、组蛋白修饰和非编码 RNAs（miRNAs），参与真菌毒素诱导形成的细胞周期阻滞、细胞增殖、细胞凋亡、氧化应激等各种毒性作用机制。例如，AFB$_1$-DNA 加合物通过诱导抑癌基因启动子区 CpG 岛的甲基化，导致抑癌基因失活；TXNRD1、RASSF1A 和 p16 等基因的甲基化也与 AFB$_1$-DNA 加合物的形成有关，是黄曲霉毒素诱发肝癌的新机制；miRNA-429、miRNA-24、miRNA-122、miRNA-34a、miRNA-33a、miRNA-300b-3p、miRNA-138-1 和 miRNA-34a 等通过 GSK-3β-C/EBPα-miR-122-IGF-1R、Wnt/β-catenin 通路或 DNA 损伤 p53 修复机制，参与到 AFB$_1$ 对肝癌的诱发；组蛋白修饰也参与了 AFB$_1$ 诱导的肿瘤发生，特别是在哺乳动物的卵母细胞成熟时，主要影响卵母细胞基因组的染色质结构和转录活性。表观遗传相关指标，现已成为早期发现和预防 AFB$_1$ 诱导的疾病和癌症的重要生物标志物。

三、真菌毒素毒作用特点

真菌毒素是真菌在食品等基质中生长繁殖时产生的对人体或摄食者有毒的次级代谢产物。借由真菌毒素，真菌更易在宿主体内定植，避免被其他生物摄取，因此合成与分泌真菌毒素是真菌增强自身环境竞争性和适应性的一种重要防御机制。目前分离鉴定的 300 多种真菌毒素，得到充分研究的只有数十种，大多具有如下特点。

1. 高毒性

真菌毒素在很低的浓度时即能产生明显的毒性。在污染比较严重的几种霉菌毒素中，AFB$_1$ 是毒性（分别是氰化钾和砒霜的 10 倍和 68 倍）和致癌性最强的天然污染物，在粮油类农作物、农产品中广泛存在。AF 主要损害肝脏功能并有强烈的致癌、致畸、致突变作用，能引起肝癌，还可以诱发骨癌、肾癌、直肠癌、乳腺癌、卵巢癌等。

2. 高稳定性

大多数真菌毒素为低分子化合物，非常稳定，可耐高温，难以通过研磨和烹调加工等方式去除或破坏。例如，AF 稳定性强，对热不敏感，100℃加热 20 h 也不能完全去除，280℃以上的高温才能将其破坏。

3. 富集性

真菌毒素代谢、转化和排泄缓慢，易于在生物链中不断传播和累积。原本被分泌及污染而残留在土壤中的真菌毒素会被后来种植的农作物吸收，进而被动物食用，从而引起更多、更为广泛和严重的真菌毒素污染问题。

4. 特异性

真菌毒素因分子结构不同，侵害的实质器官或组织系统各异，从而产生特异性毒理学表现。镰刀菌产生的 T-2 毒素通过抑制蛋白质和 DNA 合成而作用于细胞分裂旺盛的组织器官如胸腺、骨髓、肝、脾、淋巴结、生殖腺及胃肠黏膜等，导致白细胞减少症高发；玉米赤霉烯酮（ZEA）则主要表现为类雌激素样毒性；脱氧雪腐镰刀菌烯醇（DON）主要致呕吐；伏马菌素（FB）以神经毒性为主。

5. 协同联合性

农作物、食品与饲料等可能被几种真菌共同污染。两种或多种真菌毒素混合共存所造成的伤害或损伤，往往比所有真菌毒素单独造成的伤害或损伤总和还要强。

6. 季节性和地域性

尽管农产品、饲料贸易的全球化导致真菌毒素得以在全世界范围内广泛扩散，但真菌毒素的产生受环境温度、湿度等因素的影响较大，导致其污染具有一定的季节性和地域性，如湿热多雨的夏季及热带和亚热带区域，更适宜于霉菌的生长繁殖。

7. 隐蔽性

真菌毒素的毒性大多表现为慢性，且在食品基质中常与小分子物质如糖苷、葡糖醛酸、脂肪酸、蛋白质等结合成为隐蔽型真菌毒素，常规分离检测方法难以检出，但经人体或动物消化、代谢后，原型毒素释放出来，同样引起人和动物的急慢性中毒性反应。此外，肉眼难以察觉真菌及其毒素污染，比显性的量更大、面更广，隐蔽性更强。

8. 无免疫原性和传染性

真菌毒素是产毒真菌合成的小分子有机化合物，属化学性致病因子，不具有传染性。真菌毒素不是复杂的生物蛋白或多肽，不具有免疫原性。真菌毒素急慢性中毒都不会使机体因此产生免疫性抗体。

四、真菌毒素的检测

准确快捷地检测评估农作物、农产品中真菌毒素的真实污染状况，是准确评估其暴露水平和安全风险、制定防治措施的必要前提。目前检测真菌毒素的主要方法有荧光光度法、酶联免疫法、薄层色谱法、液相色谱法等，其中以高效液相色谱法（high performance liquid chromatography，HPLC）最为常用，具有检测限低、灵敏度高、定量准确、抗干扰能力强、重现性好等优点，得到美国公职分析化学师协会（Association of Official Analytical Chemists，AOAC）官方认可。为拓宽选择性、提高工效、减少污染，真菌毒素的 HPLC 检测进一步向超高效液相色谱（ultra performance liquid chromatography，UPLC）发展。与之相应的检测器有紫外-可见光吸收检测器（ultraviolet detector，UVD），包括具有光谱快速扫描功能的二极管阵列检测器（diodearray detector，DAD）、荧光检测器（fluorescence detector，FLD）、电化学检测器、化学发光检测器等，它们充分利用检出物的某一光-电化学特性，但缺乏通用性，需要标准品，不适用于未知样品的检测。具有一定通用性的示差折光检测器灵敏度低，对温度敏感；蒸发光散射检测器则对流动相的挥发性有严格限定。质谱作为检测器，具有检测范围广、灵敏度高、速度快、分离和鉴定同步进行以及高特异性检测的突出优势，通用性更强，结合色谱的良好分离能力特色，两者联用更适用于真菌毒素及其各类衍生物的结构鉴定与定量检测。而质谱串联则进一步提高了选择性与灵敏度，但昂贵的采购成本与维护成本、复杂的操作程序等，也限制了其推广应用。相对于仪器分析方法，免疫学检测方法和在线无损快速检测方法则代表着真菌毒素检测的另一方向。

1. 免疫学检测方法

真菌毒素的免疫学检测是利用抗原抗体反应原理检测食品等中的真菌毒素，应用较广的主要是酶联免疫吸附法（enzyme linked immunosorbent assay，ELISA）和免疫亲和柱法（immunoaffinity column，IAC）。

ELISA 法在利用抗原抗体特异性反应的基础上，结合酶的催化作用，测定真菌毒素的含量。相比于 HPLC 法，ELISA 法快速、简便、灵敏、选择性高、特异性强、干扰少、样品前处理简单、仪器设备要求低，适用于大样本操作，有着广阔的应用前景，但一次只能检测一种真菌毒素。针对粮油类食品中多种真菌毒素，商品化 ELISA 试剂盒已得到开发应用。将 ELISA 技术与噬菌体展示技术、胶体金技术结合，可以进一步缩短检测时间、提高检测限，同时避免了测定过程中使用毒素标准品对操作人员和环境的危害。

IAC 法以单克隆免疫亲和柱为分离手段，利用真菌毒素抗原对真菌毒素的特异性吸附原理实现真菌毒素的准确定量，根据最后的定量方式又可分为 IAC-光度法和 IAC-HPLC 法。IAC 柱能够高选择性地吸附真菌毒素而让杂质通过，吸附的真菌毒素可被有机溶剂洗脱，再利用其紫外、荧光特征定性定量，或进一步使用 HPLC 提高分离效率和灵敏性。

2. 在线无损快速检测方法

传统湿化学检测方法由于有时滞性、复杂性、高成本、使用大量化学试剂等问题，无法满足现场快速、实时检测的需要。无损检测技术（nondestructive determination technology，NDT）可以在不破坏被检测对象的基础上，利用农产品霉变过程中结构成分的改变、缺陷所引起的热、声、光、电、磁的变化，探测真菌毒素的性质与数量。其中，以分子光谱和光谱图像融合及电子鼻技术等为代表的无损检测技术近年来发展较快，受到越来越多的关注。

分子光谱是分子振动能级间或转动能级间跃迁产生的光谱，反映了分子内部的结构信息，可确定分子的转动惯量、分子键长键及离解能，用于样本中化学组分及性质的检测。农产品中的真菌毒素在激发光的激发作用下能级跃迁产生的光通过光路系统被光电探测器接收，光谱强度与被测物浓度在一定范围内符合 Lambert-Beer 定律，可实现真菌毒素的快速、定量检测。相比真菌毒素传统检测方法具有费时费力、成本高、大量使用化学试剂等问题，光谱分析技术具有快速、无损、绿色等显著技术优势。

近红外光谱是分子振动光谱倍频和合频吸收谱，具有丰富的结构和组成信息，国内外学者已开始探索将其应用于农产品真菌毒素的检测。对真菌毒素污染比较严重的农产品，近红外光谱可以较好地识别，但真菌毒素分子量小，倍频和合频的分子振动信号弱，在真菌毒素污染轻、毒素含量低时检测精度不高。近红外光谱响应与解析尚需要进一步研究，以明确毒素的谱带归属，提高检测的适应性和稳定性。

拉曼效应是光子与光学支声子相互作用的结果。拉曼散射光谱可以获取分子振动能级与转动能级跃迁的特征信息，具有强大的分子识别能力和非标记、非接触表征的优势，是快速获取分子信息的理想手段。拉曼光谱信号的指纹性和特异性，在真菌毒素检测方面有着巨大潜力，但现有研究多基于金、银等纳米材料或磁性材料的拉曼增强，需要进行耗时的样本预处理，重现性和检测的稳定性有待提高，定量分析大多基于单个拉曼峰，没有充分利用其他光谱信息。

荧光光谱因其特异性和灵敏性在食品安全检测领域展现了巨大的发展潜力，虽起步较晚，但已成为国内外食品安全检测领域的研究新热点。通过构造特异性荧光探针或荧光指纹图谱实现真菌毒素的高灵敏检测，使其在真菌毒素检测方面具有很好的应用前景。荧光光谱技术具有有效表征真菌毒素长共轭结构信息的技术优势，将有可能成为现场快速检测的新方向。

光电信息的融合包括不同传感器间的信息融合和同一传感器不同维度的融合，其中光谱图像技术是光谱分析和机器视觉的深度融合，通过对样品图像信息的分析得到尺寸、表面色度、外观形状及缺陷等具体信息，进而实现外观质量综合评价，具有图谱合一和信息融合互补的技术优势，实现农产品中真菌毒素分布的可视化分析，一定程度上克服毒素分布不均匀带来的检测误差，提高检测精度。当前，光谱图像技术在对样本的整体有效性评价方面还存在一定的缺陷，检测准确性和速度需要进一步提高，仪器价格高，离实际应用还有一定距离。

农产品发霉和真菌产毒过程中，由于有机物不断被分解，会产生大量特征性气味成分。电子鼻是一种模拟生物嗅觉系统的现代检测方法，是利用对不同类别气体敏感的传感器阵列的响应信号和模式识别算法来识别气味的电子系统，具有检测方便、快捷、客观性和重复性好以及不损伤样品等优点。

第三节　产毒真菌及其产毒条件与特点

尽管真菌中能够产毒的比例并不高，且产毒菌种中也只有一部分菌株产毒，但一旦产毒往往导致农产品特别是粮油类食品、饲料的大面积污染。真菌毒素的产生与植物病原性真菌的污染密切相关，目前研究报道较多的是曲霉菌属、青霉菌属、镰刀菌属，如黄曲霉毒素、赭曲霉毒素主要由黄曲霉等产生，伏马菌素、玉米赤霉烯酮、脱氧雪腐镰刀菌烯醇主要由串珠镰刀菌、禾谷镰刀菌、拟枝孢镰刀菌等产生。

一、常见产毒真菌

常见的导致食品污染的产毒真菌有曲霉菌属（可产生黄曲霉毒素、赭曲霉毒素等）、青霉菌属（合成橘青霉素等）、镰刀菌属（可生成玉米赤霉烯酮、呕吐毒素、T-2 毒素、串珠镰孢菌毒素等）。

1. 曲霉菌属（*Aspergillus*）

本属产毒真菌主要有黄曲霉、寄生曲霉、杂色曲霉、构巢曲霉、赭曲霉、黑曲霉、炭黑曲霉和棒曲霉等，可产生黄曲霉毒素、赭曲霉毒素、伏马菌素、展青霉素等有毒次级代谢产物。曲霉菌属真菌菌丝体无色透明或颜色鲜亮，不会出现暗污色。可育的分生孢子梗茎以基本垂直的方向从特化的厚壁足细胞生出，光滑或粗糙，通常无横隔。顶端膨大形成不同形状的顶囊，表面直接形成瓶梗，或先产生梗基形成瓶梗，由瓶梗产生具不同形状和颜色的单胞分生孢子，孢子光滑或具纹饰，连接成不分枝的链。顶囊、瓶梗和分生孢子链构成不同形状和颜色的分生孢子头。曲霉菌属中有些菌种可形成形状各异的厚壁壳细胞；或形成菌核或类菌核样结构；或产生有性阶段，形成内含子囊和子囊孢子（大多透明或具不同颜色、形状和纹饰）的闭囊壳。

2. 青霉菌属（*Penicillium*）

本属产毒真菌主要包括橘青霉（*P. citrinum*）、橘灰青霉［*P. aurantiogriseum*，又名圆弧青霉（*P. cyclopium*）］、灰黄青霉［*P. griseofulvum*，又名展青霉（*P. patulum*）、荨麻青霉（*P. urticae*）］、鲜绿青霉（*P. viridicatum*，原名纯绿青霉）等。这些真菌可能产生橘青霉素、圆弧偶氮酸、展青霉素等次级代谢产物。本属菌丝细，具横隔，无色透明或色淡，有颜色者较少，更不会有暗色，展开可产生大量的不规则分枝，形成不同致密程度的菌丝体。由菌丝体组成的菌落边缘明确、整齐，很少有不规则者。分生孢子梗发生于埋伏型菌丝、基质表面菌丝或气生菌丝。孢梗茎较细，常具横隔，某些菌种的顶端呈现不同程度的膨大，在顶部或顶端产生帚状枝，壁平滑或呈现不同程度的粗糙。帚状枝有单轮生、双轮生、三轮生、四轮生和不规则者，帚状枝的形状和复杂程度是鉴别分类的首要标准。产细胞瓶梗相继产生，彼此紧密、不紧密或近于平行，瓶装、披针形、圆柱状和近圆柱状者少，通常直而不弯，其顶端的梗颈明显或不明显。分生孢子是向基的单胞瓶梗孢子，孢子小、球形、近球形、椭圆形、近椭圆形、卵形或有尖端，圆柱状和近圆柱状者少，壁平滑、近于平滑或不同程度的粗糙，形成干链，使菌落表面形成不同颜色，如绿色、蓝色、灰色、橄榄色、褐色者少，颜色往往随着菌龄的增加而变深、变暗。

3. 镰刀菌属（*Fusarium*）

本属产毒真菌主要包括禾谷镰刀菌（*F. graminearum*）、串珠镰刀菌（*F. moniliforme*）、雪腐镰刀菌（*F. nivale*）、三线镰刀菌（*F. tricinctum*）、梨孢镰刀菌（*F. poae*）、拟枝孢镰刀菌（*F. sporotricoides*）、尖孢镰刀菌（*F. oxysporum*）、茄病镰刀菌（*F. solani*）和木贼镰刀菌（*F. equiseti*）等，可能产生单端孢霉烯族化合物、玉米赤霉烯酮、串珠镰刀菌素和丁烯酸内酯等次级代谢产物。镰刀菌在马铃薯-葡萄糖琼脂或查氏培养基上气生菌丝发达，高达 0.5～1.0 cm，或较低为 0.3～0.5 cm，或更低为 0.1～0.2 cm。气生菌丝稀疏，有的甚至完全无气生菌丝而由基质菌丝直接生出黏孢层，内含大量分生孢子。大多数菌种的小型分生孢子假头状着生，少数链状着生，或两种着生方式兼有。小型分生孢子生于分枝或不分枝的分生子梗上，形状多样，有卵形、梨形、椭圆形、长椭圆形、纺锤形、披针形、腊肠形、柱形、锥形、逗点形、圆形等。1～2（3）隔，通常小型分生孢子的量较大型分生孢子多。大型分生孢子产生在菌丝的短小爪状突起、分生孢子座上或黏孢团中。大型分生孢子形态多样，有镰刀形、线形、纺锤形、披针形、柱形、腊肠形、蠕虫形、鳗鱼形，弯曲、直或近于直。顶端细胞形态多样，有短喙形、锥形、钩形、线形、柱形，逐渐变窄细或突然收缩。气生菌丝、子座、黏孢团、菌核可呈各种颜色，基质亦可被染成各种颜色。厚垣孢子间生或顶生，单生或多个成串或结节状，有时也生于大型分生孢子的孢室中，无色或具有多种颜色，光滑或粗糙。镰刀菌属的一些菌种在初次分离时只产生菌丝体，常常还需诱发产生正常的大型分生孢子以供鉴定。

4. 木霉属（*Trichoderma*）

木霉属中里氏木霉（*T. reesei*）和绿色木霉（*T. viride*）的部分菌株可产生木霉素（trichodermin），属于单端孢霉烯族化合物。木霉生长迅速，菌落呈棉絮状或致密丛束状，产孢丛束区常排列成同心轮纹，菌落表面颜色为不同程度的绿色，有些菌株由于产孢不良几乎呈白色。菌落反面无色或有色，气味有或无，菌丝透明，有隔，分枝繁复。厚垣孢子有或无，间生于菌丝中或顶生于菌丝短侧分枝上，球形、椭圆形，无色，壁光滑。分生孢子梗为菌丝的短侧枝，其上对生或互生分枝，分枝上又可继续分枝，形成二级、三级分枝，终而形成似松柏式的分枝轮廓，分枝角度为锐角或几乎直角，束生、对生、互生或单生瓶状小梗。分枝的末端即为小梗，但有的菌株主梗的末端为一鞭状而弯曲不孕菌丝。分生孢子由小梗相继生出，靠黏液聚成球形或近球形的孢子头，有时几个孢子头汇成一个大的孢子头。分生孢子近球形或椭圆形、圆柱形、倒卵形等，壁光滑或粗糙，透明或亮黄绿色。

5. 头孢霉属（*Cephalosporium*）

头孢霉属的某些菌株能引起芹菜、大豆和甘蔗等植物的病害，产生的毒素也属于单端孢霉烯族化合物。头孢霉属的菌种在合成培养基及马铃薯-葡萄糖琼脂培养基上菌落类型不一，有些菌种缺乏气生菌丝，湿润，呈细菌状菌落；有些菌种气生菌丝发达，呈茸毛状或絮状菌落，或有明显的绳状菌索或孢梗束。菌落的色泽可有粉红至深红色、白色、灰色或黄色。营养菌丝有隔，分枝，无色或鲜色或者在少数情况下由于盛产厚垣孢子而呈暗色。菌丝常绕结成绳状或孢梗束。分生孢子梗很短，大多数从气生菌丝上生出，基部稍膨大，呈瓶状结构，互生、对生或轮生。分生孢子从瓶状小梗顶端溢出后推至旁侧，靠黏液黏成假头状，遇水散开，成熟的孢子近圆形、卵形、椭圆形或圆柱形，单细胞或偶尔有一隔，透明。有些菌种具有有性阶段，可形成子囊壳。

6. 单端孢霉属（*Trichothecium*）

该属的某些菌株能产生单端孢霉素（monopterycin），也属于单端孢霉烯族化合物。本属菌落薄，絮状蔓延，分生孢子梗直立，有隔，不分枝。分生孢子 2～4 室，透明或淡粉红色。分生孢子以向基式连续形成的形式产生，孢子靠着生痕彼此连接成串，分生孢子呈梨形或倒卵形，两胞室的孢子中上胞室较大，下胞室基端明显收缩变细，着生痕在基端或其一侧。

7. 葡萄穗霉属（*Stachybotrys*）

该属的某些菌株产生黑葡萄穗霉毒素，也属于单端孢霉烯族化合物。葡萄穗霉菌丝匍匐状蔓延，有隔，分枝，透明或稍有色。分生孢子梗从菌丝直立生出，最初透明，然后呈烟褐色，规则地互生分枝或不规则分枝，每个分枝的末端生瓶状小梗，透明或浅褐色，在分枝末端单生、两个对生至数个轮生。分生孢子单个地生在瓶状小梗的末端，椭圆形、近柱形或卵形，暗褐色，有刺状突起。

8. 交链孢霉属（Alternaria）

该属的某些菌株能产生交链孢酚（alternariol，AOH）、交链孢酚单甲醚（alternariol methyl ether，AME）和细交链孢菌酮酸（tenuazonic acid，TeA）等多种真菌毒素。交链孢霉的不育菌丝匍匐，分隔。分生孢子梗通常比菌丝粗而色深，直立单生或成簇，大多不分枝，较短。分生孢子呈倒棍形、卵形、倒梨形、椭圆形或近圆柱形，基部钝圆，顶端延长成喙状，淡褐色，有壁砖状分隔，暗褐色，成链生长，孢子形态及大小极不规律。

9. 节菱孢属（Arthrinium）

在马铃薯-葡萄糖琼脂培养基上，菌落生长蔓延，5～6 d直径达9 cm，白色或略带黄色絮状，背面（基质菌丝）微黄至深褐。有的菌落中间呈褐色，背面黑褐色；有的菌落带粉红色；有的菌丝较稀疏，并具有大量黑色孢子团。分生孢子梗从母细胞垂直于菌丝而生出，分生孢子顶生或侧生。孢子褐色，光滑，双凸镜形，正面直径6.8～13.3 μm，侧面厚度4.0～10.0 μm。有的菌株具有腊肠形孢子，褐色，光滑，大小为（10.6～14.7）$\mu m \times$（4.0～5.3）μm。该属的甘蔗节菱孢（A. saccharicola）和蔗生节菱孢（A. phaeospermum）中的一些菌株能产生3-硝基丙酸。

10. 红曲菌属（Monascus）

红曲菌属的某些菌株可产生橘青霉素。红曲菌因能形成红色色素甚至分泌到培养基中而得名，在麦芽汁琼脂培养基上生长良好，菌落初为白色，老熟后变为淡粉色、紫红色或灰黑色，因种而异。菌丝具横隔，多核，分枝甚繁，不规律。细胞幼时含颗粒，老后含空泡及油滴，菌丝体不产生与营养菌丝有区别的分生孢子梗。分生孢子着生在菌丝及其分枝的顶端，单生或以向基式生出，2～6个成链。闭囊壳球形，有柄，柄长短不一。闭囊壳内散生十多个球形子囊，内含8个子囊孢子，成熟后子囊壁解体，孢子剩留在薄壁的闭囊壳内。

二、真菌生长繁殖与产毒的条件

真菌的生长繁殖同其他微生物一样，需要合适的营养条件（如充足的碳源、氮源、水分、矿物质等）和适宜的环境条件。食品的成分与理化性质，以及食品所处的环境，均直接影响着真菌的生长繁殖和毒素的产生。影响谷物中真菌毒素污染程度的因素包括谷物生长期的气候条件、收获时的干燥速度及机械损伤情况、谷物贮藏过程中的含水量（水分活度）、温度、病虫害情况等环境因素。

1. 水分含量与水分活度

食物中存在的水可以分为游离水和结合水两种形式。结合水（或称束缚水，bound water）是以氢键与食品中有机成分如葡萄糖、乳糖、柠檬酸、明胶、果胶等相结合的结晶水，不易结冰（冰点−40℃），难以分离，不同于普通意义上的水，不能作为溶剂，也不能被真菌等微生物利用，但对食品的风味和质量有重要影响。游离水（或称自由水，free water）是指与食品中有机成分结合较弱或处于游离状态的滞化水、毛细管水和自由流动水等，在组织、细胞中容易结冰，能溶解溶质。只有游离水才能被真菌利用，食品中真菌生长繁殖所需水取决于游离水含量而非总含水量。

食品中游离水的含量常用水分活度（water activity，Aw）来衡量（食品中水的蒸汽压P与相同温度下纯水的蒸汽压P_0的比值，即Aw$=P/P_0$）。Aw越高，表示微生物可以利用的有效水分越多。不同的微生物在食品中生长繁殖都有其最低的Aw要求，低于这一要求，微生物的生长繁殖就会受到抑制。研究表明，Aw在0.98以上是大多数微生物生长繁殖的最佳水分条件；Aw<0.70时，除耐高渗透压的酵母菌和干生型霉菌外，绝大多数微生物不能生长，食品几乎不会腐败变质；Aw<0.60时，基本上所有微生物不能生长。相对于细菌、藻类、病毒，真菌生长对水分要求最低，最低Aw多在0.80～0.87的范围，双孢旱霉等个别真菌在Aw=0.65时仍能生长。

食品中的水分含量或水分活度对真菌的繁殖、产毒有重要影响。以最易受到真菌污染的粮食为例，不同属种的真菌在粮食上生长所需水分含量是：黄曲霉菌 18%～19.5%，串株镰刀菌 18.4%，纯绿青霉菌 15.6%～21.0%，棕曲霉菌 14.5%～16.5%。粮食中的水分含量为 17%～18% 是真菌繁殖产毒的适宜条件，当水分含量降到一定程度以下（北方 15% 以下，南方 13% 以下）或 Aw 降到 0.70 以下，且湿度较低时，真菌几乎不能生长繁殖和产毒。因此，14% 的水分含量常作为粮食的安全含水量。大豆水分含量在 11% 以下，干菜、干果水分含量在 30% 以下时，真菌也难以繁殖产毒。

2. 湿度

在非密闭条件下，食品中的水分含量可与环境相对湿度逐渐达到平衡，即食品中的水分含量还受到其存入加工环境中相对湿度的影响。在不同的相对湿度中，不同真菌的繁殖和产毒效率也有一定差异。当环境相对湿度在 90% 以上时，湿生性真菌（毛霉、酵母菌）易于生长繁殖；当相对湿度降到 80%～90% 时，大部分曲霉、青霉、镰刀菌等中生性真菌生长繁殖和产毒；当降低到 80% 以下时，灰绿曲霉、局限青霉、白曲霉等干生性真菌仍可生长繁殖和产毒；进一步降低到 70% 以下时，几乎所有真菌不能产毒。

3. 食品基质与营养成分

食物中含有蛋白质、碳水化合物、脂肪、无机盐、维生素及水分等，是微生物生长的天然培养基。异养微生物以有机物作为碳源和能源，其中碳水化合物是其最好的碳源。食物中的葡萄糖、果糖、麦芽糖、蔗糖、淀粉、半乳糖、乳糖、纤维二糖、纤维素、半纤维素、几丁质、木质素及部分有机酸等均可作为微生物利用的碳源。多数微生物能利用较简单的化合态氮如铵盐、硝酸盐、氨基酸等。一些真菌和少数细菌能分泌胞外蛋白酶，将食物和环境基质中的大分子蛋白质降解利用，而多数细菌只能利用相对分子量较小的产物。一些食物中含有的维生素、氨基酸、嘌呤或嘧啶类成分还可作为部分微生物生长所必需的生长因子。显然，食物中的营养成分越丰富，越容易被微生物利用，就越有可能因微生物的大量繁殖而腐败变质，危害食用者的健康。

4. 温度

温度对霉菌的繁殖及产毒均有重要的影响，不同种类的霉菌其最适温度是不一样的，大多数霉菌繁殖的最适温度为 25～30℃（如仓储性真菌中曲霉菌的最适生长温度为 25～32℃，田间霉菌的最适生长温度为 5℃～25℃），属中温型微生物。而毛霉、根霉、黑曲霉、烟曲霉繁殖的适宜温度为 25～40℃。在 0℃ 以下或 30℃ 以上，不能产毒或产毒能力减弱。如黄曲霉的最低繁殖温度是 6～8℃，最高繁殖温度是 44～46℃，最适生长温度为 37℃ 左右。但产毒温度则不一样，略低于最适生殖温度，如黄曲霉的最适产毒温度为 28～32℃。梨孢镰刀菌、尖孢镰刀菌、拟枝孢镰刀菌和雪腐镰刀菌的最适产毒温度是 0℃ 或 -7～-2℃。

5. pH 值

食物中 pH 值的高低，不仅影响着微生物细胞膜的电位和生理功能（如对营养物质的吸收功能等），还可改变微生物体内多种酶系的活性，影响其代谢途径和状态，导致细胞内 DNA、RNA、ATP 等重要成分的破坏，从而制约微生物的生长繁殖。微生物通常在 pH 值接近中性的环境中生长繁殖良好，而真菌的最适 pH 值为 5.0～6.0。因此，酸性食品的腐败变质多由真菌引起。

6. 渗透压

微生物细胞膜为选择性半透膜，调节着细胞内外的渗透压平衡。将微生物置于低渗溶液中，菌体可因过度吸水而膨胀、破裂；置于高渗溶液中，又可因脱水而皱缩、死亡。除少数盐杆菌、盐球菌外，多数细菌不能在较高渗透压的食品上生长，但真菌对高渗环境的耐受性明显优于细菌。

7. 结构质地和抑菌成分

果实、种子、禽蛋等食物的外层皮、壳结构，可以抵御真菌等微生物的侵袭、破坏。一旦这些食物的结构完整性和物理性屏障受到破坏，生物性污染的机会将会显著增加。

8. 通风情况

大部分真菌繁殖和产毒需要有氧条件。其他如毛霉、灰绿曲霉为厌氧菌，可耐受较高浓度的 CO_2。

上述条件和因素对真菌的生长繁殖与产毒往往具有明显的互作效应，其中温度、湿度和水分条件是曲霉菌属、镰刀菌属等生长产毒的主要影响因素。在一定范围内，微生物的生长繁殖总是随着温度与水分的升高而速度增加，但真菌毒素则有着更严格的温度限定。$20\sim30℃$ 时 AFG_1 的生成更多地依赖于水分活度，而 AFB_1 的生成在一定温度范围内不受水分活度的影响。只有少数真菌的最适宜生长温度、湿度条件和产毒条件比较接近，大多数情况下并不一致，甚至在不同环境条件下产生的毒素也不一样。如棒曲霉菌的生长条件不严格，容易生长。而产生展青霉素的条件却较为严格。禾谷镰刀菌产生单端孢霉烯族化合物的条件差别很大：$7\sim10℃$ 时产生 T-2 毒素，$15℃$ 以上时产生 HT-2 毒素，温度更高时产生二醋酸藨草镰刀菌烯醇。此外，不同真菌之间也存在互相影响。

三、真菌产毒的特点

真菌毒素是真菌在代谢增殖过程中以丙酮酸、脂酸、氨基酸等初级代谢产物作为前体物质进一步合成、转化而来的次级代谢产物。真菌产毒具有如下特点。

（1）真菌产毒仅限于少数的产毒真菌，而且产毒菌属中也只有一部分菌株产毒。同一菌种中不同菌株的产毒能力不同，可能取决于菌株本身的生物学特性和（或）外界条件。

（2）同一产毒菌株的产毒能力表现出可变性和易变性，产毒菌株经过多代培养可能完全失去产毒能力，而非产毒菌株在一定条件下可出现产毒能力。因此，在实际工作中应该考虑这一问题。

（3）产毒菌株产生真菌毒素不具有严格的专一性，一种菌种或菌株可以产生几种不同的毒素，而同一真菌毒素也可由几种真菌产生。如黄曲霉毒素（AF）可以由黄曲霉、寄生曲霉产生，红绶曲霉也可少量产生。除 AF 外，黄曲霉还可产生杂色曲霉毒素，而杂色曲霉毒素还可由杂色曲霉和构巢曲霉产生。岛青霉则可以产生黄天精、红天精、岛青霉毒素及环氯素等。再加上真菌污染的混合性，食物中多种真菌毒素很可能共存并具有明显的联合或协同效应。

（4）产毒菌株产毒需要一定的条件。真菌污染食品并在食品上繁殖是产毒的先决条件，而繁殖与产毒效率又与食品的种类和所处的环境条件有关，特别是食品基质种类、水分、温度、湿度及空气流通情况等。一般来说，真菌在天然农产品基质上比人工培养基上更容易繁殖产毒。

四、产毒真菌的检测鉴定

对产毒真菌快速、准确的检测与鉴定是实现污染和危害有效防控的首要一环。传统的真菌鉴定主要依据形态特征（个体形态和菌落特征）和生物学特性（培养条件、代谢特征、产生毒素的种类、抗原构造等）。然而，真菌种类繁多、形态特征复杂、培养周期长、工作量大，且真菌部分形态特征和生理生化特征会随生长、培养与检测环境条件的变化而改变，导致种属鉴别困难，需要较强的专业知识背景。随着人们对产毒真菌遗传特征的认识日益深入，分子生物学方法建立的快速、准确和高效检测与鉴定技术体系，在产毒真菌的种类检测和鉴定方面逐步得到广泛应用。目前，国内外用于检测和鉴定真菌种类的分子生物学方面的相关技术和方法很多，不同技术都有各自的优缺点，其中实时定量聚合酶链反应（polymerase chain reaction，PCR）技术和 DNA 微阵列技术灵敏度高、特异性强、高通量、自动化程度高，有望成为快速、简便、准确检测和鉴定真菌的有力手段，但是 DNA 微阵列技术目前只达到检测水平，而实时定量 PCR 不仅能鉴定产毒真菌的种类，而且能够反映产毒真菌的数目，更有利于对真菌污染的评价。

（1）常规 PCR 技术：PCR 技术的出现为真菌 DNA 扩增提供了操作方便、结果准确的方法，可通过扩增具有种间特异性的 DNA 片段来确定种间差异。早在 1993 年就有学者运用 PCR 技术来检测肺部黄曲霉毒素的产生菌。目前，PCR 技术被广泛用于产毒真菌鉴定。相对于传统方法，具有简便快捷的显著优势，但也存在一些局限，如在同一体系中只能检测 1 个物种，在大量物种检测中效率不高，且难以量化。

（2）多重 PCR 技术：是指在同一反应体系中加入 2 对或以上引物，同时扩增多个目的基因或 DNA 序列，从而实现在同一 PCR 反应管内同时检测多种病原微生物。与单一 PCR 相比，多重 PCR 技术大大提高了效率，节省了时间和费用。由于多重 PCR 技术涉及多对引物，增加了扩增产物的错配率，因此在应用方面受到一定限制。

（3）PCR-DGGE 技术：变性梯度凝胶电泳（denaturing gradient gel electrophoresis，DGGE）的原理是在聚丙烯酰胺凝胶的制胶过程中通过添加变性剂（尿素和甲酰胺）用作线性梯度凝胶电泳，以分析序列片段相同但碱基有差异的 PCR 产物，具有检测限低、操作简便、可重复性高等优点，但只能分析小分子片段的 PCR 产物。

（4）实时荧光定量 PCR 技术：是指在 PCR 反应体系中加入荧光基团，利用荧光信号的积累实时监测整个 PCR 进程，最后通过标准曲线等手段对模板进行定量分析的方法。该技术无须常规 PCR 后电泳操作，同时还可以利用反应过程中荧光探针的荧光变化对扩增过程进行实时监测，可在一定程度上消除单纯 PCR 过度敏感、假阳性率高等问题，花费少、易操作，可以用于日常的大量分析。

（5）DNA 微阵列技术：是一种医学上最先用于检测基因病变的分子生物学方法，经过改进后已有效运用于人、动物以及植物病原真菌、产毒真菌的检测。其原理是将核酸序列结合在尼龙纤维膜上，通过化学发光法标记扩增后的 PCR 产物，采用微阵列杂交的手段可以大通量、高敏感、直观地显示检测结果，甚至实现产毒真菌的半定量。

产毒真菌的分子鉴定中，DNA 扩增引物或探针直接影响鉴定结果的准确性，因此其设计是鉴定的关键。目前文献报道最多的引物主要有两类，一类是根据真菌的保守序列设计引物，最常选用的靶基因是核糖体基因，其中包括 18S rDNA、5.8S rDNA、28S rDNA，以及内转录间隔区。通常认为内转录间隔区有着更高的进化率，可提供真菌较高水平上的鉴别，如种与种以上分类水平的鉴定。另一类是根据真菌所产毒素生物合成途径中的关键基因设计引物。如针对产伏马菌素的镰刀菌种，$fum1$、$fum5$、$fum13$ 常被选为靶标设计引物和探针；在鉴定产单端孢烯霉毒素的真菌时，$tri5$、$tri6$、$tri13$、$tri17$、$TOX5$ 等常被选为目标基因设计引物；PKS、$otanPSPN$ 是赭曲霉毒素生物合成途径中的关键基因；idh 基因是棒曲霉素生物合成途径中的关键基因；$omtB$、$ver1$、$afIR$、$omtA$ 是黄曲霉毒素生物合成途径中的 4 个关键基因。由此可设计出检测相应毒素产生菌的特异性 PCR 体系。由于各种毒素生物合成途径中的关键基因与毒素的合成直接相关，因此针对关键基因的检测更有助于准确判断产毒真菌的污染和产毒情况。然而，控制真菌毒素生物合成的相关基因往往不止 1 个，相关调控基因可能更多，因此真菌种类鉴定与毒素产生间的关联还需要大量的研究。

第四节　真菌毒素污染危害及风险监测评估与防控

真菌对农作物的污染和对农产品如粮食、果品、饲料及加工品的污染，是一个世界性问题，其中以粮油类食品、饲料污染最为普遍，严重威胁人类和动物的健康，带来严重的经济损失和频繁的国际贸易纠纷。真菌毒素污染是继农药残留、重金属污染后，影响农产品质量安全的又一类关键风险因子，引起了国际社会的广泛关注。

一、真菌毒素污染危害

真菌污染可发生在农作物种植、农产品收获储存和食品生产、加工、流通、消费等全过程，但以田间和仓储环节最为常见，因而常大体分为田间真菌和仓储真菌。田间真菌主要有镰刀菌属、青霉菌属和麦角菌属等野外真菌，通常在成熟收获前于田间污染粮谷、油料类农作物。该类真菌的适宜生长温度为5～25℃，低温、阴冷潮湿的天气、环境也能生长繁殖产毒。仓储真菌多为曲霉菌属，适宜生长温度为25～30℃，相对湿度80%～90%。粮谷、油料类农产品被污染后在仓储受潮和通风不良的情况下，真菌大量繁殖并产生毒素。

1. 污染危害现状

真菌污染食品后，在基质与环境条件适宜时，首先引起食品的腐败变质，不仅可使食品呈现异样颜色、产生霉味等异味，还使加工品质如出粉率、出米率、黏度等明显下降，食用价值也随之降低甚至丧失。欧盟食品饲料安全快速警报系统的数据分析表明，2011年有635种食品（约10%）中存在真菌毒素，其中33种谷物烘焙食品中存在黄曲霉毒素污染。联合国粮农组织（FAO）估计，全世界每年约有25%的农作物不同程度地受到真菌及其毒素的污染，约2%的农作物因污染严重而失去营养价值和经济价值，每年因此减产10%～30%，经济损失高达数千亿美元。除食用农产品外，饲用农产品的污染更为普遍和严重。

真菌毒素中毒最早可追溯至10世纪肆虐欧洲百余年导致无数人残肢断臂、痛不欲生和死亡（仅法国南部农村死亡人数就超过5万）的麦角中毒。造成较大社会影响的真菌毒素中毒事件还有1913年东西伯利亚阿穆尔州和1932年西伯利亚西部一带由单端孢霉毒素中毒引起的白细胞减少症和败血症，症状表现为发热，出血性疹，鼻、喉和齿龈出血，坏死性咽炎。1952年美国佐治亚州发生家畜急性致死性肝炎。1960年英国10万只火鸡因食用被黄曲霉毒素污染的饲料而中毒——"火鸡X病"。1974年印度西部居民食用霉变玉米导致肝炎暴发，感染397人，死亡106人。此外，有研究表明，癌症的高发地区与食物被真菌和真菌毒素污染有关。

我国作为农业大国，地域辽阔，大部分地区气候温和，降水量多，再加上农户个体种植收贮和消费习惯的影响，真菌及其毒素污染更为普遍和严重，是全球真菌毒素污染的重灾区。我国20世纪50年代发生的马和牛食用霉变玉米中毒和黑斑病甘薯中毒、长江流域的赤霉病中毒、华南的霉甘蔗中毒等，均为真菌毒素污染所致。近年来，受气候变化的影响，真菌毒素污染面正从南向北扩大。据国家粮食和物资储备局不完全统计，每年真菌毒素污染造成的粮食损失占粮食总产量的6.2%，因污染导致的人畜死亡、应急抢救、善后抚恤处理等间接损失更大。真菌毒素超标已成为我国粮油类农产品出口的最大障碍，给粮油加工、出口企业造成巨大的经济损失。2001年到2011年的十年间我国出口欧盟的食品安全事件中，28.6%由真菌毒素超标引起，已然超过公众熟知的重金属、非法添加物、农药残留等危害因素。统计2009年至2019年我国谷物中真菌毒素污染的研究报道发现：水稻中最主要的真菌毒素污染物为AFB$_1$和ZEA，其中AFB$_1$的检出率较高，但极少超过国家限量标准，南方部分地区ZEA水平已经超过60 μg/kg（我国尚未制定稻米限量标准，参考其他谷物标准）；小麦主要受镰刀菌毒素污染，尤其是DON和ZEA；玉米则易被多种真菌毒素污染。

2. 真菌毒素的混合污染

自然环境中，污染农作物、农产品的真菌种属多样，一种产毒真菌往往能污染多种农产品，产生多种毒素，导致一种食品可能会被多种真菌毒素污染。全球谷物真菌毒素的检测分析发现45%～100%

的样品含有一种以上的真菌毒素。突尼斯在大麦中检出 11 种真菌毒素,其中脱氧雪腐镰刀菌烯醇
(DON) 的检出率最高。在斯里兰卡和比利时市场的干辣椒中,AFB$_1$、AFB$_2$、AFG$_1$、AFG$_2$ 及 OTA、
FB$_2$ 和 ST 都有检出,34% 的样品有 2 种以上真菌毒素污染。在坦桑尼亚的玉米中共检出 11 种真菌毒
素,其中 87% 的样品含有一种以上真菌毒素。在尼日利亚 21 份大米样品中共检出 12 种真菌毒素,其
中黄曲霉毒素和赭曲霉毒素检出率最高,66.7% 的样品含有 2～5 种真菌毒素。在埃塞俄比亚的高粱和
龙爪稷中分别检出 84 和 62 种真菌毒素,其中以玉米赤霉烯酮和伏马菌素的检出率最高。

人类日常饮食种类繁多,大多数真菌毒素不能通过研磨、加工处理或者热处理方式去除,进一步
增加了多种真菌毒素混合暴露的风险。德国、意大利等应用液相色谱-质谱联用法(liquid chromatogra-
phy-tandemmass spectrometry,LC-MS/MS)进行真菌毒素人体暴露评估,发现 52%～100% 尿液样
品中含有 2～5 种真菌毒素生物标志物。澳大利亚从 87 种发霉的面包、坚果、水果、蔬菜、奶酪和果
酱等食物中共检出 49 种真菌毒素,其中展青霉素(PAT)的污染较重。在喀麦隆的玉米、坚果、大
豆、啤酒以及饮料中共检出 69 种真菌毒素,其中黄曲霉毒素 B$_1$(AFB$_1$)和伏马菌素 B$_1$(FB$_1$)检出
率最高。从意大利玉米、小麦、大麦、大豆以及葵花籽等 83 种饲料原料中共检出 139 种真菌毒素及其
衍生物。因此,人类同时暴露于多种真菌毒素的风险不容忽视,对农产品及食品中真菌毒素混合污染
进行累积风险评估应受到更多的关注和重视。

3. 隐蔽型真菌毒素污染

在植物的生长代谢和加工过程中,真菌毒素通过 Ⅰ 相代谢氧化、还原、水解修饰后,再经 Ⅱ 相代
谢,与内源性的尿苷二磷酸葡糖醛酸、腺嘌呤二核苷酰硫酸、谷胱甘肽、氨基酸、乙酰基、甲基等结
合,生成隐蔽型真菌毒素,改变了真菌毒素的水溶性和生物活性,但并未完全消除其毒性。目前已初
步发现的隐蔽型真菌毒素主要有 B 型单端孢霉烯族化合物类如脱氧雪腐镰刀菌烯醇-3-葡萄糖苷、玉米
赤霉烯酮类如玉米赤霉烯酮-14-葡萄糖苷和玉米赤霉烯酮-16-葡萄糖苷、A 型单端孢霉烯族化合物类如
T-2-葡萄糖苷及 HT-2-葡萄糖苷和水解型伏马菌素类如水解伏马菌素。

一般来说,隐蔽型真菌毒素毒性多低于原型,但如果代谢障碍,毒性反而有可能高于原型。更为
关键的是,隐蔽型真菌毒素的存在,特别是其极性与亲水性的改变,明显增加了分离提取的难度,再
加上相应商业化标准品的缺乏,导致其检出率较低,易被忽视,但它是危害人类健康的潜在风险之一。
因此,食品中隐蔽型真菌毒素的污染被称为隐蔽型污染。联合国粮农组织和世界卫生组织下的食品添
加剂联合专家委员会(Joint FAO/WHO Expert Committeeon Food Additives,JECFA)已将脱氧雪腐
镰刀菌烯醇-3-葡萄糖苷作为 DON 类真菌毒素(含原型和衍生型)膳食暴露的重要指标和人与动物潜在
的健康危害物。关于隐蔽型真菌毒毒的污染状况、暴露水平、代谢转化和结合前后毒性与稳定性的变
化,以及相关产毒基因和代谢小分子等对隐蔽型真菌毒素的形成、转化与调控等,目前相关数据缺乏,
尚无法进行全面、有效的风险评估。

二、真菌毒素的限量标准

食品中真菌毒素的限量一直备受世界关注,各国有关限量标准的制定和修订工作从未间断。中国
早在 1981 年便制定了食品中黄曲霉毒素 B$_1$(AFB$_1$)的限量标准,之后陆续对 AFM$_1$、脱氧雪腐镰刀
菌烯醇(DON)和展青霉素(PAT)进行了限量。2005 年将几种真菌毒素限量整合形成了《食品安全
国家标准 食品中真菌毒素限量》(GB 2761—2005)。2011 年修订时追加规定了赭曲霉毒素 A(OTA)
和玉米赤霉烯酮(ZEA)的限量。2017 年依据公众健康风险及膳食暴露水平现状,对食品中上述真菌
毒素的限量进行了适当调整和规定,成为新版的《食品安全国家标准 食品中真菌毒素限量》(GB
2761—2007)。除 PAT 外,标准中规定的其他真菌毒素均属于粮油类产品的易感毒素类型,但易污染

粮油类产品的伏马菌素（FB）和 T-2 毒素尚未在标准中被规定。

国际食品法典委员会（Codex Alimentarius Commission，CAC）也于 2017 年对《食品和饲料中污染物和毒素的通用标准》（CXS 193－1995）进行了重新修订，规定了黄曲霉毒素（AF）总量、AFM$_1$、脱氧雪腐镰刀菌烯醇（DON）、伏马菌素（FB）、赭曲霉毒素 A（OTA）和展青霉素（PAT）的限量，但并未对玉米赤霉烯酮（ZEA）和 T-2 毒素做出规定。欧盟于 2006 年颁布了《第 1881/2006 号规定：食品中某些污染物的最高水平》法规，随后对 AF 和 OTA 的最大限量进行了多次修订。现行法规基本涵盖了主要真菌毒素种类，用以保障食品安全，但 T-2 毒素的限量也未明确规定。美国及其他诸多国家也对食品中的真菌毒素限量做出了相应规定，但规定的毒素种类、产品类别及限量值不尽相同。世界范围内，婴幼儿产品中各真菌毒素的限量总体明显严于常规食品。

三、真菌毒素污染的风险评估

真菌毒素是真菌的次级有毒代谢产物，大多毒性强烈，并可通过食物链累积和传递，严重威胁着食品安全和人类健康，是最受关注的一类天然污染物。全面、客观地评价真菌毒素污染的健康风险并预测预警，对于监管措施的制定和污染的有效防控具有风向标的意义。

1. 单一污染风险评估

真菌毒素的风险评估始于 20 世纪末，遵循食品安全风险评估的一般原则和框架，包括危害识别、危害特征描述、暴露评估、风险特征描述四个步骤。其中前两步合并称为危害评估（hazard assessment），可建立真菌毒素的健康指导值（health based guidance value，HBGV）。随后对食品和其他途径可能摄入的真菌毒素进行定性评估和（或）定量评估，即第三步暴露评估，是风险评估的关键环节。将实际的暴露水平与 HBGV 比较分析，根据定性评估或定量评估，以及伴随的不确定性、发生的可能性和对特定人群造成潜在危害的严重程度，完成最后一步风险特征描述，为真菌毒素的风险管理提供科学建议。值得注意的是，由于 HBGV 目前主要基于成人资料获得，因而针对婴儿和儿童等敏感人群的风险评估建议尚需进一步研究。

（1）国际评估现状与趋势。1987 年以来，WHO、FAO 等国际组织及欧美等发达地区组建专门机构相继开展了多次国际或国家层面的真菌毒素风险评估，在评估的组织实施、过程管理与质量控制、评估理论方法以与应用交流等方面开展了广泛的交流合作。1956 年成立的 WHO/FAO 食品添加剂联合专家委员会（JECFA），主要基于世界各成员国提交的真菌毒素污染数据或人群膳食消费数据，结合真菌毒素毒理学研究结果，采用科学评估方法评价真菌毒素膳食暴露对人体健康的风险，为国际食品法典委员会（CAC）的真菌毒素限量标准制定、修订提供了科学数据和技术支撑。经多年建设，JECFA 组织机构日益完善，包括专门的数据采集评估机构，建立了严格、规范的评估程序和具体的技术方案，以及透明、高效的风险交流机制，完成了以黄曲霉毒素为代表的多种真菌毒素系列评估工作（如 1987 以来，先后 5 次评估黄曲霉毒素，4 次评估赭曲霉毒素），对真菌毒素的污染及其健康影响开展持续的跟踪研究。

随着真菌毒素国际关注度的不断提升，JECFA 对真菌毒素的评估不断增加，平均间隔 4 年，最短者 1 年；评估对象逐渐增多，目前已完成了伏马菌素（FB）、脱氧雪腐镰刀菌烯醇（DON）、T-2 毒素、HT-2 毒素等镰刀菌素的评估。依据更新中的评估结果，JECFA 制定、修订了真菌毒素的暂定每日最大可耐受摄入量（provisional maximum tolerable daily intake，PMTDI），如 FB 为 2 μg/kg，ZEA 为 0.5 μg/kg，DON 为 1 μg/kg，T-2 毒素和 HT-2 毒素为 60 ng/kg。暂定赭曲霉毒素（OT）每周耐受摄入量（provisional tolerated weekly intake，PTWI）为 112 ng/kg。真菌毒素健康指导值的制定、修订之后，暴露评估便成为各国家和地区开展当地真菌毒素风险评估的重要一环。目前，真菌毒素的暴露评估主要采用膳食暴露评估（基于食物污染水平和食物消费量）和内暴露评估（基于真菌毒素暴露生物标志物）两种方法。

膳食暴露评估起步较早，是目前广泛采用的方法。该方法将真菌毒素污染水平与膳食消费量数据结合起来，计算来源于不同食物中的真菌毒素暴露量。真菌毒素污染数据库完善程度（未检出值或定性值可能较多）、抽样方法（选择最易受污染的食品或一般食品，选择单一食品或复合食品等）、样本处理与测定分析的灵敏度与特异性、稳定性等，都是影响暴露评估准确性的重要因素。膳食消费量及体重数据主要来自国家膳食消费量调查数据或实地膳食调查结果，前者信息量有限，通常不能覆盖不同年龄、生理状态的消费人群；后者调查与分析工作量大。全球环境监测系统/食品污染监测和评估项目数据库等也可提供膳食消费量及人群体重信息查询。由于食品污染数据库和膳食消费数据库针对的对象不一致，常采用确定性评估（点评估）和概率评估（随机评估）的方式进行膳食暴露评估。前者根据污染物单个数据值计算得到，得到的信息较少，如不能确定高水平暴露量人群的暴露结果；后者由污染物检测值经过迭代计算形成分布函数后计算得到，常用蒙特卡洛模拟，可获得更加详细的评估结果。

内暴露评估是利用真菌毒素暴露生物标志物进行暴露评估。真菌毒素暴露生物标志物能够更客观地反映"既成事实"的真菌毒素摄入情况，克服膳食消费数据库与真菌毒素污染数据库的不匹配性以及调查的不确定性和波动性，同时也为毒素的累积暴露评估提供了有力证据。真菌毒素的原型、代谢产物及其与体内小分子、DNA 或蛋白质结合形成的加合物等，均可作为其暴露生物标志物。目前，一些主要毒素在血液和尿液中的代谢转化，及其与摄入的量化关系已逐渐明确，使真菌毒素的暴露评估进入内暴露评估实际应用阶段。

（2）中国评估现状与趋势。我国真菌毒素风险评估工作起步较晚，基础相对薄弱，但近年来发展迅速。农业部于 2007 年组建了国家农产品质量安全风险评估专家委员会，卫生部于 2009 年组建国家食品安全风险评估专家委员会。2011 年，成立国家食品安全风险评估中心，重点针对市售农产品、食品开展真菌毒素暴露人体健康危害的风险评估，以及食品中真菌毒素限量标准的制定、修订。国家食品安全风险评估中心基于 12 类常见膳食样品中 38 种真菌毒素 UPLC-MS/MS 的痕量检测结果，建立了较为完善的食物真菌毒素污染数据库。利用第四次和第五次中国总膳食研究和即食状态膳食中真菌毒素污染水平分析，国家食品安全风险评估中心已成功完成了两次真菌毒素膳食暴露评估。通过对小麦、玉米、水稻、花生、油菜、大豆等生产、收获、储藏、运输、收购环节中真菌毒素的动态监测与评估，积累大宗粮油作物真菌毒素污染的基础数据，初步摸清了真菌毒素污染水平、分布和风险隐患类型及关键控制点等，编制了真菌毒素污染控制技术规程，为粮油作物产品质量安全监管及指导粮油作物生产、引导粮油类产品消费、真菌毒素相关标准制定修订提供了重要支撑。

随着全球气候变化，产毒真菌谱及真菌毒素也发生了显著变化，新兴毒素不断被发现报道。为此，国家食品安全风险评估中心及时更新了真菌毒素检测项目清单，纳入交链孢毒素、蒽镰孢菌素、白僵菌素等 10 种新兴毒素，优化建立了新一代的膳食样品 UPLC-MS/MS 多毒素痕量检测技术，用于第六次中国总膳食研究。此外，通过母乳监测计划，采用免疫亲和纯化-同位素稀释 UPLC-MS/MS 方法对 10 种主要真菌毒素污染水平进行测定，评估了以母乳为主要食物来源的婴儿真菌毒素暴露风险。

基于内暴露评估，近期中国成功开展了基于生物标志物的典型地区 DON 和 ZEA 内暴露评估研究。建立了尿液中 DON 和 ZEA 暴露标志物高通量固相微萃取前处理方法，结合 UPLC-MS/MS 痕量检测技术，对典型地区居民开展生物监测，分析不同人群暴露水平差异及各标志物间与膳食暴露的相关性及量化关系，构建暴露模型以估算毒素摄入水平，评估健康风险。结果表明，内暴露评估与膳食暴露评估结果具有较好的可比性，我国居民 ZEA 的暴露风险较低，而 DON 暴露具有一定健康风险，应引起关注。

2. 混合污染风险评估

目前风险评估研究多只针对一种真菌毒素，并没有考虑多种真菌毒素之间的相互作用。当多种真菌毒素同时暴露时，即使各真菌毒素的单独风险评估都被认为安全，也不能据此认为混合污染尤其是长期的累积暴露也安全。

混合污染物同时或先后暴露于生物体后引起的生理作用称为联合毒性，表现为相加作用、相互作用和独立作用。各个污染物具有相同的作用模式或相同的靶标细胞、组织或器官时，一般表现为相加作用，即混合污染效应等于各单独效应之和。当作用模式与靶标不一致时，常表现为独立作用，即不同污染物引起的毒性效应不相关。相互作用介于相加作用和独立作用之间，包括协同作用（混合污染物的效应大于单独效应相加）和拮抗作用（混合污染物的效应小于单独效应相加）及更为复杂的形式，例如低剂量时表现为协同作用，高剂量时表现为拮抗作用，或是否表现为协同作用或拮抗作用取决于每种物质在混合污染物中的相对含量。黄曲霉毒素 B_1（AFB_1）和赭曲霉毒素 A（OTA）常常同时检出，两者间的联合毒性研究也相对较多。AFB_1 与 OTA 混合暴露时，对体外培养的猴肾脏细胞和肝癌细胞表现为相加作用；对肉鸡的体重增长、养分摄入、养分消化率和免疫功能具有协同作用；对大鼠肾脏细胞、肝脏细胞和骨髓细胞的遗传毒性，则表现为拮抗作用。在大鼠脑胶质瘤细胞、Caco-2 细胞和 Vero 细胞中伏马菌素 B_1（FB_1）与 OTA 混合暴露时表现为协同作用，但也有研究显示协同作用在低剂量时呈现，高剂量时表现为拮抗作用。而 AFB_1 和 FB_1 在大鼠体内存在相加作用或协同作用。用化学物质诱导细胞增殖的变化实验探讨 AFB_1 和 DON 对 DNA 损伤修复的影响，结果表明二者间存在相互作用，但对锦鲤原代肝细胞表现为协同作用。OTA、AFB_1 和 FB_1 三者混合暴露，对人单核血细胞和不同哺乳动物细胞株具有协同作用，而任意两者间则表现为相加作用。AFB_1、ZEA 和 DON 三者混合暴露对 BRL 3A 鼠肝细胞表现为协同作用。

真菌毒素间的混合作用尤其是潜在的联合毒性正成为当前研究的热点。联合毒性的分析描述常采用因子设计法和基于理论生物学的联合指数-等效线图解法。前者在分析某种真菌毒素在不同组合的混合作用时，将含有该毒素的所有组合的联合毒性平均值减去不含该毒素组合的联合毒性平均值来计算其毒性作用，揭示和有真菌毒素间的相互作用。后者用图示的方法直观描述，即在直角坐标系中，直线连接的 2 点代表两毒素在该剂量水平下没有相互作用或可加性。位于直线以下的实验剂量之间具有协同作用，位于直线以上的实验剂量之间具有拮抗作用。

基于联合毒性表现形式的不同，混合污染风险描述的方法存在差异。基于相加作用的风险描述包括危害指数（hazard index，HI）、联合暴露限量值指数（combined margin of exposure index，MOET）、分离点指数（point of departure index，PODI）、相对强度系数/毒性当量因子（relative potency factors/toxic equivalency factors，RPF/TEF）以及累积风险指数（cumulative risk index，CRI）等，其中以 MOET 应用最广。MOET 的计算需要分离点（point of departure，POD）数据如无明显损害作用水平（no-observed adverse effect level，NOAEL）和真菌毒素剂量-响应数据，适用于具有遗传毒性和潜在致癌性的化学物质的混合污染风险分析。暴露限量值（margin of exposure，MOE）是真菌毒素对动物或人体产生影响的量与人体暴露量估计值的比值。当一种物质的 MOE 值大于或等于 10 000 时，被认为对人体健康影响较小。联合 MOE 用 MOET 表示，是混合污染物中每种物质 MOE 倒数之和的倒数。当 MOET 大于 100 时，混合污染物的风险处于可接受水平。MOET 的优点是将暴露数据和毒理学数据直接关联（与可接受的阈值做比较），缺点是没有确定的可接受水平作为评价标准。

四、真菌毒素的监测预警

在农作物田间和农产品仓储期间难以避免真菌的污染，粮油等农产品的真菌毒素污染也就不可能完全消除。为保证食品的安全，防止真菌毒素污染危害的产生，建立完善、科学的监测预警体系尤为必要和重要。

欧盟早在 1979 年就推出了食品和饲料安全快速预警系统，在确保食物链安全和遵从欧盟食品与饲料立法的最高水平上，快速对食品和饲料系统做出预警，识别食品和饲料的安全风险，采取适当的措施减少真菌毒素污染对公众健康构成的风险和人类患病的威胁，如在生产、加工和销售阶段，尤其是初级生产阶段，特别针对谷类的食品链生产商、运营商，提出预防、减少、控制和管理措施预防和减少真菌毒素的污染和危害的产生。2017 年，欧盟通过了第 2017/625 号法规（2019 年 12 月 14 日正式实施），对食品和饲料安全快速预警系统、贸易管控和专家系统、行政援助与合作系统、欧洲植物检疫预警系统等进行整合，建立了官方监管信息管理系统，进一步促进信息的无缝交换和管理数据的高效使用，提高了真菌毒素污染的监测预警效率。

类似欧盟的食品和饲料安全快速预警系统和官方监管信息管理系统，我国也逐步完善健全食品安全预警系统和食品安全质量控制系统，制定出较为完整的识别食物和饲料安全风险的方案，运用风险评估的基础数据，即危害物的毒理数据和消费者的膳食暴露数据等，初步建立了食品安全监管技术预警体系，实现对真菌毒素监测数据的采集、整理、分析和公示的动态更新和管理，及时通报和处理食品安全信息和隐患，预防和减轻真菌毒素的污染和危害。

现代化食品安全监测预警体系，需要借助高通量、自动、快速、高效的检测手段对食品生产、流通、消费全链条各个环节的安全风险因子进行动态监测、采集，并实时上传与分析评估。为充分利用国家、地方、高校、科研机构、企业和第三方检验机构等和各类检测、监测数据资源，防止因形成信息孤岛而造成资源的巨大浪费和食品安全风险预测预警的延误，需要打通多方数据链，对各类结构化数据进行标准化，促成快速整合共享，以便于自动跟踪和风险分析与研判，实现食品全生命周期的智能监管和风险预测预警。大数据时代，物联网、区块链和电子标签无线射频识别技术，与真菌毒素的分子光谱、光谱图像融合和电子鼻技术等在线无损检测技术的深度融合，可望使真菌毒素污染的动态监测和安全风险的实时、精准预测预警服务在不久的将来迅速得以实现。

五、真菌毒素污染风险的防控

由于真菌及其毒素污染粮油类农作物与农产品的普遍性，再加上粮油尤其是谷物消费量大，为防止真菌毒素污染及其危害的发生，对潜在关键污染环节进行精准的风险防控至关重要。国际食品法典委员会（CAC）2003 年制定了《预防与降低谷物中真菌毒素污染操作规范》（CAC/RCP 51－2003），并于 2017 年修订。该规范号召各成员国严格遵守良好农业规范（good agricultural practices，GAP）和良好生产规范（good manufacturing practice，GMP），建议加强危害分析关键控制点（hazard analysis critical control point，HACCP）管控，预防与降低谷物中真菌毒素污染。原国家质量监督检验检疫总局也出台相应的推荐标准，随后被《食品安全国家标准　原粮储运卫生规范》（GB 22508－2016）替代。

1. 防止和减少污染

产毒真菌的防控能有效地降低农产品带菌的可能性，进而减少真菌毒素的产生和污染。目前已基本探明了主要真菌毒素的生物合成路径及外界环境因素如温度、水分等对真菌毒素产生与累积的影响，为防控产毒真菌污染和真菌毒素产生奠定了良好基础，其中收获前、后及时的预防性处理是关键。

农作物种植遵循 GAP 要求，如选育种植抗菌防倒伏品种，维持合适的种植密度（行距和株距），科学灌溉（确保农作物生长成熟所需的水分，但小麦、大麦、黑麦应避免杨花期、成熟期灌溉）与施肥（包括土壤改良剂，以保证土壤中合适的肥力和 pH 值，提高农作物抗性），合理施药，及时除草，防止病虫害，控制田间湿度，合理轮作，及时清除前一轮农作物采收时遗留的陈穗、秸秆，以及尽可能减轻洪涝、高温、狂风等造成的次生灾害等，尽可能地减少、避免产毒真菌在田间对农作物对初级农产品的污染。采收前合理施用除菌防虫剂，进一步防止虫害和真菌污染，确保充分成熟后及时采收并注意避开阴雨天气，脱粒采收时尽可能保持种粒完整，避免机械损伤。

田间采收后及时除杂（泥尘、糠壳、残屑等）、筛分（除去破损、瘪皱、生芽、咬蚀、腐烂籽粒）和干燥至安全水分（一般谷物为 14％以下）后收贮。仓储设备设施确保防虫、防鼠、防雨、防潮，事先消毒清洁。仓储期间注意监测内环境及农产品内部的温度、湿度变化，避免大幅波动，及时通风，发现受潮、温度异常升高（尽管只升高 2～3℃）的农产品及时清理出库，必要时充入氮气、二氧化碳来气调贮藏，以及使用除菌杀虫剂和其他防治措施等，同时避免久贮。收贮前保持籽粒完整清洁，贮藏期间控制好温度、湿度，确保通风干燥和防虫防鼠，是仓储成败的关键。

山梨酸、苯甲酸等化学抑菌剂及一些天然的植物源抑菌剂，对采收前后的农作物、农产品有良好的抑菌、防腐作用。丁基羟甲苯、丁基羟基茴香醚、对羟基苯甲酸丙酯、白藜芦醇等天然或合成的抗氧化剂，能有效地控制真菌毒素的生成，某些抗氧化剂彼此间还有协同抑制真菌毒素产生的良好作用。精油如月桂油、丁香油、肉桂油等，以及仓储加工环境的消毒措施如磷化氢、臭氧、紫外线、硅藻土处理等，对防止病虫害和真菌毒素的产生也有较好的效果。

2. 消减脱毒减轻危害

除严格制定和实施真菌毒素限量标准和减少、防止食物霉变或被真菌毒素污染及避免摄入外，真菌毒素污染风险的控制还包括真菌毒素的消减脱毒。对于已被真菌毒素污染的大宗农产品而言，如何消除其危害、减少浪费和保证食用安全，仍是当前世界性的难题。虽然离完全消除危害、达到规模应用还有相当长的距离，但一些物理、化学或生物学的方法已开始用于农产品中真菌毒素的降解脱毒。

（1）物理法。主要包括物理筛分法、吸附脱毒法、热处理、辐照法等。物理筛分法作为农产品原料收贮前的第一关，方法简单，成本低，在污染较重时效果明显，多应用于收粮环节初步脱毒处理。吸附脱毒法利用吸附材料多孔隙结构形成的高比表面积对真菌毒素进行吸附脱毒，简单方便，成本廉价，应用广泛。常用的吸附材料有活性炭、蒙脱石、沸石、高岭土、硅藻土等，但对真菌毒素吸附不彻底，专一性差，对微量元素、小分子营养成分也有一定的吸附作用，影响到产品的风味和品质。纳米材料具有较大的比表面积和离子交换能力，易修饰，甚至有些材料还具有光催化性能，因此，研制出特异性吸附或光催化降解真菌毒素的纳米材料，是真菌毒素物理消减技术发展的重要方向之一。热处理通常采用定压加热形成的过热蒸汽降解真菌毒素，相对于传统高温处理方法，具有安全性高、无污染、热效率高、传热速度快的优点，但也会对农产品营养价值和感官品质产生不利影响。辐照法主要利用微波或射线照射污染食品中的真菌毒素，达到降解脱毒的目的。

（2）化学法。主要包括碱解法、氧化法、还原法等。在稀碱（如 NaOH、氨水、氢氧化钙等）作用下，黄曲霉毒素 B_1（AFB_1）脱羟和内酯环断裂，生成无毒的香豆素钠盐或铵盐；DON 分子中环氧基团被打开或在 C-15 重排，形成醛基或内酯，从而脱毒。氧化法一般指在强氧化剂如臭氧、过氧化氢、次氯酸钠、二氧化氯等的作用下，真菌毒素被氧化，结构被破坏。还原法则是利用亚硫酸氢钠、焦亚硫酸钠等还原真菌毒素以改变其结构与毒性。尽管化学法效率较高，但其实施条件较为苛刻，对食品的营养价值和风味影响较大，对微量、难分离的真菌毒素脱除效果并不明显，化学残留还可能引入新的污染源。

（3）生物法。指利用微生物生长过程中产生的代谢产物或微生物自身的特性抑制真菌生长、霉素生成，或通过黏附、酶解作用促进黏除、降解真菌毒素。酿酒酵母菌株通过对黄曲霉毒素（AF）、赭曲霉毒素（OT）和玉米赤霉烯酮（ZEA）物理吸附而脱毒。植物乳杆菌 B7 和戊糖乳杆菌 X8 菌株通过细

胞壁的肽聚糖吸附 AFB_1 和伏马菌素（FB）。微生物酵解脱毒主要通过发酵产酶（主要为氧化-还原酶类）作用于 AFB_1 的二呋喃环、OTA 分子内的肽键或 ZEA 的内酯环，实现对真菌毒素的降解。进一步利用基因重组技术构建真菌毒素生物酵解酶的高效表达工程菌，分离纯化专一的降解酶，可望取得更强的脱毒效果。与物理法和化学法相比，生物法具有专一、环境友好、处理条件温和、易于产业化等特点，且不会引起二次污染，一般也不会引起食品感官品质与营养价值的变化，是真菌毒素脱毒的重要发展方向。

需要说明的是，无论是物理的、化学的还是生物的脱毒方式，都必须对降解产物进行安全性评价，即确保真菌毒素降解产物安全无毒。未来农产品中真菌毒素污染控制研究应更加注重毒素累积的关键点和过程控制，有针对性地建立绿色、安全、高效、高选择性的真菌毒素全程管控技术规范，并进行应用示范。

（唐玉涵　姚　平）

第二章 黄曲霉毒素污染及其危害

黄曲霉毒素（aflatoxin，AF）是黄曲霉和寄生曲霉产生的一类次级代谢产物，化学结构类似，均为二氢呋喃香豆素的衍生物。其中寄生曲霉的所有菌株都能产生黄曲霉毒素，而黄曲霉中只有某些产毒菌株产毒。黄曲霉毒素广泛存在于土壤、动物、植物及各种坚果中，易污染稻米、大豆、花生、玉米、小麦等粮油类产品，在湿热地区的食品和饲料中出现概率最高。黄曲霉毒素的发现源于20世纪60年代在英国发生的10万只火鸡突发性死亡事件，经科学家研究证实，火鸡的死亡源于吃了被黄曲霉毒素污染的饲料。

黄曲霉毒素有很强的急性毒性、明显的慢性毒性和致癌性。黄曲霉毒素对肝脏有特殊亲和性，具有较强的肝毒性并有致癌作用。2012年国际癌症研究机构（IARC）将黄曲霉毒素列为1类致癌物（即对人类确定致癌）。历史上，黄曲霉毒素污染曾酿成数次严重的食品与饲料安全事件。由于黄曲霉毒素几乎无法避免，黄曲霉毒素超标的事件时有发生，这不仅会给农业生产带来巨大的经济损失，更重要的是也会对身体健康造成巨大的危害。因此对于黄曲霉毒素的产生、毒性、作用机制及检测方法等，人们高度关注并进行了广泛的研究，在此基础上提出了科学有效的预防措施以保护食用者的安全。

第一节 黄曲霉毒素的性质及其产生

一、结构与性质

自20世纪60年代火鸡突发性死亡事件发现了黄曲霉毒素以来，目前已分离鉴定出的黄曲霉毒素约20种，黄曲霉毒素在紫外光照射下都能发出强烈的特殊荧光，可根据荧光颜色及其结构将其命名为黄曲霉毒素 B_1、黄曲霉毒素 B_2、黄曲霉毒素 G_1、黄曲霉毒素 G_2、黄曲霉毒素 M_1、黄曲霉毒素 M_2 等。黄曲霉毒素 B_1、黄曲霉毒素 B_2 在紫外光下发出蓝色荧光（波长为425 nm），黄曲霉毒素 G_1、黄曲霉毒素 G_2 在紫外光下发出绿色荧光（波长为450 nm），黄曲霉毒素 M_1 呈蓝紫色（波长为425 nm），黄曲霉毒素 M_2 呈紫色。其具体化学结构式见图2-1。

黄曲霉毒素的毒性与其结构有关，只要二呋喃环末端有双键则毒性较强并有致癌性，其毒性顺序：黄曲霉毒素 B_1＞黄曲霉毒素 M_1＞黄曲霉毒素 G_1＞黄曲霉毒素 B_2＞黄曲霉毒素 M_2。研究表明，黄曲霉毒素对人和动物具有强烈毒性，属剧毒物质。

黄曲霉毒素相对分子量为312～346，熔点为200～300℃，对光、热和酸稳定，耐高温，在一般烹调加工温度下不易被破坏，280℃时发生裂解。在水中溶解度较低，几乎不溶于水，难溶于己烷、乙醚和石油醚，易溶于油脂和甲醇、丙酮、氯仿等有机溶剂中。紫外线对低浓度的纯毒素有一定的破坏性。黄曲霉毒素在碱性溶液（pH值＞10）中分解迅速，产生几乎无毒的钠盐，在对食品去毒时可利用这一化学反应，但此反应可逆，在酸性条件下又可复原。

二、主要产毒菌株及其分布

黄曲霉和寄生曲霉是产生黄曲霉毒素的2种主要真菌。曲霉在自然界的分布极为广泛，对有机物

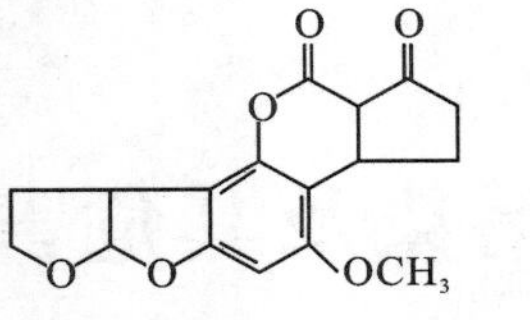

AFB₁:C₁₇H₁₂O₆　　分子量312.3

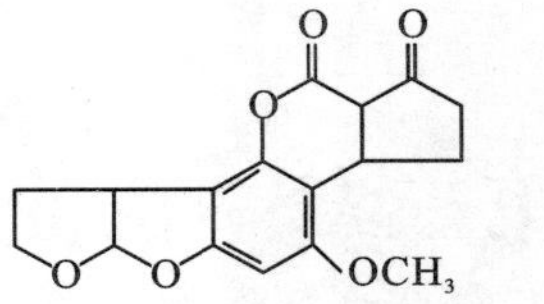

AFB₂:C₁₇H₁₄O₆　　分子量314.3

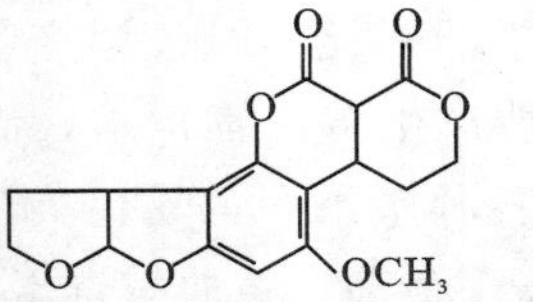

AFG₁:C₁₇H₁₂O₇　　分子量328.3

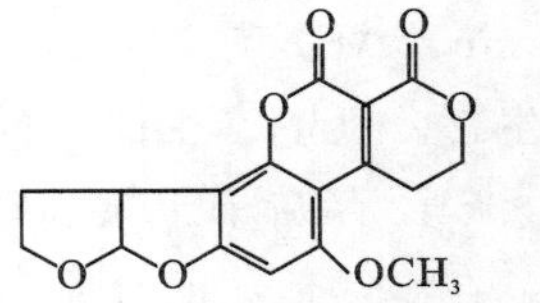

AFG₂:C₁₇H₁₄O₇　　分子量330.3

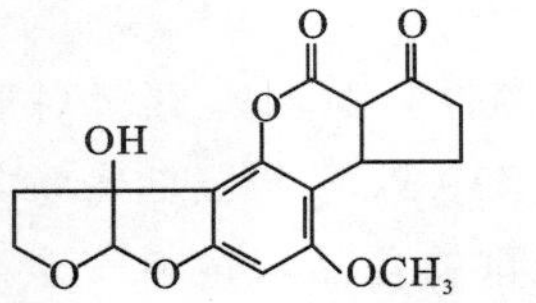

AFM₁:C₁₇H₁₂O₇　　分子量328.3

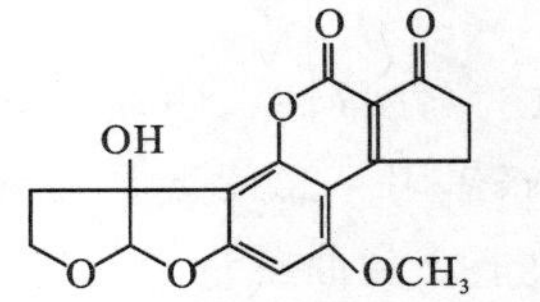

AFM₂:C₁₇H₁₄O₇　　分子量330.3

图 2-1　几种黄曲霉毒素的结构式

有着很强的分解能力，是重要的食品污染真菌，其中的某些菌种在一定条件下可产生毒素，如黄曲霉、赫曲霉、烟曲霉、杂色曲霉和寄生曲霉等，而黄曲霉毒素则是由黄曲霉和寄生曲霉产生的。在我国寄生曲霉罕见，黄曲霉是我国粮食和饲料中常见的真菌。

黄曲霉毒素污染范围较广，主要包括东南亚（泰国、马来西亚、菲律宾等）、高温高湿的非洲（冈比亚、尼日利亚、肯尼亚、贝宁、几内亚等）、南美洲（阿根廷、巴西等）等地区，我国也属于黄曲霉毒素污染较严重地区，其中长江流域以及长江以南的许多高温高湿地区如华中、华南地区，产毒株多，产毒量也大，受污染程度严重；而东北、华北和西北地区黄曲霉毒素产毒株分布较少，受灾较轻。1980 年，我国从 17 个省的粮食中分离出黄曲霉菌株 1 660 株，广西地区的产毒黄曲霉菌株最多，检出率为 58%。但近几年由于气候的变化，黄曲霉毒素污染的农产品类型不断增多，其地域范围也呈不断北移和扩大的趋势。

三、毒素产生及其条件

（一）毒素产生

黄曲霉毒素的生物合成是一个比较复杂的过程，包括很多酶反应。通过分子遗传学分析，发现黄曲霉与寄生曲霉的黄曲霉毒素合成相关结构基因均位于一条染色体上，基因集簇排列在一条 70～80 kb 大小的 DNA 片段上，且基因在染色体的物理分布位置与其表达产物在黄曲霉毒素合成过程中被催化反应的前后顺序一致。

黄曲霉毒素合成在初级阶段类似于脂肪酸的生物合成，以乙酰辅酶 A 为起始单位，延长单位是丙二酸单酰辅酶 A，通过聚酮化合物合成酶（polyketide synthase，PKSA）的催化作用形成黄曲霉毒素的聚酮骨架。普遍接受的生物合成模式：乙酰辅酶 A 前体→乙酰辅酶 A→诺素罗瑞烟酸→蒽醌→奥弗路凡素→奥佛尼红素→羟基杂色酮→杂色半醛酸乙酸→杂色曲霉 B→杂色曲霉 A→柄曲霉素→O-甲基柄曲霉素→黄曲霉毒素 B₁、黄曲霉毒素 G₁。

（二）毒素产生的条件

黄曲霉毒素的产生需要一定的条件，不同的菌株产毒能力差异很大。很多生物和非生物因素都会影响黄曲霉毒素的生物合成，如碳源和氮源的营养因素、温度和水分活度的环境因素等。

（1）碳源。碳源和黄曲霉毒素形成密切相关。已明确葡萄糖、蔗糖、果糖和麦芽糖有利于黄曲霉毒素的形成，而蛋白胨、山梨糖和乳糖则对黄曲霉毒素产生有抑制作用。有科学家研究 10 余种多糖对黄曲霉生长和产毒的影响，发现海带多糖、香菇纤维素、马铃薯直链淀粉、大豆多糖能够明显降低黄曲霉菌丝产量；同时海带多糖、香菇纤维素、马铃薯纤维素、香菇多糖、绿豆多糖能抑制黄曲霉产毒。

脂质底物是有利于黄曲霉毒素产生的碳源。脂肪酶基因（$LipA$）在黄曲霉和寄生曲霉中克隆表达，脂质底物可诱发 $Lip A$ 的表达和黄曲霉毒素产生。在不利于黄曲霉毒素产生的蛋白胨培养基中添加 0.5% 豆油可诱导 $Lip A$ 的表达，进而诱发黄曲霉毒素的产生。

（2）氮源。真菌可利用各种氮源，氮源的种类对 AFs 形成有重大影响。研究发现在寄生曲霉中，培养基中若含有天门冬酰胺、天门冬氨酸、丙氨酸、硝酸铵、亚硝酸铵、硫酸铵、谷氨酸、谷氨酰胺和脯氨酸等氮源时有利于黄曲霉毒素产生；而硝酸钠和亚硝酸钠不利于黄曲霉毒素产生。不同氨基酸对黄曲霉毒素的产生有不同的影响。最近的研究表明色氨酸抑止黄曲霉毒素的产生，而酪氨酸促进黄曲霉中黄曲霉毒素的产生。

（3）温度。黄曲霉和寄生曲霉是最主要的两种霉菌产毒菌株，其中黄曲霉分布最广、研究报道最多，是暖温带地区常见优势霉菌。黄曲霉毒素的形成受温度的直接影响。

黄曲霉生长及产毒的温度范围是 12～42℃，最适生长温度为 30～38℃，最适产毒温度为 25～33℃，因此黄曲霉的最适生长温度和最适产毒温度是不一致的。当温度低于 10℃ 或高于 40℃ 时产毒量较低。并且研究者发现不同黄曲霉毒素产生的最适温度也是不一致的，如 AFB_1 产生的最适宜温度为 24℃，AFG_1 产生的最适宜温度为 30℃。

寄生曲霉生长的最低温度范围是 6～8℃，最高温度是 44～46℃，最适生长温度是 25～35℃。黄曲霉毒素在 12～34℃ 的温度范围产生，在 36℃ 时产毒停止，最适产毒温度为 28～30℃。

（4）水分活度。是影响黄曲霉生长的重要因素，当水分活度低于 0.90 时黄曲霉生长延缓，水分活度越高越有利于霉菌生长和毒素合成。但研究记录显示，对于玉米，严重的黄曲霉毒素多发生在炎热和干旱条件下。此状况下黄曲霉毒素污染玉米的机制还不是很清楚，可能的原因如下：在水分胁迫条件下，植物的防御机制减弱；昆虫侵食和相关的植物组织受损为真菌入侵提供了机会；干燥气候下，更多的真菌孢子散布到空气中。

（5）氧化状态。黄曲霉毒素是在黄曲霉中聚酮合酶的参与下，高度氧化后形成的次级代谢产物。处于氧化状态是黄曲霉毒素产生的前提条件之一，研究也发现氧化物如烷类、过氧化脂类、环氧化物能够促进黄曲霉毒素的合成。而消除氧化状态会抑制黄曲霉毒素的合成。研究发现将某些酚类或抗坏血酸等抗氧化剂加到氧化胁迫的黄曲霉中，黄曲霉毒素的产生显著下降。

第二节 黄曲霉毒素对食品的污染、危害及致病机制

一、毒素对食品的污染

黄曲霉毒素常存在于土壤、动植物、各种坚果中，特别是花生、玉米和核桃。在通心粉、调味品、牛奶及乳制品、食用油等制品中也经常发现黄曲霉毒素。根据黄曲霉毒素污染农产品或食品的种类以

及污染水平，黄曲霉毒素污染最为严重的是花生、玉米及其相关制品。对近几年新的黄曲霉毒素污染监控数据分析发现：黄曲霉毒素污染食物和农产品的种类和范围在不断扩大，黄曲霉毒素的污染逐渐从传统的谷物如大米、小麦、大麦、玉米、高粱等和坚果如花生、杏仁、榛子、无花果等向调味品、茶叶、水果、绿叶类蔬菜、鸡蛋以及乳制品等农产品或食品扩展。

黄曲霉毒素在地域分布上也存在着差异性，一般在热带和亚热带地区食品中黄曲霉毒素的检出率比较高。我国属于黄曲霉毒素污染较严重地区，其中南方地区农产品和食品中黄曲霉毒素污染重于北方。表2-1、表2-2列举了亚洲、欧美地区黄曲霉毒素暴露水平及全球农产品或食品黄曲霉毒素污染的状况。

表 2-1　亚洲及欧美地区黄曲霉毒素暴露水平

地区		霉菌毒素	消费数据	污染数据	暴露量［ng/（kg·d）］
亚洲	中国深圳	AFs	估算	7类粮油食品（N＝303）	0.302～0.434
	中国台湾	AFs	营养与健康调查（2005－2015）	花生及其制品	0.03
	中国香港	AFs	总膳食研究	24 h膳食回顾	2～2.8
	土耳其	AFs	假设每人23.8 g/d	大米 N＝100	成人 0.0189；儿童 3.103
	巴基斯坦	AFs	23.8～114.28 g/d	大米 N＝2251	成人 0.69；儿童 3.39
	越南	AFB$_1$	全国食品消费调查 24 h食物摄入	米饭、玉米 N＝213	21.7～33.7
	斯里兰卡	AFB$_1$	食物频率调查	香料 N＝249	2.13～3.49
	日本	AFB$_1$	2005 年全国调查	N＝884	0.003～0.004
	长江六省	AFB$_1$	儿童 1.66 g/d 成人 3.02 g/d	花生 N＝2 983	2～6 岁 0.051～0.052 成人 0.005～0.006
	韩国	AFB$_1$	卫生营养调查	大米样 N＝88	1.19～5.79
	韩国	AFB$_1$	估算	市售食品 N＝694	0.64
	黎巴嫩	AFB$_1$	总膳食研究	N＝705	0.63～0.66
	黎巴嫩	AFM$_1$	总膳食研究	N＝705	0.22～0.31
欧美地区	巴西	AFs	地理与统计研究所	N＝942	6.6～6.8
	巴西联邦区	AFs	地理与统计研究所	N＝942	0.06～0.08
	瑞典	AFs	国家膳食研究	N＝600	0.8
	西班牙	AFs	农业、粮食和环境部数据库	面包 N＝80	0.021～0.078
	荷兰	AFs	24 h重复饮食研究	N＝123	儿童＜0.02～0.44
	法国	AFs	全国膳食调查	TDS-1 N＝2280	0.12～0.32
	法国	AFs	全国膳食调查	TDS-2 N＝457	0.0013～0.0019

表 2-2 全球农产品或食品黄曲霉毒素污染状况

地区		检测项目	黄曲霉毒素
东亚	中国、韩国、日本	样本数量/个	879
		阳性检出率/%	15
		平均值/（μg·kg⁻¹）	4
		最大值/（μg·kg⁻¹）	340
东南亚	马来西亚、菲律宾、泰国、越南、印度尼西亚	样本数量/个	357
		阳性检出率/%	71
		平均值/（μg·kg⁻¹）	42
		最大值/（μg·kg⁻¹）	933
南亚	印度、巴基斯坦、孟加拉国	样本数量/个	101
		阳性检出率/%	88
		平均值/（μg·kg⁻¹）	181
		最大值/（μg·kg⁻¹）	2230
大洋洲	澳大利亚	样本数量/个	191
		阳性检出率/%	6
		平均值/（μg·kg⁻¹）	2
		最大值/（μg·kg⁻¹）	179
北美	美国	样本数量/个	452
		阳性检出率/%	21
		平均值/（μg·kg⁻¹）	12
		最大值/（μg·kg⁻¹）	920
南美	巴西、阿根廷、巴拉圭	样本数量/个	540
		阳性检出率/%	13
		平均值/（μg·kg⁻¹）	1
		最大值/（μg·kg⁻¹）	213
北欧	瑞典、芬兰	样本数量/个	0
		阳性检出率/%	—
		平均值/（μg·kg⁻¹）	—
		最大值/（μg·kg⁻¹）	—
中欧	奥地利、德国、匈牙利、斯洛伐克、波兰	样本数量/个	26
		阳性检出率/%	19
		平均值/（μg·kg⁻¹）	0
		最大值/（μg·kg⁻¹）	2

续表

地区		检测项目	黄曲霉毒素
南欧	意大利、克罗地亚、塞尔维亚、葡萄牙、西班牙	样本数量/个	126
		阳性检出率/%	23
		平均值/（$\mu g \cdot kg^{-1}$）	1
		最大值/（$\mu g \cdot kg^{-1}$）	44
东欧	俄罗斯、乌克兰、白俄罗斯	样本数量/个	47
		阳性检出率/%	51
		平均值/（$\mu g \cdot kg^{-1}$）	2
		最大值/（$\mu g \cdot kg^{-1}$）	8
中东	埃及、以色列、伊朗、沙特阿拉伯	样本数量/个	38
		阳性检出率/%	37
		平均值/（$\mu g \cdot kg^{-1}$）	1
		最大值/（$\mu g \cdot kg^{-1}$）	16
非洲	肯尼亚、南非	样本数量/个	12
		阳性检出率/%	58
		平均值/（$\mu g \cdot kg^{-1}$）	59
		最大值/（$\mu g \cdot kg^{-1}$）	174

　　第五次中国总膳食研究对 12 类食品进行了黄曲霉毒素 B_1、黄曲霉毒素 B_2、黄曲霉毒素 G_1、黄曲霉毒素 G_2、黄曲霉毒素 M_1 和黄曲霉毒素 M_2 的分析。结果显示，黄曲霉毒素总检出率为 15.4%，但不同膳食种类中检出率差异较大。其中豆类检出率最高为 60%，乳类和谷类检出率分别为 50% 和 45%，而水果类、糖类、酒类、饮料及水中均未检出。总膳食样品中黄曲霉毒素 B+黄曲霉毒素 G 含量，以生样计，豆类中含量较高为 6.461 $\mu g/kg$，其次为肉类、水产类和蔬菜类（含量分别为 0.106 $\mu g/kg$、0.103 $\mu g/kg$ 和 0.114 $\mu g/kg$），谷类、薯类和蛋类含量分别为 0.085 $\mu g/kg$、0.062 $\mu g/kg$ 和 0.078 $\mu g/kg$，其余各类膳食的全国平均含量为 0.005 $\mu g/kg$。

二、毒素代谢

1. 吸收、分布和排泄

　　AFB_1 通过饮食被人体摄入后几乎一半被十二指肠吸收并主要分布于肝脏和肾脏中，未被人体吸收的 AFB_1 则通过粪便排出体外，并不对机体造成伤害。目前研究已证实 AFB_1 可通过胎盘，随着时间推移，AFB_1 在胎儿体内含量增高，在母体循环中的含量减少，但在胎儿及母体循环之间的浓度并未达到平衡。动物摄入 AF 后肝脏中含量最多，为其他器官组织的 5～15 倍，肾脏、脾脏、肾上腺中亦可检出，血液中极微量，肌肉中一般不能检测到。

　　除了 AFM_1 的代谢产物大部分从奶中排出外，其余均可经尿、粪及呼出的二氧化碳排出。一次摄入 AF 后，经一周即可通过呼出的二氧化碳、尿、粪等排出，AF 如不连续摄入一般不在体内蓄积。在 AF 的活化和消除率方面，个体间存在的差异较大。若人体内 AF 剂量较低，则可能与 AF 在体内的药物代谢动力学过程有关。

当前动物研究结果表明，AF 在灵长类动物体内的半衰期要长于啮齿类动物，且 AF 在灵长类动物体内的药物分布容积也更大；灵长类动物通过尿液及粪便排泄 AF 的量大致相同，而啮齿类动物通过粪便排泄 AF 的量大约是尿液的 2 倍。

2. 代谢途径与代谢产物

目前对于 AFB_1 在人体及哺乳动物体内的代谢过程研究较为全面（图 2-2）。AFB_1 在人体内的代谢主要在肝脏内进行，在肝细胞微粒体混合功能氧化酶系的催化下，发生羟化、脱甲基和环氧化反应。人体内的 AF 代谢过程主要由细胞色素 P450（CYP450）亚型（CYP1A2、CYP2B6、CYP3A4、CYP3A5 和 CYP3A7）以及谷胱甘肽硫转移酶（glutathione S-transferase，GST）介导。

AFM_1 是 AFB_1 在肝微粒体酶催化下的羟化产物，最初在牛乳、羊乳中发现。AFQ_1 是 AFB_1 经羟化后的另一代谢产物，其羟基在环戊烷 β 碳原子上，AFB_1 转变为 AFQ_1 可能是一种解毒过程。而 AFB_1 在肝脏中经酶作用在末端环戊烷基形成二级醇即黄曲霉素毒醇，此反应可逆，该过程不被认为是一种解毒过程。AFP_1 是 AFB_1 的 6-去甲基酚型产物。

AFB_1 在氧化酶的作用下最终形成致癌物 AFB_1-8，9-环氧化物，AFB_1-8，9-环氧化物有两个异构体：AFB_1-exo-8，9-环氧化物（AFBO）和 AFB_1-endo-8，9-环氧化物。该环氧化物的一部分与谷胱甘肽硫转移酶、尿苷二磷酸、葡萄糖醛基转移酶或磺基转移酶结合形成大分子，经环氧化酶催化水解而解毒。另一部分环氧化物与生物大分子 DNA、RNA 及蛋白质结合，发挥其毒性、致癌性和致突变作用。体内主要的 AFB_1-DNA 加合物为 AFB_1-N^7-鸟嘌呤（aflatoxin-N^7-guanine，AFB_1-N^7-Gua），即 AFBO 第 8 位碳原子与 DNA 鸟嘌呤第 7 位氮原子共价结合形成 AFB_1-N^7-Gua，肝内形成的大部分 AFB_1-N^7-Gua 可经 DNA 修复较快地从 DNA 清除，并经尿液排出体外，尿液成为清除这种致癌的 DNA 加合物的唯一途径。另一部分 AFB_1-N^7-Gua 则转化成具有开环结构的 AFB_1-甲酰胺基嘧啶复合物，其分子量小，可进入血液后经尿液排出体外。AFB_1-N^7-Gua 是 DNA 受到氧化损伤的重要标志物，有研究表明，AFB_1-N^7-Gua 与 AFB_1 诱发的基因突变相关联，AFB_1-N^7-Gua 是 *p53* 基因 249 位点突变的诱因，近年来，定量分析 AFB_1-DNA 已成为检测 AFB_1 毒性效应的一个指标。

AFB_1、AFG_1、AFM_1 二呋喃环上的双键极易发生环氧化反应，因此毒性很强，而 AFB_2、AFG_2、AFM_2 因不具有二呋喃环双键而毒性较低。

三、毒性与危害及其机制

（一）毒性

黄曲霉毒素中毒一般都是由机体通过饮食方式摄入黄曲霉毒素引起的，因此 AF 对食品的污染对于人群健康存在着直接危害。AF 对鸡、鸭、鱼类、兔、猫、鼠类、猪、牛、猴以及人均有极强的毒性，一般分为急性毒性、慢性毒性和致癌性。AF 对肝脏有特殊亲和性，具有较强的肝毒性并有致癌性。

1. 急性毒性

AFB_1 是一种剧毒物质，毒性比氰化钾（KCN）大 10 倍，比砒霜大 68 倍，仅次于肉毒毒素，是目前已知真菌毒素中毒性最强的。它的毒害作用对任何动物的各种器官都有不同程度的影响。严重的 AF 急性中毒可引起急性肝炎、肝脏出血性坏死、水肿、昏睡、肝细胞脂肪变性和胆管增生等，甚至可导致直接肝损伤和继发性疾病或死亡。相关研究表明：AF 毒性与暴露剂量和暴露周期有关，大剂量时可引发急性疾病和死亡，主要会引起肝硬化等。AF 对所有实验动物都具有急性毒性，半数致死剂量（LD_{50}）为 $0.4 \sim 18$ mg/kg，鸭雏和幼龄的鲑鱼对 AFB_1 最敏感，其次是鼠类和其他动物，兔和鸭等敏感性动物在较低浓度即可死亡，大鼠等啮齿类动物有较高耐受性，多数敏感动物在摄入毒素后的 3 d 内

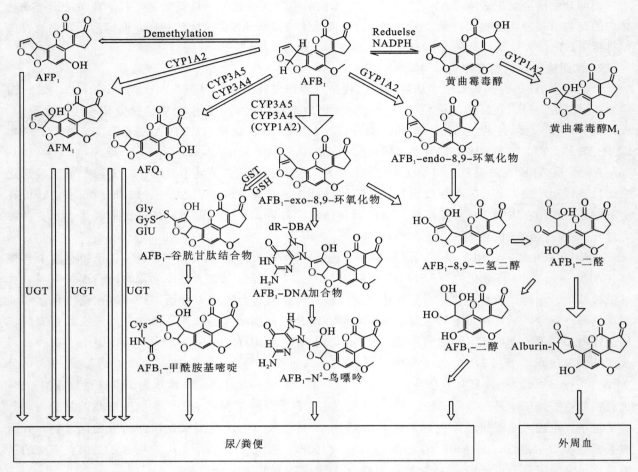

图 2-2　黄曲霉毒素 B_1 的代谢途径

即死亡。常见动物的 LD_{50}（一次，经口）为：大鼠（雄）7.2 mg/kg，大鼠（雌）17.9 mg/kg，小鼠 9.0 mg/kg，兔 0.30～0.50 mg/kg，猫 0.55 mg/kg，猴 2.2～3.0 mg/kg。

2. 慢性毒性

动物 AF 慢性中毒主要表现为生长障碍，肝功能降低，肝脏出现慢性或亚急性损伤，肝实质细胞坏死、变性，胆管上皮增生、形成结节，出现肝硬化。其他表现为体重减轻、食物利用率下降、母畜不孕或产仔减少等。并且 AF 会导致肝中脂肪含量升高、肝糖原降低、血浆白蛋白降低、白蛋白与球蛋白比值（A/G）下降、肝内维生素 A 含量减少等。对猪、大鼠等动物实验的研究表明：长期膳食摄入 AF 污染的食物将导致细胞介导的免疫胁迫反应，还可引起胸腺和法氏囊萎缩、迟发性皮肤过敏反应以及移植物抗宿主反应。当实验鼠暴露于 0.75 mg/kg AFB_1 时，脾脏细胞数量和白细胞介素产量明显减少。AF 损害细胞功能的表现是淋巴细胞和巨噬细胞产生的抗原数量减少以及介入吞噬作用的热稳定性的血浆缺乏。

3. 致癌性

AF 是目前公认的最强化学致癌物质，其致癌性在多种物种中已被证实，尤其以大鼠为研究对象的实验较多。实验表明，膳食中 AFB_1 的浓度由十亿分之一增至百万分之一时，雄性大鼠肝癌发病率从 0 升至 100%。大量实验证明，对于大鼠、猴、鱼类、禽类等多种动物，小剂量多次摄入或者大剂量一次摄入 AF 都会引起癌症，主要以肝癌为主，并且其致肝癌强度是奶油黄的 900 倍，比 3，4-苯并芘强 4 000 倍，比二甲基亚硝胺诱发肝癌的能力要强 75 倍。除了肝癌外，AF 还可诱发胃癌、肾癌、直肠癌、乳腺癌、卵巢及小肠等部位的肿瘤，还可能引起畸胎。动物实验证实 AFB_1 还能刺激胸腺萎缩，减少淋巴细胞数量和减弱其功能，降低吞噬细胞活性和补体活性。

(二) 人群健康危害

（1）AF 会引起人的急性中毒。成人具有较高耐受性，但是儿童对 AF 耐受性较低，所以在许多报道的 AF 急性中毒事件中，死亡对象通常都以儿童为主。世界范围内曾报道数起黄曲霉毒素急性中毒事件，如非洲的霉木薯饼中毒、印度的霉玉米中毒等。2005 年肯尼亚暴发了迄今史上最大规模的黄曲霉毒素急性中毒事件，中毒千余人，死亡 125 人，中毒玉米中检出的 AFB_1 含量高达 4 400 $\mu g/kg$。AF 中毒人群的临床表现以黄疸为主，并伴有发热、呕吐和厌食，严重的患者出现腹水、肝脾大、下肢水肿以及肝硬化，更严重者甚至死亡。

（2）AF 被普遍认为是诱发人类肝癌的主要风险源之一。当前对于肝癌发生影响因素的研究较多，很多研究均证明 AFB_1-白蛋白或 AFB_1-DNA 水平与肝癌的发生有关联，即 AF 暴露为导致肝癌的重要致病因素。国际癌症研究机构（IARC）将 AFB_1 列为 1 类确认致癌物，世界各国纷纷制定了农产品或食品中 AF 限量，以最大限度保护本国消费者健康和维护公平贸易。根据亚非国家及我国肝癌流行病学调查结果可发现，某些地区人群膳食中 AF 水平与原发性肝癌的发生率呈正相关。例如非洲以南的高温高湿地区，AF 污染严重，当地肝癌患者也较多，而在一些干燥地区如埃及等地，AF 污染农产品及食品的情况并不严重，肝癌患者也较少。在我国及菲律宾的某些玉米、花生等农产品受 AF 污染较严重的区域，肝癌的发生率也较高。在很多发展中国家，近 20% 人群携带有乙型肝炎病毒（hepatitis B virus，HBV）和丙型肝炎病毒。研究表明：乙型肝炎病毒等与 AF 对于肝癌的发生存在增效作用或协同作用，可提高 AF 致癌强度。因此，HBV 与 AF 协同作用被认为是导致肝癌发生的重要因素之一，减少 HBV 携带者暴露于 AF 的水平可有效降低肝癌风险。尽管 HBV 感染是原发性肝癌发生的重要原因，但在原发性肝癌发病机制中 AF 暴露水平比 HBV 的感染及流行更为重要。

（3）目前有部分研究认为 AF 对高暴露人群中的儿童具有免疫抑制作用。研究认为，AFB_1 的可检测性与唾液 IgA 水平呈负相关，近期研究发现子宫内 AF 暴露与一些生长和免疫功能相关基因的 DNA 甲基化有关。近年也有人群研究证实膳食摄入 AF 可导致人类生长发育能力下降。

(三) 毒性作用机制

1. 致癌作用机制

AF 致癌作用机制主要与其代谢产物在体内引起癌基因及抑癌基因表达异常有关。AFB_1 体内代谢过程的复杂性和肝癌多因素、多步骤的发生过程使得肝癌发生的确切机制目前尚无明确定论，主要表现为三方面作用：AFB_1 可导致 DNA 损失与基因突变、AF 对癌基因和抑癌基因的作用以及 AFB_1 与 HBV 的联合致癌作用。

（1）AF 的遗传毒性主要表现在其可以导致 DNA 损失和基因突变。AFBO 通过共价作用与 DNA 分子可形成 AFB_1-DNA，从而导致 DNA 氧化性损伤，其中 AFB_1-DNA 为 AF 遗传毒性表达过程中重要的产物。有研究证实血尿中 AFB_1-DNA 复合物数量水平与 AFB_1 的暴露程度呈正相关。研究表明，AFBO 通过共价作用与 DNA 鸟嘌呤形成 AFB_1-N^7-Gua，由于电子云的作用而发生漂移，导致 DNA 发生更多形式的损伤，如 DNA 复合物发生碱基修饰、DNA 形成无嘌呤位点、DNA 形成无嘧啶位点、DNA 单链断裂、DNA 双链断裂、DNA 碱基错配以及 DNA 氧化损伤等。其中 AFB_1-DNA 复合物可自发形成 8，9-二氢-8-（N^7-鸟苷）-9-烃-AFB_1-DNA 复合物和甲酰嘧啶-AFB_1-DNA 复合物，这两种复合物通过造成碱基损伤导致基因突变的发生。另有研究发现，在 AFB₁ 低水平暴露情况下以 DNA 单链断裂为主，在高水平暴露时则以 DNA 双链断裂为主。DNA 链的断裂在细胞水平上主要表现为染色体断裂，从而引起多种染色体畸变如染色体互换、倒位和移位等，染色体畸变后可直接导致基因片段的丢失或重排，甚至改变基因调控能力。AFB₁-DNA 在自发作用下形成无嘌呤或无嘧啶位点，是一种特殊的碱基损伤方式，可使 DNA 的复制和转录受阻进而导致 DNA 损伤。

（2）有关 AF 对癌基因和抑癌基因的研究主要集中于 AFB₁ 与 p53 基因突变、ras 基因突变以及 Survivin 的相关性。p53 基因是与人类肿瘤发生密切相关的肿瘤抑制基因，在细胞凋亡、细胞周期的调控以及 DNA 修复等方面均发挥着非常重要的作用，同时也在 AF 致肝癌过程中起着极其重要的作用。野生型 p53 基因通过对 DNA 修复进行辅助以及引起突变细胞凋亡，以防止细胞发生癌变，由于其半衰期短且在细胞中易水解，所以在正常的细胞中含量较低。p53 基因发生突变后在失去其抑制癌基因活性功能的同时也获得了癌基因的特性——抑制细胞凋亡，从而导致细胞的恶性增殖以及恶性转化，最后形成肿瘤。人类约有一半以上肿瘤的发生与 p53 基因突变有关。研究发现，原发性肝癌患者 p53 基因的突变率与 AFB₁ 污染水平呈明显的正相关，与此同时在 AFB₁ 高污染区发现原发性肝癌患者癌组织细胞中，p53 基因与 AFB₁ 结合率非常高，因此肝癌患者血清中 p53 基因突变可作为肝癌早期诊断指标之一。另一项研究表明，AFB₁ 及其代谢产物导致 p53 基因上胞嘧啶-磷酸-鸟嘌呤位点甲基化，使得 p53 基因对突变的敏感性明显增强进而导致 p53 基因的突变率明显升高。绝大部分 p53 基因的突变结果为第 249 密码子（AGG）第三个碱基 G：C→T：A 的颠换。p53 基因的第 249 密码子（AGG）在进化上高度保守，突变发生后基因产物 p53 蛋白的空间结构发生了变化，从而导致其不能与 DNA 片段进行特异性的结合，无法促进下游相连的报告基因的表达。p53 基因突变后所编码的 p53 蛋白具有很强的稳定性，可与一些癌基因蛋白形成稳定复合物，使得 p53 蛋白在细胞核内聚集，过度表达，引发细胞癌变。ras 癌基因是 20 世纪 70 年代发现的一组癌基因超家族，编码 p21 蛋白，在细胞内信号传递和细胞增殖过程中起着关键和核心作用。ras 癌基因的突变与人类多种肿瘤的发生存在密切关联。研究发现，肝癌形成早期，ras 癌基因在 AFB₁ 的作用下在第 12、13 位密码子的 GG 位置发生突变，其中多数为 G：C→T：A 的颠换。ras 癌基因发生突变后导致 p21 蛋白的表达量显著增加，同时 p21 蛋白表达阳性的动物肝癌发生率明显高于阴性对照，因此 ras 癌基因可能参与了肝癌的发生发展过程。Survivin 是凋亡蛋白抑制因子的家族成员之一，主要功能是参与细胞增殖、分裂及细胞凋亡，在许多肿瘤组织内存在不同程度的表达。研究发现，Survivin 通过抑制细胞凋亡、促进细胞增殖及恶性转化等在 AF 高污染地区肝癌的发生发展过程中发挥一定的作用。

（3）HBV 与 AFB₁ 在致肝癌方面存在明显的协同作用。AFB₁ 与 HBV 协同作用于 DNA 修复系统、药物代谢酶系统以及细胞色素 P450（CYP450）代谢酶基因的表达，从而增强了 AFB₁ 对肝脏的致癌效应。HBV 病毒本身不能够引起 DNA 损伤和肝细胞癌变。AFB₁-DNA 复合物在 DNA 修复系统的作用下使受损的 DNA 得到修复进而降低 AFB₁ 所引发的致癌效应。但是 HBV 蛋白能影响宿主的 DNA 修复系统和药物代谢酶系统，抑制细胞对受损 DNA 的修复能力，导致受损 DNA 在体内大量累积，增加了机体对外来化合物的敏感性。当 AFB₁ 及其代谢产物攻击 DNA 时，病毒造成的潜在缺陷使机体抵御外来侵略的能力降低，最终引起肝癌发生率增加。研究发现，HBV 转基因小鼠受 HBV 和 AFB₁ 双重攻击后，肝脏中 DNA 修复基因以及药物代谢酶基因的表达水平下降明显，进而影响细胞色素 P450（CYP450）代谢酶基因的表达。上述实验结果表明，AFB₁ 有利于 HBV 抗原的表达以及 HBV 基因组与宿主肝细胞染色体的整合，从而使得肝细胞更易蓄积 HBV 抗原，这也可能是 HBV 与 AFB₁ 协同致肝癌作用的机制之一。此外 HBV 还可能协调 AFB₁ 所致的 p53 基因突变及 p21 蛋白的过量表达，从而参与肝癌发生发展过程。

（4）AF 在体内经过一系列的代谢后形成具有很强亲电子能力的代谢产物 AFBO。AFBO 极易攻击酶分子上的 N、O 和 S 等杂原子，从而导致超氧化物歧化酶（superoxide dismutase，SOD）、过氧化氢酶（catalase，CAT）、谷胱甘肽硫转移酶（GST）等酶的活力下降，使机体抗氧化防御系统的正常功能减弱，无法及时清除体内大量的自由基和活性氧，对肿瘤的抵抗能力大幅下降。

2. 肝肾毒性机制

肝脏是黄曲霉毒素的主要靶器官。黄曲霉毒素进入肝脏进行代谢后，会抑制胆固醇及磷脂的合成，影响肝脏内的脂肪运输，从而导致肝脏中脂肪浓度过高，引起肝脏肿大，同时黄曲霉毒素也会使肝细胞的内质网功能受损，脂蛋白合成能力下降进而引发脂肪肝。肝脏中的黄曲霉毒素浓度过高，导致肝微粒体葡萄糖-6-磷酸酶的活性明显下降，进而造成肝脏功能紊乱，肝脏细胞破裂，导致血清中乳酸脱氢酶、谷丙转氨酶和谷草转氨酶等水平明显上升，并且黄曲霉毒素在肝脏细胞中的代谢产物通过与 DNA 或蛋白质形成复合物，导致蛋白质合成功能障碍，进而引发肝细胞病变或坏死等。AFB_1 在肝脏代谢后的产物进入血液后主要通过肾脏随尿液排出体外，当 AFB_1 浓度过高时则会导致其肝脏代谢产物浓度过高，在肾脏发生蓄积从而造成肾脏损伤。

3. 对免疫系统作用机制

AF 对免疫系统的影响主要表现为影响免疫器官形态，影响机体的非特异性免疫、细胞免疫、体液免疫等。AF 能够导致机体免疫器官发育不良、质量相对偏低或萎缩，组织病理学表现主要为法氏囊皮质部淋巴细胞变性和坏死、淋巴细胞数量减少和淋巴滤泡萎缩等。

研究发现，AF 通过减弱血液中单核细胞的运动功能以及吞噬细胞的吞噬功能从而抑制机体的非特异性免疫。AF 也能通过抑制淋巴细胞的增殖、清除氧自由基以及影响细胞毒性功能等，从而影响机体的正常细胞免疫尤其是 T 淋巴细胞免疫反应。若长期食用含有 AF 的食品则会导致机体内参与循环的淋巴细胞数量下降。AFB_1 通过对淋巴细胞的腺苷脱氨酶的抑制，导致淋巴细胞正常的生长分化和增殖受到影响。通过小鼠细胞的体内外实验发现，AFB_1 对 NK 细胞具有明显的毒性作用，对外周血淋巴白细胞的增殖具有明显的抑制作用。

AF 对机体的体液免疫反应也具有一定的影响。研究表明，AF 通过对机体内 RNA 聚合酶活性的抑制，导致机体内蛋白质正常的生物合成反应受到抑制从而导致白蛋白和球蛋白数量下降以及抑制特异性免疫球蛋白的合成。研究发现，在饲料中添加 AFB_1 后，鸡血清中 IgG、IgA、白蛋白和球蛋白的数量明显下降，与此同时血液补体活性受到明显抑制。AF 对畜禽疫苗的接种具有明显的抑制作用，如鸡新城疫疫苗、传染性支气管炎疫苗和传染性法氏囊病疫苗接种后摄食含有黄曲霉毒素的饲料会导致其抗体滴度明显低于对照组。AF 对家禽子代的免疫功能影响也非常大，如母鸡摄食 AF 污染的饲料后，AF 及其相关代谢产物会转移至鸡胚中，影响胚胎细胞正常的成熟和分化过程以及胚胎发育过程中免疫体系的建立，导致子代中存活雏鸡的宿主移植物反应敏感性降低。

4. 其他作用机制

AF 进入动物或人体后，影响机体对食物营养成分的吸收，从而抑制其正常的生长发育。AF 与饲料中酚类物质作用造成饲料品质恶化和适口性降低，致使畜禽类进食量下降，影响体重增加。另外，AF 可刺激畜禽类胃肠道前段作用，影响肠道上皮细胞的完整性和通透性，破坏肠道上皮细胞连接处的某些蛋白质，阻止小分子物质穿过肠道上皮细胞，进而严重影响肠道消化酶的分泌以及肠道上皮细胞对营养物质的吸收。且长期食用被 AFB_1 污染的食品还会对机体血液中的矿物质和血细胞产生影响。雏鸡连续食用含有 AFB_1 的饲料后，血清中 Ca、Fe 和 Mg 等金属含量均有下降，导致鸡溶血性贫血，其主要症状是红细胞数量减少、血液中血红蛋白和血浆蛋白水平下降、血浆中氨基酸浓度下降以及血液中的部分血凝素被破坏。

黄曲霉毒素对机体正常的繁殖功能具有非常明显的危害作用。研究发现，食用黄曲霉毒素污染的饲料会导致公鸡的睾丸萎缩，精液的产生受到抑制；母鸡发生 AFB₁ 中毒后，其繁殖能力和鸡蛋品质明显下降。黄曲霉毒素由于具有穿透胎盘屏障的能力而直接影响胎儿正常的细胞分化，导致胎儿发育畸形。

第三节　黄曲霉毒素污染的预防控制

一、防霉与减毒去毒

（一）防霉

预防食品及农产品被黄曲霉毒素污染的最根本措施是食物防霉。需要使用综合系统的方法，从田间开始降低发霉风险。防霉的主要措施是控制食品中的水分和食品贮存环境中的温度、湿度。其中影响霉变的三个主要环境因素是温度、湿度和氧气。

（1）收获前可以采取的预防措施有：①施加土壤改良剂和肥料：蓄水能力较高的土壤中，毒素污染的可能性较低。添加增强保水性的石灰与天然肥料可以显著降低真菌感染和黄曲霉毒素的产生。土壤中的含氮量水平可显著影响作物对真菌污染的敏感性，使用氮肥可显著减少黄曲霉毒素。②选择适当的种植技术：田地连续种植花生时，黄曲霉污染率高。采取轮种作物等种植技术可降低霉菌和霉菌毒素的污染。③选择适当的种植、收获时间：早期种植可降低玉米和花生被黄曲霉毒素污染的风险。所有作物成熟后都应尽早收割，防止黄曲霉毒素含量过高。④规划合理的种植密度：作物过度拥挤，就会加剧对水分和营养的争夺，造成严重的植物胁迫。同时还会使作物受到机械损伤，从而增加真菌污染机会。⑤杂草和昆虫控制：机械除草或使用除草剂可通过减少资源竞争来降低黄曲霉毒素水平。虫害是真菌污染最重要的来源之一，因为种子受损后更容易被真菌污染，所以使用杀虫剂有助于降低感染风险。⑥选用和培育作物新品种：利用植物育种或基因工程，培育出防止真菌污染和（或）入侵后产生黄曲霉毒素的作物新品种。此外，利用无毒黄曲霉菌、细菌、酵母菌等微生物的生物防治措施也有待今后的进一步探索。

（2）在收获时要及时清除霉变粮食，收获后在脱粒、晾晒和入库等过程中注意防霉，具体措施有：①作物收获后必须快速干燥，将水分含量降至安全水分以下。不同粮粒的安全水分不同，如一般粮粒的水分在 13％以下、玉米在 12.5％以下、花生仁在 8％以下，真菌就不易繁殖。②粮食入仓后要保持粮库内干燥，注意通风，防治虫害。③储存时应控制储存环境温度和湿度，封闭隔氧储存。储藏时烟熏谷粒可降低其水分含量和避免真菌污染。储存期间也可使用氯化钙和硅胶等干燥剂。有些地区使用各种防霉剂来保存粮食，但要注意其在食品中的残留及本身的毒性。常用作饲料防霉剂的有丙酸及其盐类、山梨酸盐、龙胆紫、富马酸二甲酯等。

（二）去除毒素

当食品已经被霉菌污染并产生毒素后，应立刻设法将毒素破坏或去除。常用的去除毒素的方法可分为物理去毒法、化学去毒法和生物去毒法。

（1）物理去毒法。①挑选霉粒法：针对黄曲霉毒素主要集中在霉变粒、坏粒、破损粒中的特点，只要将其拣出，黄曲霉毒素将大大降低。此法适合处理被黄曲霉毒素污染的颗粒状粮食，如花生、玉米等。对花生进行挑选时，应先剥壳，这是因为花生中的霉菌常常生长在壳内与种子之间。②碾轧加工法：针对玉米和稻谷中的黄曲霉毒素大部分集中在其胚部、皮层以及糊粉层的特点，采用机械脱皮、脱胚，将其去除。③加水搓洗法：通过搓洗也可去除粮食表面的大部分毒素。④吸附法：在含毒素的植物油中加入活性白陶土或活性炭等吸附剂，然后搅拌静置，毒素可被吸附而去除。⑤紫外光照射：利用黄曲霉毒素在紫外光照射下不稳定的性质，可用紫外光照射去毒。此法对液体食品（如植物油）效果较好，而对固体食品效果不明显。

（2）化学去毒法。①植物油加碱去毒法：碱炼本身就是油脂精炼的一种加工方法，AF 与氢氧化钠反应，其结构中的内酯环被破坏，形成香豆素钠盐，后者溶于水，故加碱后用水洗可去除毒素。但此反应具有可逆性，香豆素钠盐遇盐酸可重新生成为 AF，故水洗液应妥善处理。②氨气处理法：在 18 kg 氨压、72～82℃状态下，谷物和饲料中 98%～100% 的 AF 会被除去，并且使粮食中的含氮量增加，同时不会破坏赖氨酸。③氧化降解法：此法是依据黄曲霉毒素遇氧化剂迅速分解的原理进行脱毒。常用的氧化剂有次氯酸钠、臭氧、过氧化氢、氯气等。④亚硫酸氢钠法：亚硫酸氢钠在黄曲霉毒素呋喃环的双键处插入，使黄曲霉毒素分子失去与 DNA 作用的主要位点，从而失去毒性。可将亚硫酸氢钠作为酶降解抑制剂、抗氧剂和细菌抑制剂添加到食品和饮料中。⑤中草药去毒法：研究发现许多中药及其有效成分都可作用于药物代谢酶系统，从而影响黄曲霉毒素的代谢活化及解毒。1976 年我国首次发现山苍子中的挥发油可以彻底去除食品中的黄曲霉毒素，其中的某些成分可与黄曲霉毒素发生加成反应和缩合反应，改变毒素的分子结构，从而达到去毒的目的。另外黄芪、丹参、黄酮、多酚等也可以去除黄曲霉毒素。

（3）生物去毒法。因其对粮食无污染，有高度的专一性，不影响食品的营养价值，而且能够避免毒素的重新产生等，所以近年来已成为黄曲霉毒素去毒的研究热点。一些微生物可以将黄曲霉毒素转化为毒性较低的化合物，如乳酸菌可以把黄曲霉毒素 B_1 代谢为黄曲霉毒素 B_2，从而降低毒性。

二、毒素检测与监测

（一）毒素检测

目前，高效液相色谱法（HPLC）是实验室检测黄曲霉毒素最常见、应用最广泛的方法。以免疫学为基础原理的检测方法由于具有实验周期短、设备简单、特异性高、操作简便、成本低等特点已逐步得到越来越多的应用。基于检测原理不同，黄曲霉毒素检测方法大体上可分为基于色谱分离、荧光检测或质谱检测原理的大型仪器检测技术和基于免疫学原理和生物传感器的快速检测技术。

1. 薄层色谱法

薄层色谱法（thin layer chromatography，TLC）是最早应用于黄曲霉毒素检测中的一种方法，也是测定黄曲霉毒素的经典方法。该方法检测黄曲霉毒素的原理是针对不同样品，进行提取、柱层析、洗脱、浓缩、薄层分离后，在波长 365 nm 的紫外光下观察荧光，如黄曲霉毒素 B_1、黄曲霉毒素 B_2 产生蓝紫色荧光，黄曲霉毒素 G_1、黄曲霉毒素 G_2 产生黄绿色荧光。根据提取液中不同黄曲霉毒素在薄层板上展开分离的速度不同以及不同毒素含量的样品产生荧光斑点的大小和强弱不同，与相应浓度标准品比较，测定含量。它是一种半定量检测技术。人们初期研究黄曲霉毒素时主要采用的是薄层色谱法，但是该方法对样品处理烦琐、耗时较多、实验过程复杂、容易受杂质干扰而准确性低，并且实验过程中使用的大量有机溶剂有剧毒，容易对实验人员造成危害。但是由于其设备简单，易于普及，所以国内外仍在使用该方法。薄层色谱法可分为 2 种：单向薄层色谱法和双向薄层色谱法。其中双向薄层色谱法可除去样品中部分杂质，避免杂质的干扰，提高检测灵敏度，检测结果优于单向薄层色谱法，但是双向薄层色谱法存在检测步骤多、检测时间长的缺点。我国的国家标准中《食品中黄曲霉毒素 B_1 的测定》（GB/T 5009.22－2003）、《食品中黄曲霉毒素 M_1 和 B_1 的测定》（GB/T 5009.24－2010）、《饲料

中黄曲霉毒素 B_1 的测定　半定量薄层色谱法》（GB/T 8381－2008/ISO 6651：2001）、《食品中黄曲霉毒素 B_1、B_2、G_1、G_2 的测定》（GB/T 5009.23－2003）和《食品安全国家标准　食品中黄曲霉毒素 B 族和 G 族的测定》（GB 5009.22－2016）都规定用薄层色谱法检测黄曲霉毒素。

2. 高效液相色谱法

高效液相色谱法（HPLC）是目前国内外定量检测黄曲霉毒素的经典方法，该方法于 20 世纪 70 年代初发展起来，具有高分辨率、分析时间短等优点。其原理是利用反相高效液相色谱对经过提取、净化的毒素样品进行分离，再根据黄曲霉毒素的荧光特性，配以荧光检测器，就可对多种黄曲霉毒素同时进行定性和定量的检测。在早期研究中应用的是正相色谱分离、紫外检测器测定的 HPLC 法，现已被现代的反相色谱分离、荧光检测器测定的 HPLC 法所取代，并得到了广泛的应用和发展，因此使用荧光检测器的反向 HPLC 法已经成为检测黄曲霉毒素的主要方法。反向 HPLC 法可以同时分离、分析样品中的黄曲霉毒素 B_1、黄曲霉毒素 B_2、黄曲霉毒素 G_1、黄曲霉毒素 G_2，具有高效、灵敏、定量准确等优点，并且不受样品的沸点、热稳定性和分子量等限制。

由于荧光检测器具有选择性好、灵敏度高、信号强等特点，因而非常适合黄曲霉毒素的检测。但黄曲霉毒素 B_1 和黄曲霉毒素 G_1 遇水会发生荧光淬灭，故检测前需要对二者进行适当的衍生化反应，使其形成稳定的、具有荧光活性的衍生物。目前常见的衍生方法包括柱前衍生和柱后衍生两大类：柱前衍生是利用三氟乙酸和正己烷对净化后的黄曲霉毒素进行衍生化反应，经色谱柱分离后使用荧光检测器进行检测。该衍生方法增加了样品前处理步骤，加大了操作的烦琐性，但检测限低、灵敏度高；柱后衍生包括柱后碘化学衍生、柱后光化学衍生和柱后电衍生三种，其基本原理是黄曲霉毒素经过色谱柱分离，到达荧光检测器之前先经过碘单质的氧化反应、紫外光照射下的光化学反应或者电化学反应，产生稳定的强荧光活性衍生物，再经过荧光检测器检测。柱后衍生操作简单，但需要购置专门设备，且价格不菲。

该方法在各国食品安全检测和进出口贸易检测中被广泛应用，我国的国家标准《食品安全国家标准　食品中黄曲霉毒素 B 族和 G 族的测定》（GB 5009.22－2016）采用了该方法。

3. 液相色谱-质谱联用技术

随着科技的不断发展，新的高性能的色谱仪器不断被开发，与质谱联用也成为趋势。质谱分析先将待测化合物的分子离子化（M→M⁺），再在电场和磁场作用下，将所得不同质荷比的离子（包括分子离子和碎片离子）分离，从而得到一组特征质谱图。由于特定分子在确定的质谱分析条件下，具有特征的碎裂和离子化规律，并呈良好的重现性，因此，质谱分析可为未知组分的分析提供丰富的结构信息，是最有效的定性分析手段之一。质谱联用法就是基于上述质谱分析的原理，结合高效液相色谱的分离技术发展起来的一种较新的检测分析方法。目前用于检测黄曲霉毒素的质谱离子源一般为电喷雾离子源（electrospray ionization，ESI）和大气压力化学电离源（atmospheric pressure chemical ionization，APCI）；质谱分析器主要包括单四级杆、三重四级杆和离子阱。

近年来，有不少文献报道了用这类方法检测黄曲霉毒素。质谱联用方法有液相色谱-质谱联用、高效液相色谱-质谱联用等。黄曲霉毒素的检测定量范围可达到 ng/kg 级别。采用该方法时质谱检测器独特的选择性和高灵敏性使得其成功避免了液相色谱法检测黄曲霉毒素时所需的复杂衍生化反应。但由于仪器费用较高、对操作者技术水平要求较高，因而只适合在专业检测实验室使用，不能用于现场快速检测。

《食品安全国家标准　食品中黄曲霉毒素 M 族的测定》（GB 5009.24－2016 ）第一法规定了同位素稀释液相色谱-串联质谱法检测乳、乳制品和含乳特殊膳食中的 AFM_1 和 AFM_2。《食品安全国家标准　食品中黄曲霉毒素 B 族和 G 族的测定》（GB 5009.22－2016）第一法规定了同位素稀释液相色谱-串联

质谱法测定食物中 AFB_1、AFB_2、AFG_1 和 AFG_2。

4. 酶联免疫吸附法

酶联免疫吸附法（ELISA）是一种定性或半定量的方法，是 20 世纪 70 年代发展起来的一种固相酶免疫分析方法，随着技术的不断发展和完善，现在已被广泛应用于食品、农业和环境中有毒有害物质的检测。其原理是利用抗原（或抗体）吸附剂和用酶标记的抗体（或抗原）与标本中的待测物（抗原和抗体）起特异的免疫学反应，用测定酶活力的方法来增加测定的敏感度。酶联免疫吸附法主要包括直接法、间接法、竞争法以及双抗体夹心法等。酶联免疫吸附法测定的试剂盒及配套仪器和方法曾被列入国家标准《食品中黄曲霉毒素 B_1 的测定方法》（GB/T 5009.22—1996）。酶联免疫吸附法的主要操作方法是将已知的抗原或抗体结合在固相载体上，并保持其免疫活性，在经过封闭、加一抗（或一起加竞争物）、加二抗、加显色液、加终止液等步骤后，测定待测物的含量。由于黄曲霉毒素为小分子物质，目前主要采用间接竞争法检测黄曲霉毒素。间接竞争法的原理是先将完全抗原包被在固相载体上，并保持其生物活性，测定时将待测样品和抗体的混合物与固相载体表面吸附的抗原反应，再用洗涤方法去除抗原抗体复合物或游离成分，然后加入酶标二抗作用底物，催化显色，最后加终止液终止反应。根据颜色强度进行定量。样品中游离的抗原与固相化抗原竞争有限的抗体结合位点，样品中抗原含量愈多，结合在固相上的抗体就越少，相应地结合的酶标二抗也愈少，最后的显色就愈浅，即颜色的强度与待测物浓度成反比。酶联免疫吸附法灵敏度高、特异性强、成本低、方法简便快速，适合批量检测。但是由于酶本身的不稳定性，检测黄曲霉毒素时可能会带来假阳性、假阴性结果，复杂样品受干扰，会导致检测准确度不高。《饲料中黄曲霉毒素 B_1 的测定 酶联免疫吸附法》（GB/T 17480—2008）规定了酶联免疫吸附法测定各种饲料原料、配合饲料及浓缩饲料中 AFB_1 的方法，原理是将试样中 AFB_1、酶标 AFB_1 抗原与包被于微量反应板中的 AFB_1 特异性抗体进行免疫竞争性反应，加入酶底物后显色，试样中 AFB_1 的含量与颜色成反比。用目测法或仪器法通过与 AFB_1 标准溶液比较判断或计算试样中 AFB_1 的含量，该标准给出的方法检测限为 $0.1\ \mu g/kg$。

《食品安全国家标准　食品中黄曲霉毒素 M 族的测定》（GB 5009.24—2016）第三法为酶联免疫吸附筛查法，适用于乳、乳制品和含乳特殊膳食中黄曲霉毒素 M_1 的筛查测定。《食品安全国家标准　食品中黄曲霉毒素 B 族和 G 族的测定》（GB 5009.22—2016）第四法为酶联免疫吸附筛查法，适用于谷物及其制品、豆类及其制品、坚果及籽类、油脂及其制品、调味品、婴幼儿配方食品和婴幼儿辅助食品中 AFB_1 的测定。

5. 免疫亲和色谱法

免疫亲和色谱法源于 20 世纪 90 年代，其主要原理是利用抗体抗原一一对应的特异性吸附，填充结合了单克隆抗体的由微球制备的免疫亲和柱，样品流过微球时，结合的单克隆抗体选择性吸附提取液中的黄曲霉毒素，而让其他杂质通过柱子流出，同时这种吸附又可被极性有机溶剂洗脱，最后通过高效液相色谱仪检测黄曲霉毒素的含量。应用比较广泛的载体主要有溴化氢活化琼脂糖和硅胶等。美国、欧盟等发达国家和国际组织在黄曲霉毒素污染监测中均要求优先采用此方法，该方法的应用大大提高了黄曲霉毒素检测数据的准确性与科学性，推动了黄曲霉毒素危害识别、风险评估等相关领域的研究。我国也有不少国家标准采用了此法。如《食品中黄曲霉毒素的测定 免疫亲和层析净化高效液相色谱法和荧光光度法》（GB/T 18979—2003）中规定了食品中黄曲霉毒素的免疫亲和柱-高效液相色谱法的检测限为 $1\ \mu g/kg$；《牛奶和奶粉中黄曲霉毒素 B_1、B_2、G_1、G_2、M_1、M_2 的测定 液相色谱-荧光检测法》（GB/T 23212—2008）规定了采用免疫亲和柱纯化，带荧光检测器的高效液相色谱法检测样品中黄曲霉毒素含量；《食品安全国家标准　乳和乳制品中黄曲霉毒素 M_1 的测定》（GB 5413.37—2010）规定了采用此法检测乳粉中黄曲霉毒素 M_1 的检测限为 $0.08\ \mu g/kg$，乳中黄曲霉毒素 M_1 的检测限为 $0.008\ \mu g/L$。

该方法选择性强，纯化、浓集效果好，样品前处理简便快速，特异性强，灵敏度高，结果准确，使用有毒有机溶剂少，对检测人员的危害性小，但是所需的仪器和亲和柱费用较高，只适合在专业检测实验室使用，不能用于现场快速检测。

6. 胶体金免疫分析法

胶体金免疫分析法是利用胶体金作为标记物，以硝酸纤维膜为载体，根据样品的流动方式不同可分为两种模式：免疫渗滤分析和免疫层析分析。胶体金免疫层析分析是将各种反应试剂以条带形式固定于同一试纸条上，以微孔滤膜为载体，包被已知抗体或抗原，加入待测样品后，通过滤膜毛细管作用使样品中的抗原或抗体渗滤、移行并与膜上包被抗体或抗原结合，抗原抗体发生特异性免疫结合反应，形成免疫复合物，层析过程中，免疫复合物被截留、聚集在层析检测带上，而游离标记物则越过条带，迁移到一定区域，达到与结合标记物自动分离的目的。反应液体的流动不是直向的穿透流动，而是层析作用的横向流动。对于黄曲霉毒素的检测大多基于这种分析模式。该方法是继三大标记技术（荧光素、放射性同位素和酶）后发展起来的固相标记免疫测定技术。该方法灵敏度高、特异性强、干扰小，样品预处理简单，检测结果准确稳定，测试成本低，便携，可现场使用，但是试剂盒保存条件要求高，试剂需低温保存。该技术可用于农产品、食品中黄曲霉毒素的快速筛查。

7. 免疫亲和柱-荧光光度法

免疫亲和柱-荧光光度法是以单克隆免疫亲和柱为分离手段，根据单克隆抗体与载体蛋白偶联后形成的免疫亲和柱可与黄曲霉毒素抗原产生特异、专一性吸附而建立的一类荧光光度检测技术。该方法选择性强，纯化、浓集效果好，样品前处理简便快速、特异性强。但是所需前处理柱费用较高。主要原理是试样经过离心、脱脂、过滤后，滤液经含有黄曲霉毒素特异性单克隆抗体的免疫亲和柱层析净化，黄曲霉毒素交联在层析介质中的抗体上，用淋洗液将免疫亲和柱上杂质除去，以洗脱液通过免疫亲和柱洗脱，将溴溶液衍生后的洗脱液置于荧光光度计中以测定黄曲霉毒素含量。《食品安全国家标准　乳和乳制品中黄曲霉毒素 M_1 的测定》（GB 5413.37－2010）采用了黄曲霉毒素亲和柱与荧光分光光度计联用的检测方法；《食品中黄曲霉毒素的测定　免疫亲和层析净化高效液相色谱法和荧光光度法》（GB/T18979－2003）也规定了采用此检测食品中黄曲霉毒素的含量。

8. 其他免疫分析法

其他基于免疫的分析方法包括放射免疫测定法、免疫传感器、荧光免疫分析法和化学发光免疫分析等。但是这些方法都处于研究阶段，还没有被官方采纳为标准方法。

9. 生物传感器

指一种含有固定化生物物质（如酶、抗体、全细胞、细胞器或其联合体），并与一种合适的换能器紧密结合的分析工具或系统，它可以将生化信号转化为数量化的电信号。一般由生物识别元件、转换元件、机械元件和电气元件组成。检测黄曲霉毒素的生物传感器按照反应原理可分为：电化学免疫传感器、电化学酶传感器、电化学 DNA 传感器等。但由于生物传感器目前还很难兼顾选择性、灵敏度和稳定性，因而距实际应用还有一定距离。

黄曲霉毒素常见检测方法的优缺点总结见表 2-3。

表 2-3　黄曲霉毒素常见检测方法

检测方法	优点	缺点
薄层色谱法（TLC）	设备简单，成本低廉，操作方法易掌握	步骤烦琐，灵敏度差，检测限高，对操作人员危害大

续表

检测方法	优点	缺点
高效液相色谱法（HPLC）	重现性好，检测限低，灵敏度高	需要衍生，操作复杂，仪器成本高
液相色谱-质谱联用技术（LC-MS）	前处理简单，选择性高，能够实现多组分分析	设备操作复杂，仪器成本高
酶联免疫吸附法（ELISA）	高特异度，高灵敏度，检验用时短，可进行批量检测	重复性差，假阳性率高，样品中的氧化酶、蛋白酶等可能会对检测结果造成影响

（二）国内外黄曲霉毒素的监测

1. 国际组织及相关国家

世界卫生组织（WHO）、联合国粮农组织（FAO）与联合国环境规划署（United Nations Environment Programme，UNEP）共同设立了全球环境监测系统/食品污染物监测项目（GEMS/Food），全球范围内有 30 多个 WHO 合作组织和国家的技术机构参与此项目，100 多个国家的相关专家为其搜集和分析数据，用以支持相关的风险评估项目。GEMS/Food 是一个协调指导体系，主要是为各国污染物监测工作提供指导，以及收集、汇总、整理各国的监测数据。

欧盟在 1991 年建立了 GEMS/Food-Euro 体系，以更好地开展食品污染物监测工作。在 GEMS/Food-Euro 的指导下，既有欧盟统一的监测方案，也有每个国家独立执行的监测方案。美国食品药品监督管理局（Food and Drug Administration，FDA）和美国农业部（United States Department of Agriculture，USDA）是美国食品污染物监测的主要负责机构。USDA 主要监测美国国内及进口的禽、肉、蛋类食品的监测，而 FDA 主要负责除 USDA 管辖的禽、肉、蛋等动物性食品之外的所有食品的监测。

2. 中国

在我国，由国家食品安全风险评估中心、中国疾病预防控制中心和国家市场监督管理总局负责全国食品安全风险监测工作的业务指导和培训。我国食品安全风险监测主要分为食品污染物及有害因素监测和食源性疾病监测两大类，黄曲霉毒素监测属于食品污染物及有害因素监测中的化学污染物和有害因素监测。

食品污染物及有害因素监测在工作形式上主要分为常规监测、专项监测和应急监测三类。常规监测主要通过监测食用范围较广、食用量较大的食品获得具有代表性和连续性的数据，可反映出我国的整体污染状况、污染趋势并为食品安全风险评估标准制（修）订提供代表性的监测数据，同时也可提示食品安全隐患；专项监测以发现风险、查找隐患为主要目的，可为食品安全监管提供线索，有一定的针对性；应急监测则指解决突发食品安全事件或应对某些特殊安全形势，要求快速有效地掌握问题的原因和现状等，针对性更强。

三、风险评估与食品限量标准

（一）食品中黄曲霉毒素风险评估

人体健康风险评估主要是通过估算有害因子对人体产生不良影响的概率，评价暴露于该因子的个体健康受到影响的风险。它是近二三十年建立与发展起来的一门新兴学科，主要应用于有毒化学品的管理，因此通常所称的健康风险评估指的是有毒化学品对人体健康影响的评估。在 20 世纪 70 年代，随着致癌物越来越引起公众的重视，健康风险评估也被逐渐用于评价致癌物的风险。1976 年美国国家环境保护局公布了可疑致癌物风险评估准则。其后，许多技术及环境管理、立法机构接受了风险评估概念，使用日渐普遍。1983年，美国国家科学院编制了健康风险评估方法的研究报告，该报告提出的风险评估程序及对一些技术术语做出的规定得到了普遍的认可，从而使风险评估方法得到了规范化。1995年，国际食品法典委员会（CAC）对风险评估下的定义是：对由于人体暴露于食源性危害而产生的危害人体健康的已知或潜在的作用的发生可能性与严重程度所做的科学评估。这一过程的步骤有：危害识别、危害特征描述、暴露评估、风险描述等。

1. 危害识别

危害识别（hazard identification）是确定黄曲霉毒素的暴露能否引起不良健康效应发生率升高的过程，即对黄曲霉毒素引起不良健康效应的潜力进行定性评价的过程。在危害识别阶段首先应收集黄曲霉毒素的有关资料，包括理化性质、人群暴露途径与方式、构效关系、毒物代谢动力学特性、毒理学作用、短期生物学实验、长期动物致癌实验及人群流行病学调查等方面的资料。对收集的资料应进行分析、整理和综合。其中主要工作是对数据的质量、适用性及可靠程度进行评价，即对毒性证据的权重进行评价。黄曲霉毒素对人类健康潜在的危害性主要是根据大鼠、兔子、豚鼠、狗等实验动物对一定剂量黄曲霉毒素做出的反应来评价的。这些毒性研究包括对不同动物的急性毒性试验、慢性毒性试验等一系列试验。

2. 危害特征描述或剂量-反应评定

危害特征描述（hazard characterization）或剂量-反应评定（dose-response assessment）是对与危害相关的不良健康作用进行定性或定量描述，是指对此危害引起的不良健康作用的评估。它处于食品安全风险评估的定量阶段。该步骤的核心是剂量-反应关系评估，即确定暴露于化学性、生物性与物理性因子的大小（剂量）和与之相关的不良健康作用（反应）的严重程度和（或）频率的关系。剂量-反应关系拟合模型是在相应暴露模型的基础上加上剂量-反应部分发展而来的。可用于风险评估的人类资料比较有限，常常要用到动物实验的资料，但是风险评估最关心的是处于小剂量接触水平的人群，这一接触水平往往要低于动物实验观察范围，因此需要从大剂量向小剂量外推、从动物毒性资料向人的风险外推，这也是危害特征描述的主要方面。

国际癌症研究机构（IARC）的研究报告中运用证据权重方法对不同种类黄曲霉毒素致癌性进行了描述：AFB_1对人和动物具强致癌性证据充分，AFG_1对动物具致癌性证据充足，AFB_2和AFG_2对人和动物具致癌性证据均有限。有研究表明AFM_1的致癌强度比AFB_1低1个数量级。JECFA会议报告指出，大量动物毒理学研究资料显示黄曲霉毒素可以诱发动物原发性肝癌，且致癌强度存在种间差异，不同毒素间的致癌强度也存在差异。多数流行病学研究表明，AFB_1暴露与原发性肝癌之间存在相关性，且对乙型肝炎病毒或丙型肝炎病毒携带者，黄曲霉毒素暴露的致癌风险更大。JECFA基于流行病学和毒理学研究中黄曲霉毒素暴露与肝癌发生之间正相关的剂量-反应数据，通过不同数学模型动物数据外推估算了不同HBV感染状态下黄曲霉毒素致癌强度：当暴露量为1ng AFT/（kg·d）时，对于乙型肝炎病毒携带者（HBV^+），黄曲霉毒素的致癌强度为0.3（0.05～0.5）例/10^5（人·年）；对于乙型肝炎病毒非携带者（HBV^-），黄曲霉毒素的致癌强度为0.01（0.002～0.03）例/10^5（人·年）；平均危害程度的计算公式为：$0.01×（1-P）+0.3×P$（P为人群乙肝感染率）。

3. 暴露评估

暴露评估（exposure assessment）是基于一定暴露场景，获取具有代表性的样本数据，通过构建数学暴露模型来估计最接近真实暴露情况的暴露数据和暴露途径。由于暴露场所和暴露途径的不同，黄曲霉毒素暴露评估所采用的方法存在很大差异。

（1）不同暴露途径评估。人类暴露于黄曲霉毒素的途径主要有两种：吸入或皮肤接触空气中含黄曲霉毒素的粉尘和膳食摄入被黄曲霉毒素污染的食品，其中膳食摄入是主要途径。随着人群膳食结构调整以及食品安全意识增强，黄曲霉毒素急性中毒事件发生率降低，因此暴露评价研究主要是针对累积性的膳食暴露。

黄曲霉毒素膳食暴露评估是利用人群消费相关农产品或食品的消费量与黄曲霉毒素污染数据数学建模进行的。为获得具有代表性的数据，联合国粮农组织（FAO）、联合国环境规划署（UNEP）、世界卫生组织（WHO）设立了全球环境监测系统/食品污染物监测项目（GEMS/Food），组织开展世界范围内食品中化学污染物含量数据、相关污染物的膳食摄入量以及区域食品消费结构等研究。农产品和食品消费数据主要是采用调查问卷方式获得的，如英国国家食品监控计划、美国个体食品消费的持续调查和中国居民营养与健康状况调查等。

职业环境暴露是黄曲霉毒素暴露的另一主要途径，指在农作物和饲料加工处理中暴露于黄曲霉毒素，如在稻米加工厂、玉米加工厂和动物饲料加工厂吸入黄曲霉毒素污染的原料和空气中携带黄曲霉毒素的灰尘。欧盟研发的致癌物质暴露数据库（carcinogen exposure database，CAREX）系统按国家、癌症、工业分类指标采集了 1990—1993 年职业场所已报道和疑似的癌症病例，可以提供欧洲潜在的职业暴露于黄曲霉毒素的工人数量。

（2）暴露评估指标。过去，黄曲霉毒素暴露评估的主要方式是通过测定人们消费食物（如花生、玉米等）中黄曲霉毒素的含量来推算人体黄曲霉毒素暴露量。任何人对某一黄曲霉毒素总的膳食摄入量等于摄入的各种食物中所含该黄曲霉毒素量的总和，即摄取的黄曲霉毒素＝$\sum$（残留浓度×摄取食物量）。

随着反映 AFB_1 体内暴露水平的生物标志物的研究发现和应用，黄曲霉毒素暴露评估研究也得到了极大推动和发展。目前研究发现的生物标志物主要有尿液中总黄曲霉毒素、尿液中黄曲霉毒素加合物、血清中黄曲霉毒素白蛋白加合物、肝脏样本中 p53 特异性突变位点等。大量黄曲霉毒素生物标志物研究表明，AFB_1-7^N-鸟嘌呤（AFB_1-7^N-Gua）和 AFB_1 白蛋白加合物是目前黄曲霉毒素暴露的理想标志物，能较好反映黄曲霉毒素体内暴露和致癌效应之间的相关性。

AFB_1 进入机体后经细胞色素 P450 氧化酶系统生物转化为 AFB_1-8，9-环氧化合物，中间活化产物与 DNA 结合形成 AFB_1-7^N-Gua 后经尿液排出，此加合物代表了 AFB_1 致基因毒性前体，可作为接触性标志物反映化学致癌物的接触浓度，也可作为效应标志物反映化学致癌物到达靶器官的有效剂量，但通常只有 8 h 的半衰期，一般作为近期 AFB_1 暴露的评估指标。AFB_1-8，9-环氧化合物经水解酶作用生成 AFB_1 白蛋白加合物残留于血液中，该加合物在体内的半衰期较尿液中代谢产物长，为 2～3 周，且与尿中 AFB_1-7^N-Gua 的排出呈高度相关，反映检测前 2～3 个月黄曲霉毒素暴露情况，可作为黄曲霉毒素较长时间累积和多重暴露的评估指标。

虽然 AFB_1-7^N-Gua 和 AFB_1 白蛋白加合物可反映黄曲霉毒素到达靶器官的分子生物效应剂量，但由于目前黄曲霉毒素暴露致肝癌机制的不明确性及取得人体长期毒素暴露生物标志物检测数据的困难，很大程度上限制了内暴露标志物在暴露评估中的应用。

（3）暴露评估技术。黄曲霉毒素暴露评估中应用较广泛的是点评估法，即通过人群中相关食品固定的消费量与黄曲霉毒素污染浓度，结合目标人群体重数据建模，计算平均暴露量或高端暴露量。该方法简单易行，评估成本低，但忽略了个体差异，较为保守，受评估数据数量、质量及评估范围限制。目前，JECFA 等国际风险评估机构开展的黄曲霉毒素风险评估均采用点评估方法，评估中消费量来源于 GEMS/Food 项目获得的不同区域膳食消费数据，黄曲霉毒素污染浓度是假定的相关产品中黄曲霉毒素最大限量标准。也有相关研究利用食品消费量和黄曲霉毒素污染浓度数据的 97.5 百分位数，来最大限度保护公众健康。近年来欧盟、美国等致力于研发各自的膳食暴露定量评估模型和软件，但概率性评估方法需要的数据量较大，且部分参数的有效性基础数据较难获得，对黄曲霉毒素概率评估技术研究的报道较少。

4. 风险描述

风险描述（risk characterization）是指依据危害识别、暴露评估以及危害特征描述的结果，考虑不确定性，定性和（或）定量估计特定人群的已知或潜在不良健康作用的发生概率。它是风险评估的最后一步，对人体所摄入某化学物对健康产生不良效应的可能性和严重程度进行估计，说明并讨论各阶段评价中的不确定因素以及各种证据的优缺点等，为管理部门进行危险性管理提供依据。

对于非遗传毒性致癌物，通常可基于剂量-反应关系获得一个阈值〔如未观察到有害作用水平（NOAEL）、最低观察到的有害作用剂量（LOAEL）〕，再结合不确定因子，推算出健康指导值〔如每日允许摄入量（ADI）〕，再与实际暴露量比较来评估风险大小；对于遗传毒性致癌物即通过诱发体细胞基因突变而诱发癌变的一类致癌物，由于其剂量-反应关系不呈简单线性，有些专家认为其没有阈值，因此，不能采用以上方法。

黄曲霉毒素属遗传毒性致癌物，目前国际组织对黄曲霉毒素进行的风险评估还没有建立黄曲霉毒素暴露健康指导值。JECFA利用黄曲霉毒素动物毒性实验数据和人类流行病学数据，假定黄曲霉毒素剂量和人群癌症发生率之间存在线性关系，采用不同数学模型计算获得了黄曲霉毒素平均致癌强度，以单位暴露量引起的癌症病例数来表示。国内外开展的黄曲霉毒素风险描述研究多采用定量计算超额风险的方法。

2002年，欧洲国际生命科学学会提出了风险描述的暴露限值法（MOE），该法之后被WHO和欧洲食品安全局推荐为遗传毒性致癌物风险评估的首选方法。暴露限值法是基于动物致癌性和人群流行病学数据获得的参考剂量（reference points）或致癌效应起点与人体膳食暴露量的比值。近年来MOE技术逐渐被应用于黄曲霉毒素风险评估。MOE法综合考虑了某种邻界效应的参考剂量和估计的人体暴露量，但MOE方法未对观测范围内的试验数据进行外推，并且对评估结果的不确定性进行了考虑，如选用基准剂量95%可信限的下限值（如BMDL10）作为参考剂量。但目前MOE方法的应用存在以下局限：MOE方法计算得到的MOE值仅是一个比值，仅反映相对风险的大小；MOE方法需要质量较高的毒理学试验数据和膳食暴露量数据；在对MOE结果进行解释时，需要对整个计算过程中存在的不确定性进行说明；目前基于暴露限值法的危害物质风险级别的划分，尚没有一个国际公认的判定标准，需要进一步研究。

欧洲食品安全局（European Food Safety Authority，EFSA）近期发布的一项关于食品中黄曲霉毒素的风险评估报告显示，AFB_1的MOE值在5 000~29，AFM_1的MOE值在10 000~508。MOE值低于10 000，黄曲霉毒素引起的健康问题值得关注。

（二）食品中黄曲霉毒素的限量标准

鉴于黄曲霉毒素具有极强的毒性作用，世界各国都对食品中黄曲霉毒素含量做出了严格的规定。在1987年的第二届国际霉菌毒素会议上，有60多个国家制定了相关标准和法规。实际或建议的限量标准为：食品中AFB_1 5 $\mu g/kg$；食品中AFB_1、AFB_2、AFG_1和AFG_2总和为10~20 $\mu g/kg$，牛乳中的AFM_1为0.05~0.5 $\mu g/kg$；乳牛饲料中AFB_1为10 $\mu g/kg$。国际食品法典委员会（CAC）限量标准为：花生仁及其制品、花生油中AFB_1、AFB_2、AFG_1和AFG_2总和为15 $\mu g/kg$。

美国联邦政府有关法律规定，人类消费的食品、奶牛及未成年动物饲料中的黄曲霉毒素含量（指AFB_1＋AFB_2＋AFG_1＋AFG_2总量）不能超过20 $\mu g/kg$，人类消费的牛奶中AFM_1的含量不能超过0.5 $\mu g/kg$。欧盟于2006年制定的法规规定：直接提供给人类食用的食物及组成食品的组分中AFB_1含量不能超过 2 μg/kg，AFB$_1$、AFB$_2$、AFG$_1$、AFG$_2$ 的总量不得超过 4 μg/kg，原料奶、经热处理的奶及用于制造奶类制品的奶中 AFM$_1$ 限量为 0.05 μg/kg。婴幼儿食品中 AF 的限量标准为：在包括谷类食物在内的婴幼儿食品以及具有特殊医疗目的的婴儿食品中，AFB$_1$ 限量均为 0.10 μg/kg；在婴儿配方食品、二段婴儿配方食品（包括婴儿奶粉和二段婴儿奶粉）以及具有特殊医疗目的的婴儿食品中，AFM$_1$ 限量均为 0.025 μg/kg。澳大利亚和新西兰对于花生和树坚果规定限量标准为 15 μg/kg。日本规定食品中黄曲霉毒素含量（指 AFB$_1$＋AFB$_2$＋AFG$_1$＋AFG$_2$ 总量）不能超过 10 μg/kg，乳中 AFM$_1$ 限量标准为 5 μg/kg。

我国《食品安全国家标准　食品中真菌毒素限量》（GB 2761—2017）中对于黄曲霉毒素 B$_1$ 限量标准的规定如表 2-4 所示。玉米、花生、花生油中不得超过 20 μg/kg；大米、其他食用油中不得超过 10 μg/kg；其他粮食、豆类等中不得超过 5 μg/kg。此标准还规定乳及乳制品、特殊膳食用食品中 AFM$_1$ 不能超过 0.5 μg/kg。

表 2-4　食品中黄曲霉毒素 B$_1$ 限量指标

食品类别	限量/（μg·kg^{-1}）
谷物及其制品	
玉米、玉米面（渣、片）及玉米制品	20
稻谷[a]、糙米、大米	10
小麦、大麦、其他谷物	5.0
小麦粉、麦片、其他去壳谷物	5.0
豆类及其制品	
发酵豆制品	5.0
坚果与籽类	
花生及其制品	20
其他熟制坚果及籽类	5.0
油脂及其制品	
植物油脂（花生油、玉米油除外）	10
花生油、玉米油	20
调味品	
酱油、醋、酿造酱	5.0
特殊膳食用食品	0.5

注：a. 稻谷以糙米计。

（郝丽萍）

第三章　单端孢霉烯族化合物污染及其危害

单端孢霉烯族化合物是单端孢霉素类家族中的一员，是一组生物活性和化学结构相似的化合物。到目前为止，已分离出该类毒素 200 多种，主要由镰刀菌属中的某些菌种产生。在单端孢霉烯族化合物中，T-2 毒素由镰刀菌产生，是单端孢霉烯族毒素中毒性最强的一种。至今已有 3 种地方病（食物中毒性白细胞缺乏症和大骨节病、克山病）的病因被认为与 T-2 毒素密切相关。脱氧雪腐镰刀菌烯醇（deoxynivalenol，DON）是最常见和污染较严重的毒素，对谷物的污染率和污染水平居镰刀菌毒素之首，主要污染小麦、大麦、玉米等粮食作物及其制品，给人、家畜的健康造成巨大威胁。研究表明，它可在人和动物中引起一系列问题，例如呕吐、腹泻、厌食、免疫毒性、血细胞再生障碍、生殖发育受损等。

第一节　单端孢霉烯族化合物的性质及其产生

一、结构与性质

单端孢霉烯族化合物的基本化学结构属于倍半萜烯，其 C-12，13 位上有一环氧基，在 C-9，10 位上有一双键，故称 12，13-环氧单端孢霉烯族化合物（又称 12，13-环氧单端孢霉素类）。单端孢霉烯族化合物为无色结晶，微溶于水，化学性质稳定，在实验室条件下长期贮存无明显变化。单端孢霉烯族化合物较耐热，需超过 200℃才能被破坏，对酸和碱也较稳定，因此通常的烹调加工难以将其破坏。根据化学结构的不同，单端孢霉烯族化合物可分为 A、B、C、D 四种类型，除 C 型单端孢霉烯族化合物外，其他类型不具有荧光现象，主要污染食品和饲料的是 A 型单端孢霉烯族化合物、B 型单端孢霉烯族化合物。其中 A 型单端孢霉烯族化合物可溶于中等极性溶剂（丙酮、乙酸乙酯、氯仿），B 型单端孢霉烯族化合物可溶于极性较强的溶剂（乙醇、甲醇）。

（一）A 型单端孢霉烯族化合物

A 型单端孢霉烯族化合物在 C-8 位没有羰基功能团，例如 T-2 毒素、HT-2 毒素、二乙酰氧基镳草镰刀菌烯醇等。其中，T-2 毒素的毒性最强。

1. T-2 毒素

T-2 毒素是一种倍半萜烯化合物，纯品为白色针状结晶，化学名为 4β-1，15-二乙酰氧基-8α-（3-甲基丁酰氧基）-12，13-环氧单端孢霉-9 烯-α 醇，分子式为 $C_{24}H_{34}O_9$，分子量 466.22，化学结构式见图 3-1。T-2 毒素易溶于极性溶剂，性质稳定，熔点为 151～152℃，室温下放置 6～7 年或者加热至 200℃，1～2 h 后毒力仍不减弱，而碱性条件下次氯酸钠可使之失去毒性。T-2 毒素几乎对所有的真核生物，包括植物、动物及人类均具有一定的毒性，其毒性与结构式中的环氧基团和双键有关。

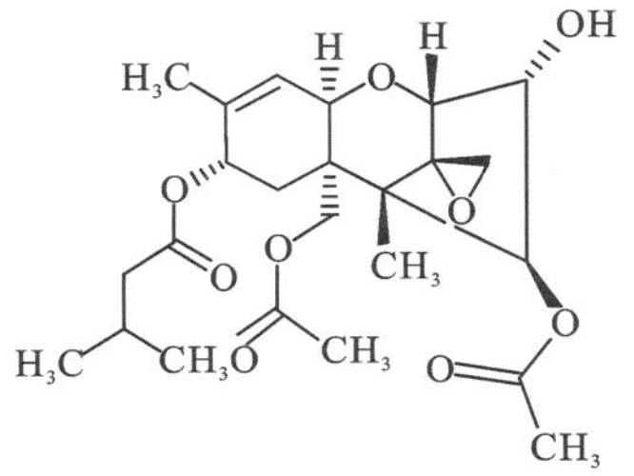

图 3-1　T-2 毒素的化学结构式

2. 二乙酰氧基镳草镰刀菌烯醇

二乙酰氧基镳草镰刀菌烯醇（diacetoxyscirpenol，DAS）与 T-2 毒素一样，属于 A 型单端孢霉烯族化合物，也是污染谷物和粮食的重要霉菌毒素之一。DAS 分子式为 $C_{19}H_{26}O_7$，分子量为 366.17，热稳定性也较强，一般烹调手段不能将其破坏，化学结构式见图 3-2。

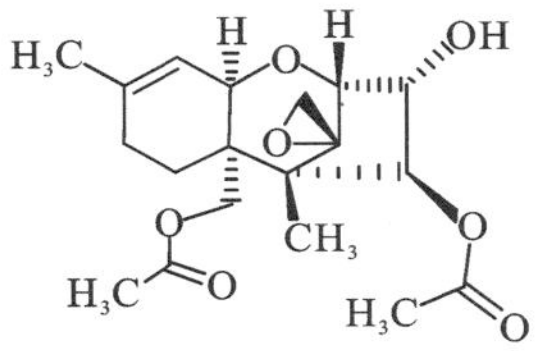

图 3-2　DAS 的化学结构式

（二）B 型单端孢霉烯族化合物

B 型单端孢霉烯族化合物在 C-8 位有羰基功能团，例如脱氧雪腐镰刀菌烯醇、雪腐镰刀菌烯醇、镰刀菌烯酮等。

1. 脱氧雪腐镰刀菌烯醇

脱氧雪腐镰刀菌烯醇（deoxynivalenol，DON）又称呕吐毒素，主要由禾谷镰刀菌和雪腐镰刀菌等镰刀菌产生。1973 年在美国 Vesonder 等从被镰刀菌污染的玉米中分离出了这一化学物质，因为该种物质可以引起猪呕吐，故命名为呕吐毒素，并发现可以从赤霉病大麦中分离出该物质。

DON 的化学名为 3α，7α，15-三羟基-12，13-环氧单端孢霉-9 烯-8 酮，分子式为 $C_{15}H_{20}O_6$，分子量为 296.32，化学结构式见图 3-3。DON 纯品为白色针状结晶，熔点为 151～153℃。DON 易溶于极性的溶剂如水、甲醇、乙醇、乙腈、丙酮和乙酸乙酯，不溶于正己烷、丁醇、石油醚。DON 耐热、耐压，在弱酸中不分解。食品加工过程中，DON 在烘焙温度 210℃、油煎温度 140℃或煮沸条件下，只能被破坏 50%。加碱、高压以及热蒸汽处理可以破坏 DON 部分毒性。在 pH 值为 4 时，DON 在 100～120℃下加热 60 min，化学结构均不被破坏，170℃下加热 60 min 仅少量被破坏；在 pH 值为 7 时，DON 在 100～120℃下加热 60 min 仍很稳定，170℃下加热 15 min 部分被破坏；在 pH 值为 10 时，DON 在 100℃下加热 60 min 部分被破坏，120℃下加热 30 min 和 170℃下加热 15 min 完全被破坏。

2. 雪腐镰刀菌烯醇

雪腐镰刀菌烯醇（nivalenol，NIV）是一种倍半萜烯类结晶状化合物，化学名为 3α，4β，7α，15-四羟基-12，13-环氧单端孢烯-9-烯-8-酮，分子量为 312.3，熔点为 222～223℃，易溶于水、乙醇等

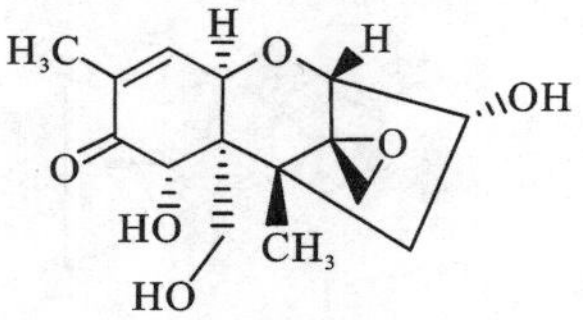

图 3-3　DON 的化学结构式

溶剂，化学结构式见图 3-4。NIV 在 pH 值为 1～10 时相对稳定，一般的烹煮加工和发酵方法均难将其破坏。NIV 在食物加工过程中较少被破坏，至少 80％ 的毒素可转移至人直接食用的食品中。韩国 85％ 的自产啤酒和 58％ 的进口啤酒均含 NIV。用水冲洗谷物 3 次后，NIV 含量减少 65％～69％；用 1 mol/L 碳酸钠溶液冲洗谷物后，NIV 含量减少 72％～74％；用 1 mol/L 碳酸钠溶液浸泡谷物 24～72 h 后，NIV 含量减少 42％～100％。

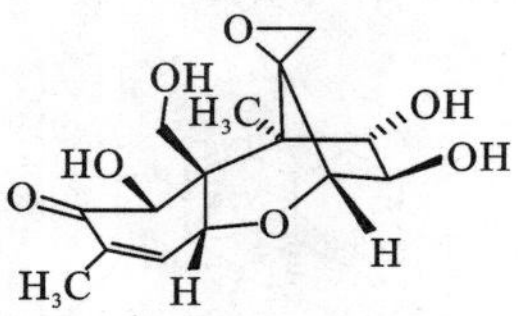

图 3-4　NIV 的化学结构式

3. 镰刀菌烯酮

镰刀菌烯酮（fusarenon-X，Fus-X）为 NIV 的乙酰衍生物，化学名为 3，7，5-三羟基-4 醋酸基-8-氧基-12，13-环氧-△⁹-单端孢霉烯，是一种无色针状结晶，熔点为 91～92℃，分子式为 $C_{17}H_{22}O_3$，分子量为 354，化学结构式见图 3-5。Fus-X 易溶于水、乙腈、丙酮和乙酸乙酯等溶剂。

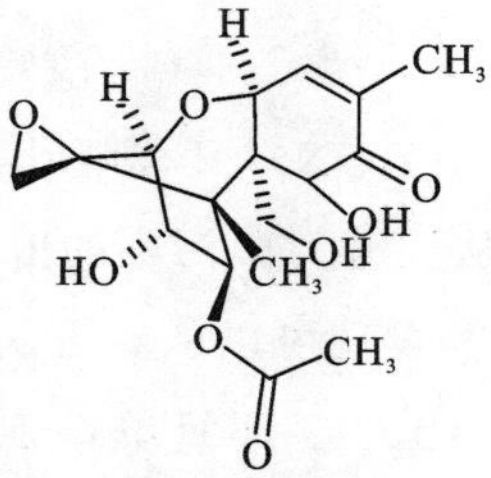

图 3-5　Fus-X 的化学结构式

（三）C 型单端孢霉烯族化合物

C 型单端孢霉烯族化合物的特征是在 C-7、C-8 或 C-9、C-10 上有第二个环氧基团，例如扁虫菌素（化学结构式见图 3-6）和燕茜素等。

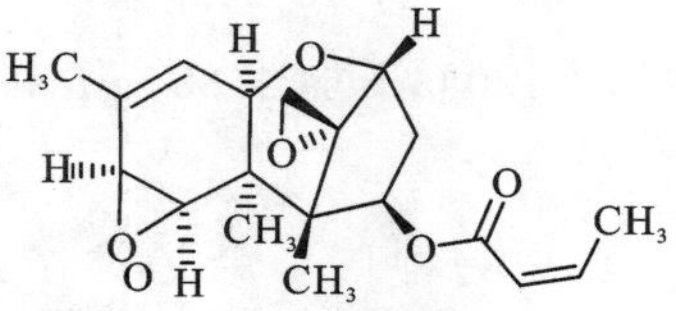

图 3-6　扁虫菌素的化学结构式

（四）D 型单端孢霉烯族化合物

D 型单端孢霉烯族化合物在 C-4、C-15 上有一个大环结构，例如杆孢菌素（化学结构式见图 3-7）和葡萄穗霉毒素等。

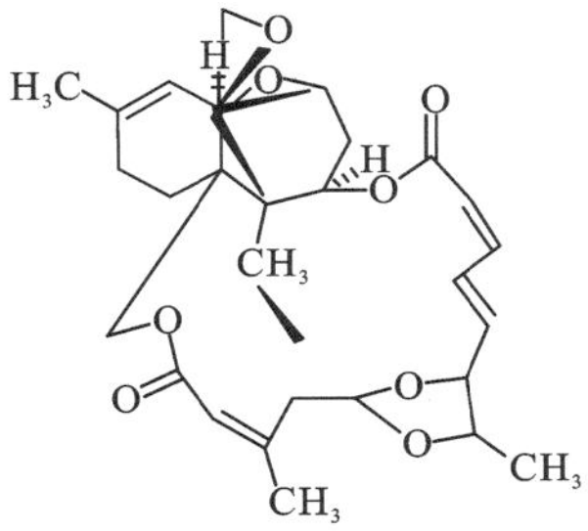

图 3-7　杆孢菌素的化学结构式

二、主要产毒菌种及其分布

产生单端孢霉烯族化合物的各种镰刀菌广泛分布在自然界中，有些是腐生菌，有些是植物病原菌，可引起各种病害。A 型单端孢霉烯族化合物的主要产毒菌种是枝孢组镰刀菌。雪腐镰刀菌、禾谷镰刀菌和黄色镰刀菌的各菌株无论在自然条件下还是在实验室中主要代谢产物是 B 型单端孢霉烯族化合物。值得注意的是，有些产毒镰刀菌能够产生几种不同的毒素，有时属于不同的类型。除了镰刀菌属的霉菌以外，发现其他菌属霉菌的一些种也可产生此类毒素。

T-2 毒素主要来自镰刀菌属，如三线镰刀菌（Fusarium tricinctum）、拟枝孢镰刀菌（F. sporotrichioides）、梨孢镰刀菌（F. poae）、尖孢镰刀菌（F. oxysporum）、串珠镰刀菌（F. moniliforme）等。DAS 常常由木贼镰刀菌和半裸镰刀菌产生。NIV 主要由禾谷镰刀菌、木贼镰刀菌等产生。DON 主要由禾谷镰刀菌、尖孢镰刀菌、串珠镰刀菌、拟枝孢镰刀菌、粉红镰刀菌、雪腐镰刀菌等镰刀菌产生。在世界不同的地区，因生态地理环境的不同，各种优势致病菌种也不同。在气候较为温暖的地区，如美国、加拿大、澳大利亚和中欧的部分地区，禾谷镰刀菌是重要的优势致病菌种，而黄色镰刀菌、梨孢镰刀菌、雪腐镰刀菌则是欧洲西北部气候较冷的沿海地区的优势致病菌种。

三、毒素合成与产毒条件

镰刀菌属产毒能力受菌属种类、温度、湿度、pH 值、蛋白、糖和光照等因素的影响。镰刀菌侵染和产毒的最适温度在 15～30℃，尤其 25℃。粮食水分含量在 40%～50% 时最利于产毒。但湿冷和缺乏营养导致真菌生长不利时也能产生高水平毒素。大量灌溉能将毒素从病穗上洗掉从而降低含量。

（一）禾谷镰刀菌

禾谷镰刀菌可产生 A 型单端孢霉烯族化合物、B 型单端孢霉烯族化合物和玉米赤霉烯酮（zearalenone，ZEA），所产毒素种类和产毒水平受众多环境因素如温度、湿度、谷物生长期间的降水量、pH 值、光照时间等影响。禾谷镰刀菌侵染作物具有周期性。一般以孢子或菌丝体的形式残留在土壤中或者在宿主作物上越冬，入春温度回升后，子囊壳大量产生子囊孢子，成为主要病原。子囊孢子大量释放，随风、雨水或灌溉流水传播，吸附于小麦花穗上。当小麦开始扬花，镰刀菌孢子就利用小麦花粉中的生长刺激因子萌发并生长，侵染花穗颖片或花穗的其他部位，因此感染多于小麦扬花时开始并持续到收获。感染发生后，2～4 d病麦便能表现出赤霉病的症状。除了扬花期的小麦，镰刀菌也会侵染收获后储藏的粮食，在适宜的条件下产毒。

（二）三线镰刀菌

研究发现，将三线镰刀菌于15℃下培养3周，可获得大量的T-2毒素；在5～15℃下培养4周产毒能力最强。

（三）拟枝孢镰刀菌

研究表明，拟枝孢镰刀菌在湿度40％～50％、温度3～7℃条件下，在玉米和黑麦中产毒能力最强。

（四）梨孢镰刀菌

研究指出，梨孢镰刀菌在液体培养中的产毒最佳条件为：8～25℃间隔12 h变温、前期光照后期黑暗、前期振荡后期静止，培养28 d，可获得一定量的T-2毒素。

DON主要由禾谷镰刀菌、尖孢镰刀菌、串珠镰刀菌、拟枝孢镰刀菌、粉红镰刀菌、雪腐镰刀菌等镰刀菌产生。我国北方地区（西北和华北）的粮谷类产品中DON含量较南方地区（华东、华南和西南）的要高。DON是一种田间毒素，生长需要合适的湿度、温度、氧气和能量。当谷物的水分含量为22％、湿度在85％左右、温度达到20℃时，谷物即产生大量的DON。我国北方地区农作物的生长、成熟和收割期基本在上述条件范围，加之北方地区农作物的生长周期长，感染DON的机会相对较多，使得北方地区的农作物DON含量高于南方地区的。

第二节 单端孢霉烯族化合物对食品的污染、危害及致病机制

一、毒素对食品的污染

单端孢霉烯族化合物是一类全球性的谷物污染物，在多种谷物如小麦、玉米、燕麦、大麦、黑麦及面包、啤酒和饲料等中均有检出。如果饲养动物的饲料中含有单端孢霉烯族化合物，它们可能通过奶、肉及蛋进入人类和动物的食物链。A型单端孢霉烯族化合物和B型单端孢霉烯族化合物污染率最高，主要包括DON、Fus-X、NIV、DAS、HT-2毒素、T-2毒素等，其中污染率和含量最高的是DON。

（一）T-2毒素对食品的污染

1. T-2毒素污染的程度

研究报道，中国、非洲、欧洲部分国家、东南亚地区和南美洲等都存在T-2毒素污染谷物和动物饲料的情况。在我国的部分省份和地区，T-2毒素的污染情况比较严重，例如，徐国栋等统计了2013—2015年全国范围内动物饲料原料及饲料中真菌毒素污染情况，结果表明，T-2毒素的检出率为24.8％～77.5％。李思齐等于2017年检测了山东北部地区18家养殖场玉米青贮饲料中常见真菌毒素的含量，结果显示T-2毒素检出率为100％，最高含量为3.95 $\mu g/kg$。而在2010年检测的四川阿坝地区189份谷物样品中，T-2毒素检出率为11.64％，最高含量为3.33 $\mu g/kg$。苏娟等于2015年调查了河南省黄河以南和以北地区11种饲料原料中真菌毒素的分布情况，其中T-2毒素的检出率在44.32％～100％，平均含量为32.96～1 412.20 $\mu g/kg$，最高含量为335.7～8 262.7 $\mu g/kg$，以玉米及其加工产品

中的污染最为严重，平均含量高达 1 412.20 μg/kg。

2. T-2 毒素污染食品的种类与途径

T-2 毒素广泛分布于自然界，主要污染大米、小麦、大麦、燕麦、黑麦、玉米等粮油类产品及其加工副产品如饼粕、配合饲料等。

关于 T-2 毒素对粮油和饲料产品的污染，首先是相关霉菌对农作物和饲料的污染。相关霉菌以孢子繁衍后代，孢子普遍存在于土壤及一些腐烂植物体中，经由空气、水及昆虫传播。相关霉菌对农作物及饲料的污染有 2 条途径。一是在农作物收割前，土壤或作物体内的霉菌孢子侵染植株，造成污染；二是在农作物收获后，在加工、运输、存贮及饲料饲喂过程中，空气、水、地面、加工机械、运输工具、仓库及饲喂器具中霉菌孢子黏附于谷物和饲料上，遇到合适的条件即可生长繁殖。T-2 毒素是由营养菌丝产生的，当菌体发育成孢子时，营养菌丝开始产生 T-2 毒素，并排出到周围基质。

（二）DAS 对食品的污染

在已发表的文献中，DAS 主要存在于各种谷物（主要是小麦、高粱、玉米、大麦和燕麦）和谷物制品中，也存在于马铃薯制品、大豆和咖啡中。其中小麦、高粱和咖啡中的含量最高。DAS 与谷物和谷物制品中的许多其他真菌毒素同时出现，特别是镰刀菌毒素。此外，DAS 对肉鸡有严重的毒性影响，一旦肉鸡摄入被 DAS 污染的饲料，DAS 可能分布在肉鸡不同的组织中，包括肝脏、胆囊和小肠等。

（三）DON 对食品的污染

1. DON 污染的程度

DON 广泛分布于自然界，是污染田间作物和库存谷物的主要毒素。DON 耐藏力较强，病麦经四年的贮藏，其中的 DON 仍能保持毒力不减。中国饲料和饲料原料中霉菌毒素污染超标的比例为 60%～70%。顾薇 2003 年研究发现，中国送来的样本中，超过 70% 的样本被 DON 污染，1998－2001 年，DON 的平均浓度分别为 548 μg/kg、607 μg/kg 和 378 μg/kg，2000 年的样本中 DON 的最高含量达到 4 582 μg/kg。奥特奇公司研究发现，2005 年中国饲料原料中 DON 检出率为 100%，超标率 27.3%。其中豆粕的检出率较低为 54.5%。麸皮和豆粕中 DON 未见超标，平均含量分别为 0.44 mg/kg 和 0.05 mg/kg，属于轻度污染。玉米中 DON 的超标率为 57.1%，平均含量为 1.01 mg/kg，最高含量为 2.13 mg/kg，属于中度污染。酒糟蛋白饲料中 DON 的超标率为 100%，平均含量为 1.36 mg/kg，最低含量为 0.85 mg/kg，最高含量为 1.72 mg/kg，属于中度污染。

2. DON 污染的食品种类

DON 主要污染小麦、大麦、燕麦、玉米等谷类作物，也污染粮食制品，如面包、饼干、麦制点心等。另外，在动物的奶、蛋中均有发现 DON 残留。

3. DON 污染的地域分布

1）分布。DON 广泛存在于全球各国，中国、日本、美国、南非等均有发现。DON 对粮谷类的污染状况与产毒菌株、温度、湿度、通风、日照等因素有关。DON 主要分布在潮湿的温带地区，中国大部分地区又恰恰处于这一地带，这是中国 DON 污染较严重的原因之一，在多雨年份 DON 的污染状况则更为严重。在日本，小麦和大麦中的 DON 浓度为 40 μg/g；在加拿大，安大略地区白色冬小麦中的 DON 浓度为 8.5 μg/g。中国的饲料样本中，含有一定量的 DON，超过 70% 的样本被 DON 污染。2000 年的样本中 DON 的最高含量达到 4 582 μg/kg。2003 年中国配合饲料样本中 DON 的阳性检出率为 100%，平均含量为 600 μg/kg。据估计，2005 年中国饲料原料的 DON 检出率为 100%，对人类的健康造成重大威胁。

2）特点。镰刀菌属于田间霉菌，农作物在田间生长期间就可被其污染，其适宜的生长温度为5～25℃。由于镰刀菌的上述特点，DON的分布与对粮谷物及饲料原料的污染呈现出下列特点。

（1）镰刀菌主要在田间污染粮谷类和油料类作物，产生DON，其中以刚收获的谷物受到的DON污染较为严重。

（2）DON的污染程度存在地区和年份的区别。由于温度、湿度等的差别，不同地区、同一季节收获的玉米所带菌属有较大差别，同一地区、不同季节、不同年份的玉米所带菌属也不一样，导致DON的污染程度也有明显差异。华北地区的玉米（如河南、山西等地的部分玉米）中以镰刀菌为主要菌属，而东北玉米中以圆弧青霉为主要菌属，镰刀菌次之。因此，华北地区的玉米受到的DON污染较重，而东北玉米相对较轻一些。就年份而言，DON污染程度与收获时的降水量有关。如2003年，华北部分地区，由于收获时下雨太多，造成部分玉米受到的DON污染严重，甚至严重影响饲料的适口性。而2004年因收获时天气较好，DON没有达到危害的程度。2005年，部分玉米中DON又有不同程度的超标。

二、毒素代谢

（一）DON

目前，已有大量DON代谢相关的研究。猪体内研究表明，DON经口摄入后不到30 min就能在血液中检测到该种毒素。在动物体内DON经一系列的代谢反应包括侧链基团的水解、去环氧化和羟基化反应，迅速成为代谢产物。人类和动物模型中已经报道了DON摄入和排泄之间具有相关性。

1. DON在动物体内代谢的特征

进入动物体内的DON可以在动物肝脏或肠道中被菌群转化为C12,13-环氧代谢产物（DOM-1），主要通过粪便和尿液排泄，而且排泄速度较快，在体内的积蓄量很少。除了DOM-1外，共轭产物可能是主要的代谢产物，包括DON-3-葡萄糖醛酸（DON-3-glucuronide，DON-3-GlcA），DON-15-葡糖醛酸（DON-15-glucuronide，DON-15-GlcA）和初步鉴定的DON-7-葡糖醛酸（DON-7-glucuronide，DON-7-GlcA），见图3-8。此外，有研究证明DON暴露和尿液中DON之间存在定量关系。研究者首先在法国队列研究中报告了80.7％农场工人DON暴露后尿样中检出DOM-1。然而，在英国成年人的尿样中基本没有检测到DOM-1。这种差异可能是由于不同职业、环境条件下肠道菌群不同导致DON代谢改变。更为重要的是，该项研究发现，英国成年人中尿液DON水平与谷物摄入量（面包消费）特别是受到的DON污染呈正相关。进一步研究发现，膳食中DON在摄入后24 h内排泄到尿液中，清除率为72.3％。提示尿液中DON水平可作为膳食DON暴露的生物标志物，用于评估膳食中DON的摄入量。

2. DON在人体代谢的特征

人类样本中很少检测到DOM-1，可能由于缺乏DON解毒的相关微生物群落。与动物体内的发现相比，人类显示出更多数量的葡糖醛酸化共轭代谢产物。多项研究对DON-3-GlcA，DON-7-GlcA和DON-15-GlcA进行监测，均发现DON-3-GlcA和DON-15-GlcA是人类Ⅱ相代谢的主要代谢产物。

（1）主要代谢产物。关于人类的DON代谢，有研究发现在人肝微粒体中主要生成的是DON-3-GlcA和DON-15-GlcA，其次为DON-7-GlcA。除肝脏代谢外，有学者还评估了人类微生物群落的DON-3-GlcA生物转化，发现粪便微生物群落能够有效地从DON-3-GlcA中释放DON。参与者食用被DON污染的食物4 d后，首次证实了人体内DON的新陈代谢。其中，DON-3-GlcA和DON-15-GlcA

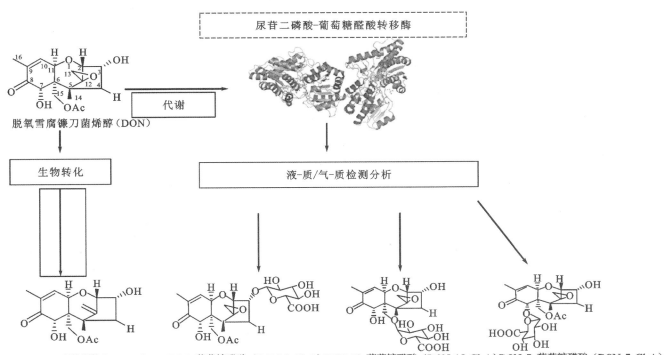

图 3-8　DON 及其代谢产物的化学结构式

被鉴定为主要的代谢产物。尽管发现了第三代谢产物（DON-7-GlcA），但其结构还未能完全确定，这使得不同群体中 DON 暴露水平的变异性成为未来研究的重要课题。

（2）DON 代谢的性别差异。研究发现，与男性受试者尿液中 DON（5.8 ng/mg）相比，女性受试者尿液中 DON 水平较高（6.1 ng/mg），但差异无统计学意义。有学者基于英国成年人的饮食和营养调查比较 24 h 尿液中 DON 排泄量与谷物摄入量关系，结果也显示，性别与尿液中 DON 水平存在显著相关性，男性尿液中 DON 水平比女性高出约 23%，并且在调整谷物摄入量或特定谷物食物摄入量后仍然存在差异。这种性别差异的原因仍然有待进一步研究。然而，也有学者有相反的发现。瓦伦西亚居民的 54 份尿样的分析结果显示，15 种真菌毒素中共检测到 3 种（HT-2 毒素、新戊烯醇和 DON）。成年人、儿童和青少年尿液中 DON 平均浓度分别为 14.8 μg/g、27.8 μg/g 和 32.9 μg/g。该结果显示，女性和男性受试者尿液中 DON 水平差异不显著。基于非洲 DON 污染地区的男女儿童的研究发现，男童尿液中 DON（3.0 ng/mL）平均浓度低于女童的（0.71 ng/mL），且差异有统计学意义。

3. UDP-葡糖醛酸基转移酶

肝脏是人和动物体内的 DON 葡糖醛酸化解毒的主要器官。DOM-1 是多种动物共同的代谢产物，然而在人体中很少发现。

在人和动物中，DON 葡糖醛酸化主要由肝内质网 UDP-葡糖醛酸基转移酶（UGT）催化。在肝脏（微粒体）和尿液中可以发现 DON 的主要代谢产物为 DON-GlcA。因此，尿液中 DON 和 DON-GlcA 的比例通常被认为是人和动物解毒能力的生物标志物。给猪饲喂 DON 处理的小麦后，在血清样品中检测到 DON 的 GlcA 缀合物，但在静脉内注射 DON 后未检测到。该结果表明，DON 在吸收之前就可能在肠中被缀合。研究人员使用体外模型，包括肝微粒体和粪便，进行培养，以调查人体中 DON 的代谢。为了模拟 DON 在人体不同消化阶段的代谢情况，有学者使用体外模型来研究 D3G 在酸性条件下对水解酶和肠细菌的稳定性，发现 D3G 对盐酸和几种乳酸菌具有抵抗性，表现出高水解能力。该研究表明，由于结肠中细菌 β-葡糖苷酶的 D3G 水解，植物中 DON 解毒为 D3G，可能会被部分生物利用。大鼠饲喂 DON 污染的饲料后同样以剂量依赖的方式上调肝脏中 UGT 水平。

目前为止，人 UGT 超家族包含 UGT1（9 种）、UGT2（10 种）、UGT3 和 UGT8 四个家族。其中 UGT1 和 UGT2 是主要类型。不同 UGT，对底物选择既有较强的特异性，也有一定的交叉。进一步采用杆状病毒感染的昆虫细胞，结合人和动物肝微粒体培养方法，揭示 DON 代谢的确切 UGT 亚基结果表明，人 UGT2B4 和 UGT2B7 分别主要催化 DON-15-GlcA 和 DON-3-GlcA 的形成。然而，其他物种的 UGTs 的确切亚基在目前的 DON 代谢研究中尚未得到阐明。

（二）T-2 毒素

T-2 毒素能通过胃肠道、皮肤以及口鼻等被机体吸收，并快速地分布于各组织器官。进入生物体内的 T-2 毒素，主要在肝脏以及肠黏膜等部位代谢酶的催化下快速水解（C-4、C-8 和 C-15 位）、羟基化（C-3′、C-4′和 C-7′位）、脱环氧（C-12，13 位之间的三元环氧环）和葡糖醛酸结合（C-3 位和 HT-2 的 C-4 位），从而形成 T-2 毒素的多种代谢产物，比如 HT-2、T-2 三醇、T-2 四醇、3′-OH-T-2、3′-OH-HT-2 和一些脱氧代谢产物，然后这些 T-2 毒素的代谢产物以及未被代谢的 T-2 毒素原型经尿液和粪便排出体外，不在组织脏器中蓄积。

（三）DAS

DAS 在动物体内被迅速吸收，动物肝脏和肠道微生物均能代谢 DAS，主要代谢途径为水解、脱环氧和葡糖醛酸结合反应。有关 DAS 在动物中的代谢研究较多，但是有关 DAS 在人体中的代谢则研究较少。将同位素标记的 DAS 与人的真皮细胞进行共孵育后仅发现一种代谢产物 15-MAS。

（四）NIV

目前关于 NIV 代谢的研究相对较少。一般来说，不同种属动物的 NIV 代谢情况不同。除鸡外，大鼠、猪和反刍动物均能将 NIV 代谢成脱环氧 NIV，主要在肠道代谢。大鼠将 NIV 代谢成脱环氧产物后，主要通过粪便排出。然而也有学者给小鼠饲喂 NIV（13.4 μg/kg）后，在尿液和粪便中检出的是原型而非脱环氧产物，提示其主要以原型排出体外。

（五）Fus-X

Fus-X 在动物体内可脱掉 C4 上的乙酰基形成 NIV，该反应的发生部位主要为肝脏和肾脏，且代谢生成的 NIV 消除缓慢。

三、毒性与危害及其机制

（一）急性毒性、慢性毒性、致癌性等

A 型单端孢霉烯族化合物、B 型单端孢霉烯族化合物较为常见且毒性较大，与人类日常生活关系紧密。该类真菌毒素急性中毒都引起相似的呕吐、腹泻及昏迷等症状，且同时具有皮肤刺激性。不同的单端孢霉烯族化合物毒性大小有很大差异，主要与毒素的结构和染毒动物的种类有关。

1. A 型单端孢霉烯族化合物

T-2 毒素和 DAS 的毒性较大，动物过量摄入此类毒素之后，一般会出现拒食、呕吐、白细胞减少、免疫抑制等。而且 T-2 毒素是 3 种地方病（大骨节病和克山病、食物中毒性白细胞缺乏症）的主要致病

因素。

（1）T-2 毒素。T-2 毒素是单端孢霉烯族化合物中毒性最强的一种，不仅可导致以消化道症状为主的急性毒性，还可以导致多器官的亚急性毒性和慢性毒性。T-2 毒素主要作用于骨髓、肾脏、胸腺、肝、脾、淋巴结、生殖腺及胃肠黏膜等增殖旺盛的组织器官，抑制细胞 DNA 和蛋白质合成，并引起线粒体呼吸抑制。T-2 毒素可以导致多种组织、细胞的脂质过氧化，破坏细胞膜结构，干扰细胞脂质代谢，从而导致细胞损伤。T-2 毒素对不同动物的毒性有一定种属差异，新生或未成年动物比成年动物对毒素更敏感。

（2）DAS。DAS 为 A 型单端孢霉烯族化合物，主要表现为免疫毒性和生殖毒性。动物实验显示经口急性毒性表现为腹泻、呕吐、震颤、血便等，引发心动过速甚至心衰。多项研究报告了 DAS 的免疫毒性，如损伤小鼠的胸腺、脾脏，抑制 T 淋巴细胞、B 淋巴细胞作用和抗体的合成，在大剂量下可以直接抑制淋巴细胞生长。生殖毒性是 DAS 主要毒性之一，对怀孕小鼠静脉注射一定量毒素后，先后发生阴道出血及死亡，解剖发现子代的多种器官畸形。对雄性小鼠静脉注射超过一定剂量后，发现睾丸囊肿。不仅如此，DAS 还会造成血液毒性（如造血异常）、皮肤毒性（如皮肤坏死，但不致癌）、遗传毒性等。关于 DAS 致癌性目前尚没有充分的证据。

2. B 型单端孢霉烯族化合物

具有代表性的毒素有 DON、NIV 和 Fus-X，特别是 DON 普遍存在于谷物中，且污染较为严重。虽然 DON 的毒性远不及 T-2 毒素，但是由于其在谷物中污染普遍且浓度较大，因此也是单端孢霉烯族化合物中一个非常重要的毒素。

1）DON。DON 会对人畜产生广泛的毒性效应，小剂量摄入会造成食欲下降、生长缓慢、发育不良和病死率升高等现象；大剂量或长期摄入会发生急性中毒。DON 的急性毒性主要表现为短暂性头晕、站立不稳、反应迟钝、竖毛，以及食欲下降、拒食、恶心、腹泻、呕吐等胃肠道症状。动物毒理学实验研究表明，DON 的急性毒性与动物的种属、年龄、性别、染毒途径有关，雄性动物对毒素比较敏感。不同动物对 DON 的敏感程度排序是：猪＞小鼠＞大鼠＞家禽和反刍动物。DON 能引起猪食欲减退甚至废绝、呕吐、体重下降、流产、死胎、弱仔等，免疫功能和机体抵抗力下降。对生长肥育猪饲以含有 14 mg/kg DON 的饲料，10～20 min 后即会出现呕吐、焦躁不安和磨牙现象，其中呕吐现象仅发生在第 1 d。在 DON 含量 0～14 mg/kg 的试验中，饲料中每增加 1 mg/kg DON，生长肥育猪的采食量减少 6％，当含毒量 10 mg/kg 以上时，猪完全拒食。DON 还可引起雏鸭、猫、狗、鸽等多种动物的呕吐反应，严重时可造成死亡。

长期摄入 DON，可影响动物的生长发育、繁殖及子代的存活率，甚至导致动物生长停滞、免疫力低下和心、肝、肾等脏器损伤，严重时损害造血系统，造成死亡，表现出较强的细胞毒性、免疫毒性和生殖发育毒性，以及一定的遗传毒性、致畸性和致癌性。有人用大鼠进行了为期 2 年的染毒试验，DON 的浓度为 1 mg/kg、5 mg/kg、10 mg/kg，试验结束后发现，各组动物均未见死亡，动物体重增加与染毒剂量呈负相关。

（1）细胞毒性。DON 具有很强的细胞毒性，它对于原核细胞、真核细胞、植物细胞、肿瘤细胞等均具有明显的毒性作用。DON 在 10～100 μmol/L 范围内呈剂量依赖性地激活大鼠巨噬细胞的细胞凋亡程序。DON 通过作用于细胞外信号调节激酶、凋亡前体蛋白、细胞凋亡蛋白酶、DNA 修复酶来影响细胞凋亡程序。DON 还可抑制细胞代谢、DNA 与蛋白质合成及细胞分裂增殖，能明显损伤细胞膜、核膜和细胞器，引起红细胞溶血，特别是对培养早期的软骨细胞、骨髓造血细胞等有明显损伤。给予猪较小剂量的 DON 后，其脑中 5-羟色胺和 5-羟吲哚乙酸水平升高，脑神经麻痹。DON 可能通过 3 种不同的方式单独或

因素。

（1）T-2 毒素。T-2 毒素是单端孢霉烯族化合物中毒性最强的一种，不仅可导致以消化道症状为主的急性毒性，还可以导致多器官的亚急性毒性和慢性毒性。T-2 毒素主要作用于骨髓、肾脏、胸腺、肝、脾、淋巴结、生殖腺及胃肠黏膜等增殖旺盛的组织器官，抑制细胞 DNA 和蛋白质合成，并引起线粒体呼吸抑制。T-2 毒素可以导致多种组织、细胞的脂质过氧化，破坏细胞膜结构，干扰细胞脂质代谢，从而导致细胞损伤。T-2 毒素对不同动物的毒性有一定种属差异，新生或未成年动物比成年动物对毒素更敏感。

（2）DAS。DAS 为 A 型单端孢霉烯族化合物，主要表现为免疫毒性和生殖毒性。动物实验显示经口急性毒性表现为腹泻、呕吐、震颤、血便等，引发心动过速甚至心衰。多项研究报告了 DAS 的免疫毒性，如损伤小鼠的胸腺、脾脏，抑制 T 淋巴细胞、B 淋巴细胞作用和抗体的合成，在大剂量下可以直接抑制淋巴细胞生长。生殖毒性是 DAS 主要毒性之一，对怀孕小鼠静脉注射一定量毒素后，先后发生阴道出血及死亡，解剖发现子代的多种器官畸形。对雄性小鼠静脉注射超过一定剂量后，发现睾丸囊肿。不仅如此，DAS 还会造成血液毒性（如造血异常）、皮肤毒性（如皮肤坏死，但不致癌）、遗传毒性等。关于 DAS 致癌性目前尚没有充分的证据。

2. B 型单端孢霉烯族化合物

具有代表性的毒素有 DON、NIV 和 Fus-X，特别是 DON 普遍存在于谷物中，且污染较为严重。虽然 DON 的毒性远不及 T-2 毒素，但是由于其在谷物中污染普遍且浓度较大，因此也是单端孢霉烯族化合物中一个非常重要的毒素。

1）DON。DON 会对人畜产生广泛的毒性效应，小剂量摄入会造成食欲下降、生长缓慢、发育不良和病死率升高等现象；大剂量或长期摄入会发生急性中毒。DON 的急性毒性主要表现为短暂性头晕、站立不稳、反应迟钝、竖毛，以及食欲下降、拒食、恶心、腹泻、呕吐等胃肠道症状。动物毒理学实验研究表明，DON 的急性毒性与动物的种属、年龄、性别、染毒途径有关，雄性动物对毒素比较敏感。不同动物对 DON 的敏感程度排序是：猪＞小鼠＞大鼠＞家禽和反刍动物。DON 能引起猪食欲减退甚至废绝、呕吐、体重下降、流产、死胎、弱仔等，免疫功能和机体抵抗力下降。对生长肥育猪饲以含有 14 mg/kg DON 的饲料，10～20 min 后即会出现呕吐、焦躁不安和磨牙现象，其中呕吐现象仅发生在第 1 d。在 DON 含量 0～14 mg/kg 的试验中，饲料中每增加 1 mg/kg DON，生长肥育猪的采食量减少 6％，当含毒量 10 mg/kg 以上时，猪完全拒食。DON 还可引起雏鸭、猫、狗、鸽等多种动物的呕吐反应，严重时可造成死亡。

长期摄入 DON，可影响动物的生长发育、繁殖及子代的存活率，甚至导致动物生长停滞、免疫力低下和心、肝、肾等脏器损伤，严重时损害造血系统，造成死亡，表现出较强的细胞毒性、免疫毒性和生殖发育毒性，以及一定的遗传毒性、致畸性和致癌性。有人用大鼠进行了为期 2 年的染毒试验，DON 的浓度为 1 mg/kg、5 mg/kg、10 mg/kg，试验结束后发现，各组动物均未见死亡，动物体重增加与染毒剂量呈负相关。

（1）细胞毒性。DON 具有很强的细胞毒性，它对于原核细胞、真核细胞、植物细胞、肿瘤细胞等均具有明显的毒性作用。DON 在 10～100 μmol/L 范围内呈剂量依赖性地激活大鼠巨噬细胞的细胞凋亡程序。DON 通过作用于细胞外信号调节激酶、凋亡前体蛋白、细胞凋亡蛋白酶、DNA 修复酶来影响细胞凋亡程序。DON 还可抑制细胞代谢、DNA 与蛋白质合成及细胞分裂增殖，能明显损伤细胞膜、核膜和细胞器，引起红细胞溶血，特别是对培养早期的软骨细胞、骨髓造血细胞等有明显损伤。给予猪较小剂量的 DON 后，其脑中 5-羟色胺和 5-羟吲哚乙酸水平升高，脑神经麻痹。DON 可能通过 3 种不同的方式单独或

联合对细胞产生毒性作用：①通过渗透磷脂双层，作用于亚细胞器水平；②通过与细胞膜相互作用；③通过自由基介导的脂质过氧化作用。

（2）免疫毒性。DON 还可作用于 T 淋巴细胞、B 淋巴细胞、IgA$^+$ 细胞，通过抑制或促进细胞程序性死亡而调节免疫。DON 既可能是一种免疫抑制剂，也可能是一种免疫促进剂，其作用依赖于 DON 的剂量、淋巴细胞亚型、组织来源和糖皮质激素。DON 在小剂量时能诱导辅助性 T 淋巴细胞超诱导产物——炎性细胞因子和趋化因子在巨噬细胞中的表达。DON 在大剂量时可抑制免疫，诱导免疫细胞凋亡，抑制其增殖，同时还影响免疫细胞因子的分泌，诱导辅助性 T 淋巴细胞分泌大量细胞因子，激活巨噬细胞、T 淋巴细胞产生前炎症细胞因子，抑制淋巴细胞和巨噬细胞的吞噬、杀菌作用和免疫应答，甚至诱发自身炎症性免疫反应。摄入含有 DON 的食物，对猪的特异性免疫应答和非特异性免疫应答都会产生很大的影响。

（3）生殖发育毒性。在生殖毒性方面：目前对 DON 生殖毒性的研究主要集中在致母体毒性方面。研究表明，在 5 mg/kg 剂量下连续给药后，DON 可以引起大鼠母体体重降低、子宫质量下降，表明其对母体及子宫均具有一定的毒性作用。且 DON 对雌性动物和雄性动物的生殖组织和生殖细胞都有毒性作用。在不同动物模型中发现 DON 可以损害卵母细胞成熟和胚胎发育以及减少摄食量、降低生殖功能。此外，DON 能够引起更长的发情期间隔，并增加摄入受污染饲料猪的死胎率。然而，Morrissey 和 Vesonde 在给予纯品 DON 15 d 和 60 d 的雄性和雌性 Sprague Dawley 大鼠的睾丸或卵巢中，没有观察到相关的组织学异常。同时，小剂量的 DON 对 Fischer 344 大鼠（15 周龄）骨骼或内脏的异常发生率没有明显的不良影响。

在发育毒性方面：目前对 DON 发育毒性的研究主要集中在胚胎毒性方面。研究表明，DON 可以引起胚胎死亡及流产，对胚胎生长发育参数均有严重的影响，可以导致胚胎发育迟缓、质量下降，主要毒性作用是体重限制、骨骼和器官发育障碍。在很多物种中已经得到证实，DON 可以通过胎盘转移到胎儿。例如，怀孕母猪感染 DON 后在子代的血浆、肝和肾中均检测到 DON。用 DON 纯品对 Swiss 小鼠灌胃，引起明显的胚胎毒作用和骨骼畸形。DON 在 10～15 mg/kg 剂量时子代 100% 吸收，在 5 mg/kg 剂量时子代吸收率为 80%。在大鼠妊娠期 5～19 d 中饲喂 5 mg/kg 的 DON 会影响子代的发育，母鼠采食量和平均日增质量都显著降低，子代质量、母体子宫质量和头臀径降低，胸骨、趾骨、椎骨等骨化能力下降，这些可能是母体毒性造成的。在啮齿动物上的致畸和繁殖实验证实 DON 影响大鼠的体质量增长，导致吸收胎增多、骨骼形成不良及仔鼠出生后存活率的降低。给刚断奶的幼鼠饲喂 DON 后除了在血浆和组织中检测到 DON 浓度明显高于成年鼠以外，DON 诱导幼鼠脾和肺中产生的 IL-6 和 TNF-α 浓度也比成年鼠高，持续的时间更长，且脾中 IL-6、IL-1β 和 TNF-α 的 mRNA 表达量比成年鼠高 2～3 倍，这些均表明幼鼠对 DON 引起的多种影响的反应比成年鼠敏感，所以 DON 对幼鼠机体组织造成的负荷更大。Vesely 等研究了 DON 对于 3 日龄鸡胚的毒性作用，发现其胚胎毒性剂量范围很窄（1～3 mg/kg），DON 致使试验组的鸡胚头部畸形率、身体发育畸形率明显高于对照组。

（4）消化道毒性。由于 DON 对动物和人类有强烈的催吐作用，所以 DON 又被称为呕吐毒素。与 DON 污染相关的食源性疾病的调查发现呕吐是主要症状之一。在较小剂量时，DON 会诱导剂量相关的饲料反应（厌食），而 DON 在大剂量时作为潜在的催吐剂。几乎所有的单端孢霉烯族化合物可引起畜禽呕吐，猪最为敏感，其最小致吐的口服剂量为 0.1～0.2 mg/kg。一些研究表明，DON 的致吐机制可能是其对消化道黏膜的强烈刺激反射作用于呕吐中枢，也可能是改变了动物脑脊液中神经递质如 5-羟色胺、儿茶酚胺的水平，从而诱发厌食、恶心与呕吐。

此外，一些研究还发现 DON 能够引起条件性味觉厌恶，在用 DON 处理而建立的条件性味觉厌恶模型中，发现处理后的大鼠对一种新的味道（糖精）产生厌恶。虽然这种结果的出现是暂时的，但是一旦条件性味觉厌恶建立，在相同 DON 含量下，大鼠产生厌恶反应所需的时间将缩短，这与其他学者在 T-2 毒素试验时观察到的结果一致。随后的研究指出，脑干最后区是调节 DON 和 T-2 毒素催吐作用的中枢。

DON 进入消化道后导致动物呕吐、拒食、腹泻、食管穿孔以及营养吸收不良等，还会刺激消化道造成炎症、坏死、溃疡等，甚至会引发肠道黏膜出血。许多研究证实了 DON 在通过改变肠道组织形态学，影响肠道功能的同时，也可通过改变肠道营养物质运输载体、紧密连接蛋白以及某些炎性物质等的表达，影响肠道营养吸收作用、屏障功能、免疫功能以及渗透作用等，最终导致动物机体营养不良、腹泻、呕吐和肠道炎症等。

（5）致癌、致畸、致突变作用。多数研究结果表明，DON 具有致畸和致突变作用。赤霉病麦 DON 粗毒素和 DON 纯品的 Ames 实验发现，加与不加 S-9 混合液，对于鼠伤寒沙门氏菌组氨酸缺陷型均具有致突变作用，并有剂量-反应关系。对 Wistar 妊娠大鼠，以含 0、125 mg/kg、250 mg/kg、500 mg/kg、1 000 mg/kg 的 DON 粗毒素于孕第 7～16 d 连续灌胃，结果表明 250 mg/kg 的 DON 就有一定的胚胎毒作用和致畸作用，1 000 mg/kg 时尤为明显。

由于国内外缺乏致癌作用的明确报道，DON 的致癌性至今尚无明显定论，国际癌症研究机构（IARC）将其列为 3 类可疑致癌物。大鼠的 DON 两阶段皮肤诱癌、促癌实验结果表明，尽管皮肤出现弥漫性鳞状上皮增生，但 DON 并没有表现出明显的致癌性或诱癌性。但也有研究显示，长时间小剂量喂食被 DON 污染的饲料，可以诱发肝脏等多个器官的肿瘤。流行病学研究发现，在食管癌高发区［如河南林州（原林县）、南非特兰斯凯地区］的玉米和小麦中均检测到 DON、NIV，其检出率是低发区的 10 倍，DON、NIV 的含量与食管癌的发生呈正相关。以上事实表明，DON 不仅具有较强的致畸、致突变效应，还可能是一种弱的致癌物质，应当引起人们足够的重视。

2）NIV。NIV 的急性中毒症状与 DON 类似，表现为眼睑闭合、蹒跚步态、腹泻、厌食等，但毒性更强，其在口服、腹腔注射、皮下注射、静脉注射下的 LD_{50} 分别为 38.9 mg/kg、7.4 mg/kg、7.2 mg/kg 和 7.3 mg/kg。雌鼠 2 年的 NIV 染毒试验（6 $\mu g/g$、12 $\mu g/g$、30 $\mu g/g$）结果表明，所有雌鼠体重均减轻，饮食量降低，尤其在大剂量组。与对照组相比，30 $\mu g/g$ 组肝脏的质量以及 12 $\mu g/g$、30 $\mu g/g$ 组肾的质量显著减少。动物血清中白细胞减少，碱性磷酸酯酶、非酯化脂肪酸的浓度呈剂量依赖性增加。NIV 还表现出比 DON 更强的细胞毒性、免疫毒性、遗传毒性和生殖发育毒性。NIV 对胞膜、核膜和线粒体、内质网等多种细胞器均有强烈的损伤作用，从而严重影响到细胞的能量代谢、DNA 与蛋白质合成和细胞分裂增殖，诱导细胞凋亡、染色体畸变和 DNA 损伤。小鼠经口、皮下和腹腔注入 NIV 后可见胸腺、脾、淋巴结等淋巴器官萎缩，在淋巴结、胸腺、脾和其他组织淋巴滤泡中的淋巴细胞坏死；十二指肠和空肠、小肠黏膜隐窝和绒毛坏死；睾丸精子产生数量减少，细胞出现坏死，可见多核巨精细胞。河南林州当地食物中 NIV 毒素含量较高，与食管癌发生有密切关系，且有诱发上皮乳头瘤等潜在致癌作用。动物实验也表明，长期感染 HIV 后，动物体重以及各脏器（肝脏、胸腺、脾脏、肾及脑）相对质量下降，各脏器均有肿瘤发生。

3）Fus-X。Fus-X 也能引起动物急性中毒。日本的研究发现，动物食用了含有 Fus-X 的霉变米后，出现急性中毒症状如恶心、呕吐、拒食、腹泻、头疼和困倦等。Fus-X 的主要毒性还包括遗传毒性、生殖毒性，以及一定的免疫毒性和潜在的致癌性。Fus-X 通过抑制蛋白质和 DNA 合成诱导细胞毒性。此外，Fus-X 在体内外均显示出诱导细胞凋亡的特性，靶器官多为胸腺、脾、小肠、睾丸等细胞增殖较为活跃的器官，且毒性比 NIV 更强。

（二）健康危害

单端孢霉烯族化合物对人的健康有很大的危害。早在 19 世纪末和 20 世纪初，苏联和日本就开展了相关研究。到目前为止，已确认此类毒素可引起多种真菌毒素的中毒症状。在苏联卫国战争期间，某些地区居民因为食用了在雪地里越冬的麦类而发生了较严重的食物中毒性白细胞缺乏症。后来查明，是因为这种麦子被枝孢组镰刀菌污染了，在较低的温度下产生了大量的 T-2 毒素。中毒表现为发热、坏死性咽炎、白细胞减少、内脏和消化道出血等，病死率较高。T-2 毒素还被认为与大骨节病、克山病两种地方病的发生有关。赤霉病麦中毒在苏联、北欧、美国、加拿大和日本均有报告。在我国主要发生在长江流域各省。此种疾病的病原微生物主要是 DON，人和某些牲畜食用病麦后出现恶心、呕吐、腹泻、腹痛、颜面潮红和头晕等症状。如果长期摄入 DON 污染的食物，可出现肝肾损伤、生殖紊乱、免疫抑制等现象。

1. 人类 DON 暴露水平与地域差异

近年来，一系列研究侧重于不同国家 DON 的人群暴露情况，结果是具有一定的地域差异性。这种差异可能与谷物食品的摄入量及 DON 污染程度不同有关，在西方国家与面包的消费量密切相关。在中国，有学者首次在人尿液中检测到 DON，河南林州 DON 暴露量达到 37 ng/mL，但在上海 DON 含量要低得多，这可能是因为饮食习惯的不同。南非特兰斯凯农民尿样中全部可检测到 DON，平均浓度为（20.4±49.4）ng/kg，提示该区域有非常高的 DON 暴露。西班牙 33.3% 的尿液样本中可检测到 DON，远低于英国。法国人尿液中检出更多的是 DOM-1，而在英国和科特迪瓦的大多数成年人中没有发现 DOM-1。在奥地利成年人中，DON 及其葡糖醛酸复合物（DON-GlcA）是尿液中的暴露生物标志物。因此，生物标志物的选择应基于特定人群或研究对象中 DON 吸收、分布、代谢和排泄特点，以更准确、合理地评估 DON 的暴露水平。

2. 母体和胚胎的潜在风险

研究者采用体内双重灌注模型来研究胎盘转运 DON，发现约 21% 的初始毒素被运送到胎儿。这些数据表明，DON 暴露后母体和胚胎有潜在毒性风险。队列研究发现，在埃及的 93 名孕妇中有 63 名（68%）检测到 DON 和 DOM-1，阳性结果的肌酐几何平均值为 2.8 ng/mg。在英国和中国上海女性人群的尿液中，DON 肌酐检出量分别为 11.7 ng/mg 和 5.9 ng/mg。在克罗地亚的孕期女性中也能够检测出 DON 和它的主要代谢产物 DON-15-GlcA。

（三）毒作用机制

单端孢霉烯族化合物的毒作用机制主要是对蛋白质及 DNA 与 RNA 合成、线粒体功能、细胞分裂、免疫功能的抑制和生物膜的破坏。下面主要介绍 DON 生殖发育毒作用、催吐及诱导厌食症、肝毒性和免疫毒作用的分子机制。

1. DON 生殖发育毒作用机制

前期研究已经观察到 DON 对母猪卵母细胞的初始质量和减数分裂能力的影响。对猪紧密卵丘卵母细胞复合体减数分裂能力的研究表明，DON 暴露下培养的卵母细胞，其成熟率显著降低。该结果与细胞色素 P450 胆固醇侧链裂解酶（CYP450scc）和 β-羟基类固醇脱氢酶/异构体的表达变化有关。原代细胞培养进一步证实，DON 能够干扰培养的猪子宫内膜细胞的细胞周期，S 期和 G_0、G_1 期相对停滞，增殖细胞核抗原表达明显降低。其他学者认为 DON 可以通过在减数分裂期间直接干扰微管动力学和卵母细胞胞质来影响卵母细胞的发育能力。类似研究表明，DON 能够破坏卵母细胞中的肌动蛋白帽形成，并减少小鼠受损卵母细胞的膜和细胞骨架肌动蛋白的表达。

丝裂原活化蛋白激酶（MAPKs）参与促进或抑制各种刺激物的细胞反应，调节许多细胞功能，包括细胞增殖、细胞分化、细胞生存和凋亡。给怀孕的小鼠口服或腹腔内注射 DON，通过基因芯片筛选与大骨节病骨骼畸形相关的差异基因表达。发现 DON 诱导了 282 个基因的异常表达（148 个基因表达下调，

134 个基因表达上调）。其中 6 个与骨骼发育密切相关，这可能是 DON 暴露导致胎儿骨骼畸形的重要因素，但具体机制还需要进一步的验证与分析。

氧化应激也可能介导 DON 的生殖发育毒性。一些关于 DON 胚胎毒性的研究提示，氧化应激可能是 DON 引起各种妊娠相关疾病如自然流产、胚胎病、胎儿生长受限、出生体重低等的重要病理生理因素。胎盘细胞中活性氧（ROS）过度积累后通过胎盘-胎儿循环影响胎儿在子宫内的发育，这可能直接或间接导致胎儿死亡、骨骼和器官发育异常及母体与子代肥胖、糖尿病、心脑血管疾病风险增加。外源性污染物暴露引起的早期胎盘氧化损伤，对于胎儿发育毒性有良好的预测意义，但 DON 诱导胚胎毒性的分子机制还不完全清楚。

DON 与核糖体的相互作用激活了丝裂原活化蛋白激酶（MAPKs）途径，从而介导了一系列分子效应，包括凋亡、免疫反应和氧化应激。但 DON 对 MAPKs 通路具有明显的双向调节作用（时间和剂量依赖性）。MAPKs 通过磷酸化级联反应将细胞外信号转移到细胞内，导致一系列转录因子被磷酸化，如 NF-E2 相关因子 2（Nrf2）。Nrf2 与 Kelch 样 ECH 相关蛋白 1（Keap-1，在细胞质的静止状态下是 Nrf2 的抑制剂）形成的 Nrf2-Keap-1 信号通路是最重要的细胞防御和存活途径之一。一旦被激活，Nrf2 转位到细胞核，特异性结合抗氧化反应元件，从而激活多种酶的表达，包括血红素加氧酶-1（HO-1）、谷胱甘肽过氧化物酶（GPx）等。HO-1 是一种热休克蛋白，是降解血红素及生成胆红素、一氧化碳和铁的关键酶。Nrf2 诱导 HO-1 表达已被认为是最重要的细胞内抗氧化机制之一。Nrf2/HO-1 途径的表达在 ROS 积累的早期阶段被上调，一旦 ROS 积累超过一定程度，表达将被抑制。HO-1 的表达与胎盘的发育和胎盘-胎儿循环的形成密切相关。在小鼠孕 6.5 d 的胎盘中发现 HO-1 蛋白表达，它在孕 13.5～14.5 d 的胎盘中高表达。HO-1 缺失导致不良妊娠结局，如子宫内胎儿生长受限、胎儿致死率高等。

研究发现，孕期 DON 暴露会导致胎盘中的 ROS 积聚，这将引起胎盘氧化损伤。DON 小剂量暴露时，胎盘抗氧化系统被激活，直接清除 ROS，Nrf2/HO-1 活化，表明 DON 胎盘毒性尚在 Nrf2/HO-1 代偿与保护范围内。随着 DON 暴露剂量的增加，Nrf2/HO-1 活化受阻，抗氧化系统的代谢能力下降，最终导致不可逆的脂质过氧化和氧化损伤。

2. DON 催吐机制

呕吐是一种反射，通过口腔强力地驱除上消化道的内容物，是防止食物中毒的保护机制。呕吐反应是一个非常复杂的过程。在脑干最后区，存在 DON、T-2 等毒素催吐作用的中枢，5-羟色胺（5-HT）与其受体的结合可能是 DON 催吐的关键作用靶点。5-HT 又称血清素，是色氨酸的衍生物，广泛存在于大脑、血小板和胃肠道等组织器官中。脑内的 5-羟色胺作为重要的抑制性神经递质，主要分布于松果体和下丘脑，参与控制情绪及调节睡眠、体温、食欲、性欲、运动、心血管功能、痛觉等。然而，DON 对中枢神经系统中 5-HT 及其受体的影响，究竟是直接作用的结果还是间接或继发效应所致，目前尚未完全阐明。

人体内更多的 5-HT（约 90%）存在于消化道黏膜，仅占肠上皮 1% 不到的肠嗜铬细胞，分泌了超过人体 90% 的 5-HT。饮食、肠道菌群副产物和炎症因子等刺激，激活一系列包括肠胃运动、代谢和疼痛等的下游信号通路，具有刺激血管和平滑肌收缩的作用。新近研究发现，肠嗜铬细胞可表达多种电压门控离子通道和受体，因而具有可兴奋性，可接受来自饮食、菌群代谢产物和儿茶酚胺（多巴胺、肾上腺素和去甲肾上腺素）的刺激，受体的激活触发依赖电压门控 Ca^{2+} 通道的 5-HT 释放，激活 5-HT 受体的初级传入神经元，将信息传递给神经系统，形成肠-脑轴对话。大鼠经口摄入 DON 后，脑内 5-羟色胺（5-HT）水平急剧上升；猪在 DON 灌胃后，脑脊髓液中 5-HT 主要代谢产物 5-羟吲哚乙酸（5-HIAA）的浓度显著而持久增加，表明 DON 摄入后 5-HT 的合成与代谢明显增加。5-羟色胺 3（5-HT3）受体选择性阻滞剂能直接阻断 DON 引起的猪的呕吐。初步机制研究显示，Ca^{2+} 通道或 Ca^{2+} 稳态调控机制可能参与其中。5-HT3 受体通道对 Ca^{2+} 具有高渗透性，并且在压力条件（刺激）下增加 Ca^{2+} 流入。Ca^{2+}/钙调蛋白依赖性蛋白激酶 IIa（Ca^{2+}/CaMKIIa）和细胞外信号调节激酶 1/2（ERK1/2）信号传导可能是 DON 催吐的关键效应机制。

3. DON 诱导厌食症的可能机制

DON 急、慢性中毒可引起厌食等异常的饮食行为，导致体重下降或增重减缓。猪对 DON 的催吐与厌食毒性最为敏感，饲料中 3 mg/kg 的 DON 即可对猪的饲料摄入量和体重增长产生影响，而且可持续影响 8 周以上。摄食行为受中枢神经系统特定部位的调控，下丘脑腹内侧核和下丘脑外侧区是公认的调节摄食的两大核团。此外，下丘脑弓状核、室旁核、穿隆周区以及低位脑干的孤束核也参与摄食调节。进食时，食物的体积以及分解产物分别通过消化系统和循环系统的相应感受器将摄入食物量和质的信号通过神经递质与反馈性调节激素投射到上述区域，精妙地调节着饱或者饿的感觉及摄食行为。猪 DON 急性中毒时额叶皮质、小脑、下丘脑、海马和脑桥等区域的去甲肾上腺素、多巴胺、5-HT 的水平发生明显变化，其中与摄食行为最密切相关的是 5-HT。5-HT 能神经元分布广泛，5-HT 受体类型多样，具有明显的组织特异性。阻断中缝核 5-HT1A、5-HT3、5-HT4 或激动 5-HT2 尤其是 5-HT2C 可抑制食欲，并通过迷走神经影响胃肠蠕动。静脉注射的 5-HT，尽管不能通过血脑屏障，但同样可产生抑制食欲的作用。肠黏膜 5-HT4 可以使食管下括约肌收缩，胃内压升高，胃排空能力提高，小肠蠕动反射增强。更为重要的是，研究发现 DON 对 5-HT 多个亚型都有程度不同的弱亲和力。然而，DON 对胃肠道和神经中枢不同组织部位 5-HT、受体活性及 5-HT 能神经元的直接或间接影响及相关机制，目前研究较少，但复杂的脑-肠轴对话与反馈调节机制至少参与 DON 厌食毒性，并产生条件性味觉厌恶。一旦条件性味觉厌恶建立，再次接触 DON，厌恶反应所需的时间将明显缩短。

近年来，肠道菌群对饮食的调节效应也引起了特别的关注。胃肠道存在数百种细菌，总数达百亿，分属厚壁菌门、拟杆菌门、变形菌门、放线菌门、疣微球菌门、梭杆菌门、蓝藻菌门、螺旋体门等，其中前四类占肠道菌群的 98%，专性厌氧为主，构成了与宿主相互依赖、和谐共生的复杂微生态系统。正常的肠道菌群是人体健康的守护神。肠道菌群作为抗原刺激和促进免疫系统的发育及其功能的成熟，使机体获得对许多致病菌及其毒素的抵抗能力，发挥特异性免疫功效。由双歧杆菌、乳杆菌等组成的膜菌群通过占位保护和产生细菌素、有机酸、过氧化氢等物质，阻挡或抑制致病菌或条件致病菌侵袭肠黏膜，从而产生非特异性免疫和生物屏障效果。肠道内菌群代谢发酵产生大量的短链脂肪酸，可以为肠黏膜上皮细胞提供能量，促进肠上皮细胞增殖分化。新近研究发现，神经厌食症患者与肥胖症患者体内均存在明显的肠道菌群紊乱现象，如前者产甲烷菌丰度升高，后者放线菌、植物乳杆菌增多而拟杆菌减少。肠道菌群的移植或益生菌、益生元治疗或抗生素干预，可明显改变宿主的饮食行为。

4. DON 肝毒性机制

早在 1995 年有学者就 DON 对小鼠肝脏的作用进行了系统研究。在肝脏中，这种霉菌毒素（5 mg/kg 和 25 mg/kg）使肿瘤坏死因子-α（TNF-α）、转化生长因子-β（TGF-β）和促炎性细胞因子的 mRNA 水平显著升高，同时有蛋白质合成抑制作用。不同来源的细胞系 DON 毒性比较发现，大鼠源 Clone9 和 MH1C1、小鼠源 NBL-CL2 以及人源 WRL68、HepG2 细胞 DON 暴露后，MH1C1 线粒体功能紊乱最为严重，WRL68 细胞活力最低。鉴于细胞系在永生化、肿瘤衍生和长期培养过程中，细胞特征与代谢已发生明显改变，并不能全面、真实反映 DON 的肝毒性，有研究以大鼠和人原代肝细胞为研究对象，发现 DON 也表现出明显的肝细胞毒性。

关于 DON 肝细胞毒性机制，过往研究主要集中在 DON 对肝细胞凋亡的诱导。DON 能够使 caspase-3、caspase-7、caspase-8 和 Bax 表达升高。进一步研究表明，DON 诱导的氧化应激导致压力诱导因子——活化转录因子 3 和具有抑癌和维持基因组稳定性的细胞周期与血管生成阻滞蛋白 P53 的表达失调，从而启动凋亡信号通路，这可能是 DON 处理后肝细胞出现大量微核的原因。

5. DON 免疫毒作用机制

（1）对免疫细胞的影响。胸腺提供复杂的微环境来调节 T 淋巴细胞的存活、分化、选择和迁移，是 T 淋巴细胞发育、分化和成熟的场所，也是自身免疫耐受的中心。原胸腺细胞经过前胸腺细胞、$CD4^-CD8^-$ 双阴性细胞、$CD4^+CD8^+$ 双阳性细胞和 $CD4^+CD8^-$ 或 $CD4^-CD8^+$ 两个单阳性胸腺细胞亚群等阶段，发育分化为成熟的 T 淋巴细胞。由此可见，T 淋巴细胞在胸腺整个发育过程中会先后经历阳性选择和阴性选择，经过阳性选择的单阳性胸腺细胞既可识别异己抗原又可识别自身抗原，但识别自身抗原会导致自制免疫不耐受。只有与自身抗原亲和力低和不识别自身抗原的胸腺细胞才会经过阴性选择后进一步分化为成熟的 T 淋巴细胞，反之就会发生细胞凋亡。小鼠经口摄入 DON 5 mg/kg、10 mg/kg 和 25 mg/kg 各 3 h、6 h 和 24 h 后，在前胸腺细胞阶段 DON 选择性地抑制免疫的基因（抑制线粒体、核糖体或蛋白质合成的基因）高度表达，导致胸腺细胞发育成 T 淋巴细胞过程中双阳性 $CD_4^+CD_8^+$ 阶段对 DON 最敏感，大剂量的 DON 能明显诱导胸腺细胞凋亡，抑制其增殖。但是，在 T 淋巴细胞活化反应期间，用小剂量 DON 刺激胸腺细胞 3 h 后，Ca^{2+} 依赖的核因子 κB（NFκB）活化，启动下游靶基因表达，诱导内质网 Ca^{2+} 释放，胞内 Ca^{2+} 浓度增加，激活钙调磷酸酶，使活化 T 淋巴细胞核因子（NFAT）去磷酸化，DON 诱导 NFAT 转至胸腺细胞核内，活化更多基因，促进 T 淋巴细胞活化和增殖。

巨噬细胞在动物机体的免疫防御中起着关键作用，作为机体免疫应答的组成部分，构成免疫防御的第一道防线，同时也参与机体的获得性免疫。巨噬细胞被活化后产生不同的炎性因子，并表达一些特定的细胞表面受体或白细胞分化抗原（CD）。研究表明：小剂量 DON 可促进炎性因子的分泌和产生，大剂量 DON 则诱导巨噬细胞的凋亡。肿瘤坏死因子-α（TNF-α）是巨噬细胞活化的主要因子，剂量依赖性地促进细胞表面受体（CD1、CD54 和 CD119）和人类白细胞抗原（HLA-DP、HLA-DQ、HLA-DR）的表达，而 DON 即使在较小剂量也会干扰 TNF-α 活化巨噬细胞的过程，从而产生免疫毒性。DON 在细胞因子受体和非受体酪氨酸激酶家族中 JAK 激酶水平上作用于细胞因子信号抑制因子，抑制 TNF-α 受体介导的信号转导，进而抑制多种细胞因子共用的信号转导途径——酪氨酸激酶/信号转导子和转录激活子（JAK/STAT），干扰 TNF-α 对巨噬细胞的刺激、活化。鼠巨噬细胞中脂多糖（LPS）诱导一氧化氮聚合酶（iNOS）的表达，干扰素-β（IFN-β）是该诱导过程中不可缺少的，IFN-β 的表达引起 STAT、干扰素调控蛋白和 iNOS 表达。DON 通过抑制 iNOS 和 IFN-β 的激活和表达，直接或间接抑制 NO 和 IFN-β 的产生。

（2）DON 对细胞因子的影响。DON 除了引起鼠的胸腺、脾、骨髓和集合淋巴结中细胞的凋亡，还显著影响细胞因子的分泌，可诱导淋巴组织表达 TNF-α、IL-1β 和 IL-6 等促炎性细胞因子。猪体内实验表明，DON 可诱导巨噬细胞产生细胞生长抑制素，尤其是 TNF-α 和 IL-1β。DON 在 100 ng/mL 或 250 ng/mL 的水平即可迅速增加鼠单核巨噬细胞白血病细胞 RAW264.7 中 IFN-γ 和 IL-6 的 mRNA 稳定性，延长其半衰期（从 30 min 提高至大于 3 h）。总结现有研究，提示 DON 可能通过以下 3 种方式超诱导促炎性细胞因子的表达，提高其稳定性：①作为一种翻译抑制剂，使核糖体凝固或群聚在 mRNA 上以保护 mRNA 免受细胞质中核糖核酸酶的裂解；②与镰刀菌繁殖期间产生的单端孢霉烯族化合物诱导的丝裂原活化蛋白激酶（MAPKs）活化有关；③保护富含腺嘌呤尿嘧啶（AU）序列的 3′非翻译区免受内切酶或外切酶的降解，延长 IFN-γ 和 IL-6 mRNA 的半衰期。DON 明显增加鼠 T 淋巴细胞中 IL-2 水平，在细胞水平上使用转录抑制剂发现 DON 超诱导 IL-2 mRNA 的表达，且在某种程度上提高 IL-2 mRNA 的稳定性；同时也可提高 IL-4、IL-5、IL-6 和 IFN-γ 浓度。IL-8 是机体内对中性粒细胞和 CD4+ CD8+ 有明显趋化作用的重要炎症因子。250～1 000 ng/mL 的 DON 即可诱导 IL-8 mRNA 和 IL-8 hnRNA 及蛋白水平的升高，同时激活 p38MAPK 信号通路，在炎症与细胞凋亡等应激反应中发挥重要作用。

第三节　单端孢霉烯族化合物污染的预防控制

为了防止单端孢霉烯族化合物污染食品和饲料，许多学者做了大量的工作，提出了相关策略，如防止真菌污染粮食、对已经存在于食物和饲料中的毒素进行脱毒处理、抑制胃肠道对毒素的吸收等。但目前能有效防止毒素污染粮食的方法不多。

一、防霉与减毒去毒

（一）防止污染

对于呕吐毒素的防治首先是防止霉菌的产生，而防霉关键在于要严格控制饲料和原料的水分含量、控制饲料加工过程中的水分和温度、选育和培养抗霉菌的饲料作物品种、选择适当的种植或收获技术、注意饲料产品的包装、注意贮存与运输、添加防霉剂等。但需注意的是，使用防霉剂仅能预防，但无法去除饲料和原料中已存在的霉菌毒素。因此，饲料脱毒是必要且有效的一项措施。

（二）脱毒

单端孢霉烯族化合物的毒性取决于其分子结构，尤其是结构中的毒性官能团。因此，这些官能团是脱毒的作用靶点。常见的脱毒方法有物理脱毒法、化学脱毒法和生物脱毒法。

1. 物理脱毒法

物理脱毒法去除单端孢霉烯族化合物包括热处理、微波、辐射、吸附等。单端孢霉烯族化合物在 120℃时很稳定，当温度高于 200℃时部分分解，在 210℃处理 30～40 min，可将其毒性结构破坏，如焙烤类食品中，单端孢霉烯族化合物的含量会降低 24%～71%。辐射法主要采用微波诱导或短波紫外线照射来降解毒素或杀死霉菌，采用自制的微波诱导氩等离子体处理含 DON 和 NIV 的谷物制品，处理 5 s 后，DON 和 NIV 可被彻底清除。采用短波紫外线（中等强度 0.1 mW/cm² 和高强度 24 mW/cm²）对含 DON 的样品进行处理时发现，随着紫外线强度的增强，以及处理时间的延长，对 DON 的去除效果越来越好。吸附法即在饲料里添加霉菌毒素吸附剂进行脱毒，是一种比较可行的方法。但在霉菌毒素吸附剂的选用上，应认真考虑。因为吸附剂选用不当，不但起不到吸附霉菌毒素的作用，还会产生副作用。霉菌毒素吸附剂的选用，一般应考虑以下几方面因素。

（1）必须具备高吸附能力。原则上选择产品比表面积在 600 以上的吸附剂。

（2）选择性吸附。理想的霉菌毒素吸附剂应具备只吸附毒素、不吸附营养物质的特点。

（3）广谱吸附。因为通常污染原料的霉菌毒素不止一种，所以选择的霉菌毒素吸附剂一般应对多数霉菌毒素都有效。

虽然其中一些方法已经取得了一定的进展，但这些物理脱毒法的效果不太理想，不能完全清除受试的真菌毒素或降低其毒性，并且往往会改变营养成分，这使得它们在实际应用中受到了限制。

2. 化学脱毒法

化学脱毒法主要是采用碱或氧化剂进行脱毒。该方法并不适用于粮食及饲料加工业。因其操作困难，难以处理大批量的粮食作物，而且经化学脱毒处理后往往会降低饲料的营养品质和适口性。

3. 生物脱毒法

生物脱毒法是指应用微生物及其代谢产生的酶与毒素作用，使毒素分子结构中的毒性基团被破坏而生成无毒降解产物的过程。单端孢霉烯族化合物的毒性各不相同，这是由其分子结构，尤其是毒性官能团决定的。这些毒性官能团包括：C-12，13 环氧环、C-9，10 双键、乙酰基和羟基，它们的位置和数量也与毒性有关。该类毒素的生物降解包括分子的脱环氧化、烯基的氧化、脱乙酰化、羟基化和羧基化等。在这些反应中，酶起到了关键的作用。酶解法主要是利用某些酶的降解作用，破坏霉菌毒素或降低其毒性。与物理脱毒法和化学脱毒法相比，酶解法对饲料营养成分的损失较少，但其费用高、效果不稳定，因而该方法的广泛应用受到制约。

4. 植物化学物处理法

植物化学物是植物的次级代谢产物和非营养性化学成分，具有保护或疾病预防特性，如抗氧化活性、类激素样作用、调节酶活性、DNA 复制干扰、抗菌等。例如，存在于洋葱、苹果和西蓝花中的槲皮素。槲皮素作为食品或食品添加剂，通过增加 UDP-葡糖醛酸基转移酶的表达或降低氧化应激来减少 DON 的毒性作用。柚皮素还可增强 DON 的排泄，并减少仔猪损伤的机会。绿茶的主要多酚成分表没食子儿茶素没食子酸酯（EGCG），是一种有效的抗氧化剂和自由基清除剂，可用于治疗许多疾病。研究发现，EGCG 能够以剂量依赖的方式阻止 HT-29 细胞中 DON 诱导的细胞毒性。这些结果表明，植物化学物是抗 DON 诱导毒性的细胞保护剂。植物化学物不仅可以降低细胞或实验动物的 DON 毒性，还可用作食品、饲料添加剂，以减少 DON 的毒性作用。

二、毒素检测与监测

（一）毒素的检测

目前对单端孢霉烯族化合物常采用的检测方法基本上分为免疫学检测和物理化学检测两大类。免疫学检测主要为酶联免疫吸附法（ELISA）。物理化学检测主要包括薄层色谱法、气相色谱法和高效液相色谱法。

关于 T-2 毒素的检测方法有很多，随着检测技术的不断发展，目前应用比较广泛的检测方法有气相色谱法（GC）、高效液相色谱法（HPLC）、气相色谱-质谱联用法（GC-MS）、液相色谱-质谱联用法（LC-MS）和免疫法。其中，LC-MS 法由于不需要对 T-2 毒素进行衍生化处理，且有较高的灵敏度和特异性，目前已成为包括 T-2 毒素在内的单端孢霉烯族化合物的最为广泛的分析检测方法。

DON 的检测方法有薄层色谱法（TLC）、气相色谱法（GC）、高效液相色谱法（HPLC）、柱净化法结合电子捕获检测器的气相色谱法（GC/ECD）、免疫亲和柱（IAC）或多功能净化柱（MFC）净化结合高效液相色谱法、高效液相色谱-串联质谱法（HPLC-MS/MS）、放射性免疫测定法（RIA）、酶联免疫吸附法（ELISA）法等。随着检测手段的不断精进，一些有效的衍生化方法逐步被应用于 DON 分析检测。

1. 薄层色谱法

薄层色谱法（TLC）是《谷物及其制品中脱氧雪腐镰刀菌烯醇的测定》（GB/T 5009.111—2003）

采取的谷物及其制品中 DON 的检测方法，其检测限为 1 mg/kg，适用于谷物（小麦、玉米、大麦等）及其制品（蛋糕、饼干、面包等）中 DON 的测定。谷物及其制品中的 DON 经乙腈-水提取、净化、浓缩和硅胶 G 薄层展开后，加热薄层板。在制备薄层板时加入三氯化铝，使 DON 在波长 365 nm 紫外光下显蓝色荧光。薄层色谱法（TLC）虽然操作简便，曾被广泛应用，但处理样品时工作量大，在检测过程中操作人员必须直接接触标准品，危害到操作人员的身体健康，而且该方法在提取过程中需要使用大量的有机溶剂，这样就会对周围环境产生不利影响。该方法灵敏度差，为提高灵敏度必须改进样品的提取和净化方法、改进和提高薄层色谱分析性能，这样就增加了劳动强度和检测成本。

2. 气相色谱法

气相色谱法（GC）具有高选择性、高分离效能、高灵敏度等优点。气相色谱仪可与电子捕获检测器（electron capture detection，ECD）、火焰离子化检测器（flame ionization detction，FID）等联用达到检测的目的。运用气相色谱法检测 DON 则需要通过 DON 上的 3 个羟基使之衍生成七氟丁酰、三氟乙酰或三甲基硅烷化衍生物。

3. 高效液相色谱法

高效液相色谱法（HPLC）具有高灵敏度、高选择性、高准确性和高精确性等优点，近年来被广泛采用。美国公职分析化学师协会（AOAC）分析 DON 的标准方法即采用 HPLC 法。DON 经 HPLC 分离后可用荧光检测器（FLD）、紫外检测器（UVD）、二极管阵列检测器（DAD）检测。实验证明，DAD 比 FLD 的效果好，不需衍生化；DAD 检测限比 FLD 要低。谷物中 DON 的 HPLC-UVD 的检测限可达 100～1 600 μg/kg，HPLC-MS 的检测限可达 1 240 μg/kg，HPLC-FLD 的检测限可达 20 μg/kg。

4. 色谱-质谱联用技术

色谱-质谱联用技术主要是使用合适的接口技术将气相色谱仪、高效液相色谱仪与质谱仪等连接起来，不仅具备气相色谱或液相色谱的检测灵敏度高、选择性好等优点，并且还可以将定性、定量检测同时进行，对于初级检测呈阳性反应的样品进行在线确认，优势十分明显。

5. 酶联免疫吸附法

酶联免疫吸附法（ELISA）是以免疫抗体为基础的免疫检测技术，克服了仪器分析样品处理复杂、仪器使用成本高的局限，是一类快速、灵敏且操作简单的分析方法。由于其可以制成商品化的检测试剂盒，所以酶联免疫吸附法具有样品前处理相对简单、消耗较少溶剂、检测时间较短以及可以现场在线检测等优点。其主要缺点是所用抗体与毒素的乙酰化类似物的交叉反应使检出值偏高，有出现假阳性的可能。

（二）毒素的监测

谷类及其制品通过 DON 含量测定来进行毒素的监测。目前提出使用尿 DON 生物标志物进行人体生物监测，可以整体观察吸收、分布、代谢和排泄的过程，以更加准确地评估个体水平的暴露。2012年首次在奥地利通过将 DON 和其葡糖醛酸苷缀合物（DON-GlcA）作为尿液暴露的生物标志物来研究奥地利成年人的 DON 暴露水平［平均浓度估计为（20.4±2.4）μg/L］。使用尿液中的生物标志物评估比利时 155 名儿童（3～12 岁）和 239 名成年人（19～65 岁）的真菌毒素暴露情况显示，在 33 种分析的真菌毒素中检测到 9 种，DON 及其代谢产物是最常见的霉菌毒素。其中，DON-15-GlcA 是尿液中主要的 DON 生物标志物。

三、风险评估与食品限量标准

DON 的污染已引起人们的高度重视，但许多国家的饲料及饲料原料 DON 限量标准和污染程度判定标准尚不完整，也不统一。如美国制定了饲料用谷物及其副产品（除玉米外）DON 允许限量≤5 mg/kg，欧盟制定玉米及其副产品 DON 允许限量 ≤1.75 mg/kg。中国制定了部分配合饲料（如猪、禽及犊牛）中 DON 的限量标准，但未制定饲料原料（除 DDGS 外）中 DON 限量标准。

1993 年，DON 被国际癌症研究机构（IARC）划定为 3 类可疑致癌物，即"无法分类为对人类有致癌效应"的物质。基于长达 2 年的小剂量 DON 小鼠喂养实验表明 DON 不具有致癌的危害，得出最大无作用量（NOEL）（每日 100 μg/kg）及 100 倍的安全因子，JECFA 提出了一个不会对人类免疫系统、生长和生殖产生负面影响的 DON 的暂定每日最大耐受摄入量（PMTDI）为 1 μg/kg，并认为 DON 的现有数据不足以建立一个不会导致人类急性疾病暴发的 DON 水平。JECFA 还就膳食中 DON 的摄入量进行了初步评估，结果发现世界上许多地区膳食中 DON 的摄入量可能会超过此值，但是考虑到在摄入量估计过程中由于 DON 的含量水平和消费量的不确定性，以及食品加工过程中对 DON 浓度的不同程度的降低，会使 DON 摄入量的估计产生极大的不确定性。因此，JECFA 维持了 DON 的 PMTDI 为 1 μg/kg。欧盟委员会确定了加工谷物食品和婴儿食品中 DON 的最高含量分别为 1 250 μg/kg 和 200 μg/kg。

（杨 巍）

第四章 玉米赤霉烯酮污染及其危害

玉米赤霉烯酮（zearalenone，ZEA）于 1962 年从发霉的玉米中首次分离出来，又称为 F-2 毒素，是由镰刀菌产生的一种霉菌毒素。ZEA 的主要产毒菌株为禾谷镰刀菌。此外，粉红镰刀菌、尖孢镰刀菌、三线镰刀菌、串珠镰刀菌、黄色镰刀菌以及雪腐镰刀菌等也能产生 ZEA。作为唯一由霉菌产生的植物雌激素，ZEA 与高等植物性器官生发、分化乃至成熟都有密切的关系。ZEA 主要污染玉米、小麦、大米、大麦和燕麦等谷物。由于 ZEA 具有生殖发育毒性、免疫毒性，对肿瘤发生也有一定影响，对人和动物的健康有潜在危害，所以日益受到各国重视。对近 20 个国家的谷物和动物饲料中的真菌毒素含量做了系统调查，发现大多数国家的谷物和动物饲料都不同程度地受到 ZEA 的污染。我国是一个农业大国，地域气候环境差异较大，ZEA 的污染也具有明显的地域、时节差异。由于 ZEA 污染造成巨大的经济损失，目前，许多国家对食品、谷物、饲料当中的 ZEA 含量都做了十分严格的规定。

第一节 玉米赤霉烯酮的性质及其产生

一、结构与性质

ZEA 的化学结构式为 6-（10-羟基-6-氧-反-1-十一碳烯基）-β-间二羟苯甲酸内酯（图 4-1），分子式为 $C_{18}H_{22}O_5$，相对分子质量 318，熔点 161～168℃。ZEA 由间苯二酚和 14 个 C 原子的大环内酯聚合而成，其中包括一个反式双键、一个酮基和一个甲基。这一结构可使其以一种灵活、合适的构象与哺乳动物的雌激素受体结合。ZEA 不溶于水、四氧化碳等溶液，但可溶于碱性水溶液及氯仿、二氯甲烷和醇类等溶液。ZEA 的内酯结构可在碱性环境中被打开，当碱的浓度下降时可恢复。ZEA 的甲醇溶液具有在紫外光下呈明亮的绿蓝色荧光的性质。

ZEA 最初是从禾谷镰刀菌污染的发霉玉米中分离得到的，纯品为白色结晶，对热稳定，120℃下加热未见分解。在温热气候类型的国家，ZEA 经常污染小麦、大麦、燕麦、水稻、高粱、玉米和其他谷类作物，同时对饲料、谷类制品和食品，如面粉、麦芽、大豆和啤酒等也造成很大的污染。

二、主要产毒菌株及其分布

ZEA 是由镰刀菌属禾谷镰刀菌等产生的。镰刀菌为一种兼性寄生真菌，生态适应性强，既营寄生又营腐生生活，相当广泛。大多于田间侵染植物，有性阶段形成植物病原菌，在粮食收获、储藏期通过无性繁殖仍然可以长期存活。欧洲、美洲、非洲、亚洲、大洋洲等全世界大部分地区都受到不同程度的 ZEA 污染。ZEA 分布广泛，在玉米、小麦、小米、高粱、大米甚至大豆中都被检出，其结构与哺乳动物的激素 β-雌二醇类似，能与雌激素受体结合，常引起动物高雌激素症状。在我国，产毒菌株及 ZEA 污染主要存在玉米和玉米副产物中；小麦、小麦副产物和饼粕类样品污染相对较轻。在玉米不同结构中，ZEA 污染具有特异性。其中，胚的毒素含量最多，种皮其次，胚乳较少，霉变程度与毒素含量无明显相关性；不完善粒的筛下物毒素含量明显高于筛上物。从单一饲料原料来看，喷浆玉米皮和玉米胚芽粕污染较严重；从地区来看，ZEA 污染最为严重的是华东地区。我国除东北地区受 ZEA 污染

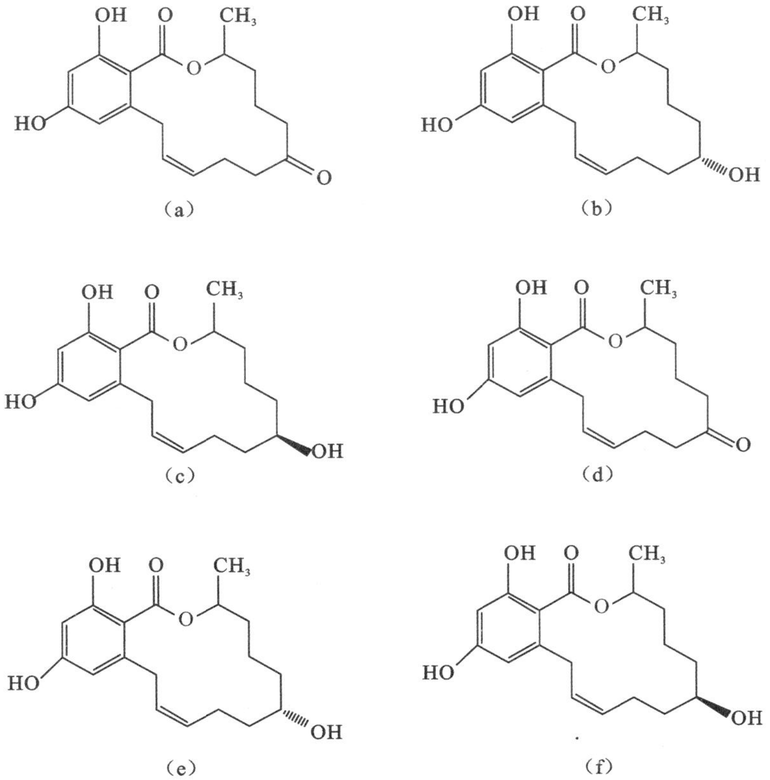

图 4-1　玉米赤霉烯酮（ZEA）及其衍生物的化学结构

注：（a）玉米赤霉烯酮（ZEA）；（b）α-玉米赤霉烯醇（α-ZOL）；（c）β-玉米赤霉烯醇（β-ZOL）；（d）玉米赤霉酮（ZAN）；（e）α-玉米赤霉醇（α-ZAL）；（f）β-玉米赤霉醇（β-ZAL）。

较轻外，其他地区全年 ZEA 污染超标率为 10％左右，存在着一定的区域性分布差异。进一步对粮食加工食品中 ZEA 污染情况的调查研究发现，玉米碾磨加工品中 ZEA 的检出率最高，达 34％，且散装样品中 ZEA 含量的检出率和不合格率明显高于预包装样品。

三、毒素合成与产毒条件

ZEA 侵染作物主要是由于作物的耕作、收获、运输和贮存期间温度适中而湿度较高时镰刀菌滋生、产毒。镰刀菌的生长、产毒与环境条件关系密切，其最适生长温度为 20～30℃，最适湿度为 40％。在冷暖交替时镰刀菌产毒能力较强，秋收季节常有显著的温度变化，可为镰刀菌的生长和产毒提供适宜条件。适宜温度（20～30℃）条件下，真菌生长旺盛，孢子数多；碱性条件则明显抑制真菌生长，孢子数量也相应减少；无机元素对真菌生长无影响；温度、湿度和 pH 值之间存在明显的交互作用。粮食中的镰刀菌主要来源于生长期和收获期土壤镰刀菌污染。寄生在谷物中的镰刀菌在环境条件适宜时，可快速生长并繁殖产生 ZEA。温度对镰刀菌的生长和产毒的影响较复杂，在一定范围内，随温度的升高镰刀菌生长旺盛，产毒能力下降。但低温特别凉暖交替的变温对产毒的影响巨大。秋收季节，白天气温较高。中午时分可达20～25℃，而夜间则可降到10℃左右，甚至更低。这种显著的温度变化为镰刀菌的生长和产毒提供了适宜的条件。

第二节　玉米赤霉烯酮对食品的污染、危害及致病机制

一、毒素对食品的污染

ZEA 污染分布广泛，随着经济全球化的发展，粮食贸易量急剧上升，霉菌污染可能从一个国家传播至另一个国家，极易引起全球性的污染问题。2000 年世界卫生组织（WHO）及 2010 年欧洲食品安全局（EFSA）对全球范围内的食品添加剂及污染物进行了检测，其中涉及 ZEA 的污染情况，但由于受到地理位置、气候、运输、储存技术等不确定性因素的影响，ZEA 检测出的浓度值在一个很宽的范围内。

报道称，动物饲料中 ZEA 的最高检出浓度达 276 mg/kg，而在人类所食用的谷物中 ZEA 检出浓度最高达到 150 mg/kg。ZEA 是玉米的主要污染毒素。近几年的研究调查发现，玉米中 ZEA 含量处于一个较高的水平，且因地区不同有所差别。在泰国抽检的 55 个玉米样品中，31％样品受到了 ZEA 的污染，其检出范围在 6.5～236 μg/kg；在墨西哥的特拉斯卡拉地区，70％的玉米样品被污染，玉米粒中 ZEA 含量在 3～83 μg/kg。玉米副产品由于原料玉米的污染，同样受到 ZEA 污染。葡萄牙、荷兰 37.5％的玉米粉样品发现被污染，远高于小麦粉和混合面粉的污染值。而这一数值在伊朗高达 63％，在印度尼西亚最低为 15.4％。检测出巴基斯坦 53％的早餐谷物被 ZEA 污染，8％超过了欧盟所允许的上限，其中玉米片中 ZEA 的检出量最高为 13.45 μg/kg。检测出菲律宾玉米中 ZEA 水平为 59～505 μg/kg。ZEA 在其他谷物中污染同样严重。研究人员对日本的零售商品检测发现，薏米中 ZEA 含量高达 153 μg/kg。芬兰的燕麦中检测出有较高含量的 ZEA，其中 47％的样品 ZEA 含量超过了 0.2 mg/kg，最高水平达到了 1.31 mg/kg。意大利的玉米中 ZEA 最高检出量甚至达到了 6.492 mg/kg。在我国各地区谷物及其加工制品中检测的 ZEA 含量均有超标现象。其中，玉米油作为玉米的深加工食品之一，主要从玉米胚芽中获得，胚芽是玉米中最易富集 ZEA 的部位。对市售玉米油样品中 ZEA 含量进行测定，发现 ZEA 的检出率高达 75％，平均含量为 422 μg/kg。一项长达十年（2008－2017）对全球 15 个地区 100 个国家成品饲料或饲料原料如玉米、小麦、大麦和大豆中真菌毒素暴露情况的研究表明，74 821 个样品中 ZEA 检出率为 45％，其中成品饲料中 ZEA 检出率为 56％，玉米中 ZEA 检出率为 44％，玉米青贮中 ZEA 检出率为 40％，大豆和大豆粉中 ZEA 检出率为 36％～61％，小麦、大麦和大米中 ZEA 检出率分别为 33％、20％和 34％。进一步分析发现，ZEA 污染情况具有明显的区域性，其中，东亚地区成品饲料和饲料原料中 ZEA 检出率最高，达 58.2％；其次为撒哈拉以南非洲地区、中欧地区和东南亚地区，ZEA 检出率为 45％～52.2％；相比较而言，大洋洲、中亚、北欧和南亚地区 ZEA 检出率较低，为 19.6％～28.9％。

对 2013 年我国 27 个省（市）抽取的玉米、玉米副产物、小麦、小麦副产物、饼粕样品（共 2 423 个）进行 ZEA 检测。发现这些饲料原料中 ZEA 超标率分别为 2.89％、40.4％、0.5％、1.2％和 0。其中，玉米副产物 ZEA 超标严重且平均含量达到 678.8 μg/kg。对 2012－2014 年华中地区农场中 177 个饲料样品进行检测，ZEA 检出率在 82.9％～100.0％，超标率为 17.5％。对 2014 年和 2015 年 179 份包括玉米、麸皮、青贮饲料、配合饲料等饲料原料的 ZEA 含量进行检测，测得样品 ZEA 检出率在 90％以上，玉米样品的 ZEA 含量和超标率最高，最高含量为 3 387.00 μg/kg，超标率为 23.21％。2018 年检测的各类样品中，饲料中 ZEA 超标率最高，为 7.9％，其次为玉米、DDGS、饼粕类，小麦和麸皮没有超标样品；各类样品中，DDGS 中 ZEA 平均含量最高，为 338.3 μg/kg，其次为玉米和饼粕类，麸皮受污染程度最轻，最高值为 187.6 μg/kg。对我国不同省份谷物及饲料样品中 ZEA 污染水平的检

测结果显示，不同省份 ZEA 污染略有差异。其中，北京、天津、河北虽然 ZEA 检出率较其他省份略低，但单个样品 ZEA 最大值分别达到 1 153 μg/kg 和 1 593 μg/kg，这也说明了饲料个体的霉菌毒素污染呈高度的不确定性。云贵川区域的饲料样品中 ZEA 检出率最高，达到 100%，且平均污染水平也最高，达到 197.19 μg/kg。ZEA 检出水平最高的饲料样品主要为玉米、玉米蛋白粉、青贮料、配合饲料等。不同国家谷物样品 ZEA 的污染情况见表 4-1。

表 4-1　不同国家谷物样品 ZEA 的污染情况

国家	谷物	污染水平（μg/kg）	检出率（%）
阿根廷	玉米	≤10 000	2.7
巴西	小麦	20.4～233	32
中国	小麦	1.13～3.48	12.8
克罗地亚	玉米、小麦	10～611、7～107	78、69
埃及	玉米	0.8～3.5	70
芬兰	大麦、燕麦、小麦	≤17、≤675、≤234	5.9、41.9、46.7
意大利	玉米	≤53	0.7
波兰	玉米	≤59.9	43.3
瑞典	小麦	≤678	46
叙利亚	小麦	4～34	25
坦桑尼亚	玉米	73～1 464	5
突尼斯	小麦	≤560	79.3

二、毒素吸收与代谢

ZEA 经口摄入后能被胃肠道快速吸收，虽然吸收程度难以精确衡量，但在大鼠、兔及人体内被广泛吸收，生物利用率高。采用放射性同位素示踪标记法在小鼠体内对 ZEA 定位发现，ZEA 主要存在于雌激素分布较多的组织器官（子宫、卵巢、睾丸间质等）中，在脂肪组织中也检测到 ZEA 的存在。

ZEA 在体内的生物转化主要在肠道和肝脏中进行，涉及 I 相代谢和 II 相代谢。ZEA 首先在 3α-羟基类固醇脱氢酶或 3β-羟基类固醇脱氢酶作用下羟化生成 α-ZOL、β-ZOL、α-玉米赤霉醇（α-ZAL）和β-玉米赤霉醇（β-ZAL）等中间代谢产物，随后在尿苷二磷酸葡糖醛酸基转移酶的催化作用下，羟化产物结合葡糖醛酸（图 4-2）。ZEA 在生物体内生物转化的主要器官是肝脏和小肠，其中肠道上皮细胞主要参与 ZEA 的 I 相代谢。此外，ZEA 可在雌激素靶器官通过甾类代谢途径转化，在此过程中 ZEA 及其羟化产物均表现出类雌激素样作用，且 α-ZOL 的雌激素活性比 ZEA 更强。

ZEA 及其代谢产物主要经胆汁随粪便排出体外，也可随尿液排泄。也有一些报道称 ZEA 可通过哺乳动物的乳汁排出。胆汁排泄和肝肠循环是决定 ZEA 在体内停留时间长短的关键。ZEA 的肝肠循环可使 ZEA 在胃肠道滞留时间延长，促进 ZEA 的持续重吸收而减少排泄。ZEA 在猪体内迅速分布，但在组织中消除相对缓慢，其原因可能是 ZEA 和其代谢产物的肝肠循环。当猪肝肠循环被阻断后，ZEA 的消除半衰期从 2.63 h 减小到 1.1 h，总消除率增加 17%，表明胆汁对 ZEA 及其代谢产物的消除有重要作用。

ZEA 的 I 相代谢和 II 相代谢均存在种属差异。研究不同动物肝脏对 ZEA 生物转化的情况发现，

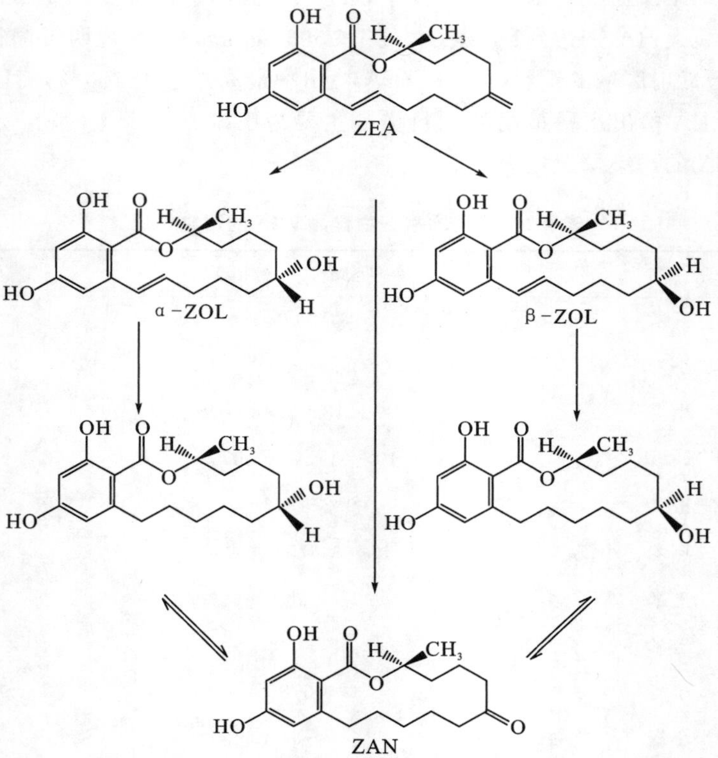

图 4-2　玉米赤霉烯酮（ZEA）的体内代谢途径

人、牛、猪、大鼠等不同物种间，ZEA 及其代谢产物的类型、含量与分布差异明显，与人血白蛋白结合亲和力也有所不同，表明不同物种间 ZEA 的代谢途径有显著差异，这可能是 ZEA 毒性具有种属差异的重要原因。例如，猪、羊主要将 ZEA 转化成 α-ZOL，牛、鸡主要将 ZEA 转化成 β-ZOL。

猪经口摄入后，ZEA 迅速被吸收并分布于体内各组织。单剂量口服 10 mg/kg 的 ZEA，30 min 后血清中 ZEA 水平就可达到峰值，吸收率高达 80%～85%。48 h 后，大约 67% 排出体外，其中尿液途径占 45%，从粪便排出 22%，72 h 内 ZEA 几乎全部从体内消除。代谢动力学研究显示，给猪饲喂剂量为 5 mg/kg 的 ZEA 后，血液中 ZEA 为三室模型。分布半衰期为 8 min（快速）和 1.94 h（慢速），消除半衰期为 86.6 h。也有研究报道 ZEA 代谢为二室模型，其中分布半衰期为 12 min，消除半衰期为 2.63 h。尽管猪摄入 ZEA 后代谢消除较快，但仍慢于其他动物。ZEA 在猪体内主要蓄积在肝脏，但在新鲜肌肉组织中也可检测到残留。需要注意的是，作为猪体内 ZEA 最主要的代谢产物，α-ZOL 的分布模型与 ZEA 并不相同，在血液中没有分布相。

反刍类动物的 ZEA 吸收率或利用率较低，尿液和胆汁中的含量与摄入剂量有关。小母牛摄取被 ZEA 污染的饲料后，同等剂量下 ZEA 及其代谢产物 β-ZOL、α-ZOL 含量明显低于猪体内水平（β-ZOL 为主要中间代谢产物，β-ZOL 及 α-ZOL 可进一步代谢为 β-ZAL、α-ZAL）。每日以 0.1 mg/kg 剂量饲喂牛，在肌肉、肝脏、肾脏、膀胱及背部脂肪中均未检测到 ZEA 及其代谢产物。羊也能将 ZEA 代谢为至少 4 种物质，分别为 α-ZOL、β-ZOL、α-ZAL 和 β-ZAL，但以 α-ZOL 为主。

ZEA 在鸡体内的代谢中间产物主要为 β-ZOL。给蛋鸡饲喂 1.58 mg/kg 的 ZEA 后，在肝脏中检测到代谢产物的存在，鸡蛋中却没有发现 ZEA 和其代谢产物残留。但也有研究报道鸡将 ZEA 主要代谢为 α-ZOL，这种结果的差异可能是鸡对 ZEA 的代谢存在品种或个体差异。通过研究新西兰兔对 ZEA 的代谢情况发现，ZEA 在其体内的消除半衰期为 26 h，ZEA 与 β-葡糖醛酸苷或硫酸盐结合后，与猪类似主要从尿液排出，而非胆汁。

关于人体试验的数据非常有限。仅在 20 世纪 80 年代初，一名男性受试者一次性口服 100 mg/kg ZEA，6 h、12 h、24 h 后在尿液中检测到 ZEA、α-ZOL 和 β-ZOL 的存在。结果显示，6 h 时 ZEA 及 α-ZOL 和 β-ZOL 的浓度分别为 3.7 μg/mL、3.0 μg/mL、0；12 h 时分别为 6.9 μg/mL、6.0 μg/mL、2.7 μg/mL；24 h 时分别为 2.7 μg/mL、4 μg/mL、2 μg/mL。

三、毒性与危害及其机制

以小鼠、大鼠及豚鼠为实验材料，对 ZEA 毒性进行实验研究发现，口服给药的毒性相对较低（LD_{50} >2～20 g/kg），主要呈现慢性中毒反应，而腹腔注射时则呈现急性中毒反应。鉴于 ZEA 的暴露途径，本书主要讨论其慢性毒性。

（一）毒性

ZEA 具有类雌激素作用，除会对动物的生殖功能造成影响外，还会产生细胞毒性和遗传毒性，损伤肝、肾并降低免疫功能。ZEA 中毒后会出现精神委顿、外生殖器肿胀、黏膜发绀、肝肿胀变硬、淋巴结水肿和胃肠黏膜充血等特征。在慢性毒性试验中，连续 103 周饲喂 B6C3F1 小鼠（0、8 mg/kg、17 mg/kg，雄性；0、9 mg/kg、18 mg/kg，雌性）。结果显示，雌性小鼠子宫纤维化、乳腺小管囊肿、所有小鼠的垂体腺瘤发生率明显上升。对 Fischer 344/N 大鼠（0、1 mg/kg、2 mg/kg）以同样梯度浓度饲喂 103 周后，病理观察发现，雄性大鼠出现前列腺炎症、睾丸萎缩、肝细胞胞质空泡化。所有大鼠的慢性肾炎发病率上升。雄性小剂量组、大剂量组及雌性小剂量组大鼠均出现白内障或视网膜病变。给 Wistar 大鼠连续喂养 ZEA（0、0.1 mg/kg、1 mg/kg、3 mg/kg）104 周发现，试验组大鼠肝及子宫的质量均较对照组增加。由此可见，长期小剂量暴露 ZEA 表现出对实验动物生殖系统及肝、肾等多器官系统的慢性毒性。

1. 生殖发育毒性

ZEA 的雌激素样作用不但对雌性动物的生殖功能产生影响，而且也会干扰雄性动物的生殖系统和功能。

1）雌性生殖毒性与发育毒性。众多研究均证明了 ZEA 对小鼠、家兔、猪及家畜的生殖毒性，主要表现为雌激素效应，如生育力下降、胚胎重吸收增加；肾上腺、甲状腺、垂体腺质量及血液中各激素含量发生改变。在怀孕期摄入过量 ZEA 可通过减少促黄体生成素和黄体酮的分泌，影响子宫形态学与功能，降低胚胎存活率及胎儿质量。对家畜长达 90 d 口服 ZEA 的毒性研究表明，其毒性依赖于 ZEA 或其代谢产物与雌激素受体的相互作用。其中，猪和羊比啮齿类动物更敏感。ZEA 主要活性代谢产物 α-ZOL 可通过影响颗粒细胞增殖、类固醇及孕激素的产生及基因的表达，降低种猪的繁殖功能。ZEA 常与伏马菌素 B_1（FB_1）同时出现，产生累加效应。ZEA 可降低马的生育能力。实验证实，ZEA 及其代谢产物能使卵巢颗粒细胞凋亡，代谢产物毒性大小为 α-ZOL＞ZEA＞β-ZOL。ZEA 也可导致奶牛不孕，产奶量下降。给母犬连续注射 ZEA 一周后卵巢滤泡闭锁、颗粒细胞凋亡、子宫壁多层细胞肥大，而输卵管和子宫上皮细胞水肿和增生。卵泡壁颗粒细胞与卵泡间质结缔组织细胞、子宫和输卵管上的细胞通过细胞核抗原的指标检测发现增殖功能得到了加强，并出现卵母细胞未能正常成熟、染色体异常等现象。饲料中 0.5 mg/kg ZEA 足以使断奶小母猪子宫肌层和内膜明显增厚、子宫腺数量明显增多、子宫形态发生改变。随着 ZEA 浓度的升高，热应激蛋白 HSP70 免疫阳性反应增强，诱导子宫内 HSP70 的高水平表达，以抵抗毒素应激对子宫细胞的损伤。

雌激素在靶组织中的生物效应依赖于胞浆中雌激素受体（ER）的存在。雌激素与 ER 结合后，ER 发生构型改变，形成的复合物转移至胞核中，与 DNA 模板结合，调节靶基因转录和蛋白质合成。ER 与雌激素分子的结合亲和力非常高并有甾体特异性。ZEA 具有类雌激素的作用。ZEA 与 ER 结合后，转移至胞核中，与染色质结合，继而调节基因转录和蛋白质合成，从而影响细胞分裂和生长。ZEA 能刺激乳腺癌细胞 MCF-7 进入细胞周期，促进其增殖，还能增加 MCF-7 细胞中雌激素调节基因 pS2 的表达。ZEA 和 17β-雌二醇都可引起雌性大鼠的无卵性不育，但 17β-雌二醇的作用能被雌激素结合蛋白——甲胎蛋白阻断，而 ZEA 则不受甲胎蛋白影响。尽管雌激素和受体的亲和力高于 ZEA 的，但 ZEA 对核受体复合物的保留时间长于雌激素，当 ZEA 过多时就会导致雌激素负荷，产生一系列中毒表现，尤其生殖障碍。学者研究了 ZEA 对小鼠子宫发育的影响，结果发现，小鼠的雄性和雌性胎儿的肛门和生殖器间距离增加，严重者会发生死胎。推测主要是因为 ZEA 能够导致体内激素分泌紊乱。ZEA 还能够通过增加脂肪沉积而影响动物生殖功能，这可能是 ZEA 类雌激素样的作用机制之一。

2）雄性生殖毒性。雌激素在精子产生、类固醇生成及繁殖调控中起着举足轻重的作用。特别是异源雌激素长期作用于机体，将增加雄性动物生殖系统疾病的发病率，如性腺发育不良、生殖器畸形、隐睾病及睾丸肿瘤等。最新研究证实了 ZEA 可改变血睾屏障中 ATP 结合转运载体蛋白的表达水平，抑制睾酮分泌，降低睾丸质量，干扰精子生成，对雄性生育能力造成负面影响。极微量 ZEA（0.15 μg/L）即可使精子浓度下降至 40%，形态与功能发生改变，质量下降，部分发生凋亡，并对 CD1 表达产生负面影响。ZEA 对雄性生殖功能的影响表现为以下几个方面。

（1）内分泌功能。ZEA 不仅能够通过影响雌激素作用通路对机体产生影响，还能够通过下丘脑-垂体-睾丸轴对雄性动物的生殖能力产生影响。卵泡刺激素、黄体生成素、睾酮及雌激素均是精子发生的调节激素，能够通过支持细胞和生精细胞之间的相互作用来介导精子发生。ZEA 具有与 17β-雌二醇类似的结构，通过干扰和调节正常雌激素与受体的结合，影响促性腺激素释放激素的分泌，从而对雄性生殖系统的发育和生殖能力产生影响。

（2）睾丸与生精细胞。睾丸大小直接影响睾丸产生精子的能力、射精的精子数量及精子形态。有研究表明，ZEA 暴露后 Fas/Fas 配体的表达水平升高。通过对大鼠生精小管的 TUNEL 染色发现，大鼠雄性生殖细胞的凋亡增加，睾丸萎缩。此外，公猪暴露于 ZEA 后，会出现乳头肿大、睾丸萎缩以及包皮水肿等"雌性化"症状。大鼠皮下注射 1～4 mg/kg ZEA 后，会因有丝分裂期间细胞周期蛋白 D1 和 E2F1 的相互作用而细胞凋亡增加，并出现生精细胞分化和精子生成的抑制。

（3）精液质量。多项研究表明，ZEA 对动物精液有直接的毒性作用，可降低受精力，浓度越高其毒性作用越强。给成年小鼠皮下注射 0～75 mg/kg ZEA 及其衍生物，能够引起精子畸形率和死亡率的上升，并使精子浓度、顶体完整率和睾酮浓度呈现浓度相关的显著下降，从而影响成年雄性小鼠的生殖能力。ZEA 及其代谢产物还能够减少精子生成，其机制可能是 ZEA 及其衍生物对绒毛膜促性腺激素诱导的睾酮分泌的显著抑制作用。ZEA 和 α-ZOL 可通过下调 3β-羟基类固醇脱氢酶（3β-HSD-1）、细胞色素 P450 胆固醇侧链裂解酶（CYP450scc）以及对生成固醇调节蛋白的转录产生抑制使睾酮的合成减少，进而影响精子的生成。同时，ZEA 和 α-ZOL 能够使机体精子与透明带的结合能力降低以及破坏精子染色质的完整性，对机体正常的受精能力和胚胎发育产生不利影响。

（4）睾丸支持细胞和间质细胞。睾丸支持细胞和间质细胞是睾丸的重要组成部分，对于雄性生殖功能正常发挥不可或缺。睾丸支持细胞直接影响着精子发生过程中生精细胞的发育，能形成血睾屏障，是雄性生殖系统中被众多毒物攻击的靶细胞。ZEA 对睾丸支持细胞的影响可能是多方面的。有研究发现，ZEA 暴露能够影响睾丸间质细胞和支持细胞的存活率，破坏睾丸支持细胞的骨架结构和分泌功能，破坏精子生成的正常环境，最终导致生殖能力下降。研究表明，ZEA 暴露能够对细胞功能造成损伤。

ZEA 暴露能够下调 3β-HSD-1、CYP450scc 和类固醇急性调节蛋白（StAR）的转录水平，进而抑制睾酮的分泌，还能通过激活雌激素受体与孤核受体 Nur77 等交互作用而导致睾酮分泌减少。ZEA 暴露还能够抑制睾丸支持细胞增殖，并将细胞周期阻滞在 G2 期。G2 期主要与细胞进入 M 期进行多种结构和功能的准备有关。研究发现，ERK 信号通路能够通过调控 G2 期相关蛋白参与 ZEA 诱导的睾丸支持细胞 G2 期阻滞。此外，ZEA 暴露也能够诱导睾丸支持细胞自噬和凋亡。PI3K/Akt/mTOR 信号通路在 ZEA 诱导的睾丸支持细胞自噬中起负调控作用，而此通路的激活可以部分逆转 ZEA 对睾丸支持细胞 G2 期的阻滞，从而起到保护作用。ZEA 能够通过线粒体凋亡途径及 Fas/Fas L 途径诱导大鼠睾丸支持细胞凋亡。体外试验结果表明，ZEA 可触发小鼠睾丸支持细胞（TM4 细胞）内质网应激，通过 PERK-eLF2α-ATF4 信号通路诱导 TM4 细胞凋亡。也有研究发现，低浓度 ZEA 暴露通过调控 MAPKs 和 RAS-RAF-MEK-ERK 信号通路促进小鼠睾丸间质细胞 TM3 的增殖和迁移，这一过程依赖于与细胞周期、生长和增殖相关的系列 miRNA 的改变，但同时也诱发 TM3 细胞的 DNA 双链断裂。

2. 致癌性

近年来的一些研究现，ZEA 能够诱发乳腺、子宫、睾丸、前列腺、垂体、肝、脑等多部位肿瘤，并有潜在致癌性。在世界范围内，ZEA 的污染情况与乳腺癌的发病率表现出高度的一致性，提示 ZEA 能够增加乳腺癌的发病率。对人乳腺癌雌激素受体（ER）阳性细胞（MCF-7）与阴性细胞（MDA-MB-231）的研究表明，ZEA 在 $5.2 \times 10^{-3} \sim 0.1~\mu mol/L$ 范围内可提高 MCF-7 细胞增殖活力并促进有丝分裂指数，促进 MCF-7 细胞的增殖，而对 MDA-MB-231 细胞增殖无明显影响。低浓度的 ZEA 通过调节 Bax/Bcl-2 的表达来抑制因雌激素耗尽所诱导的 MCF-7 细胞凋亡，提高了 MCF-7 细胞的增殖活性，提示 ZEA 的污染可增加乳腺癌的发病率。美国毒理技术报告称，一定剂量的 ZEA 能够引起 Fischer 344/N 大鼠及 B6C3F1 小鼠子宫与乳腺导管的纤维变性及垂体腺癌的发生。细胞色素酶已被证明是乳腺癌形成的关键因素。而实验表明，50 nmol/L ZEA 可提高细胞色素酶的活性。一方面 ZEA 浓度高于 1 μmol/L 时，细胞间隙连接受到影响，提示在一定条件下 ZEA 的促癌性。但另一方面，给予 7 日龄和 20 日龄大鼠 20 mg ZEA（约1 mg/kg），发现显著降低了由 7, 12-二甲基苯蒽（DMBA）诱导的乳腺癌的发病率，且给予 ZEA 的大鼠发生的肿瘤都为腺癌。提示青春前期暴露于小剂量的 ZEA，可能有保护乳腺免于致癌剂诱导的恶性转化的作用。

ZEA 暴露不仅影响着乳腺癌的发生、发展，还与垂体腺癌、子宫纤维瘤、睾丸间质肿瘤、肝癌、脑癌、前列腺癌等都有一定的关联。通过对 Wister 大鼠饲喂不同浓度的 ZEA（0、0.1 ng/kg、1 ng/kg、3 ng/kg）104 周后发现，大鼠肝脏及子宫质量显著增加。研究者在子宫腺癌患者的子宫内膜上检测出了 ZEA，而在正常的子宫内膜上未检测到 ZEA 的存在，提示 ZEA 与子宫腺癌的发生有一定的关联。ZEA 能够增加实验小鼠肝腺瘤和垂体腺瘤的发病率。研究 ZEA 对人结直肠腺癌细胞（HCT116 细胞）、人肺癌细胞（A549 细胞）、人肝癌细胞（Hep G2 细胞）的促增殖和促迁移作用发现，在 $0.016 \sim 50.000~\mu mol/L$ 浓度内，ZEA 对 Hep G2 细胞有显著的促进增殖和迁移的作用，表明 ZEA 在 Hep G2 细胞系上有潜在的致癌性。ZEA 还能够诱使肝癌细胞中 67 种蛋白的表达量发生改变，这些变化说明 ZEA 对肝癌早期的影响可能与其致癌机制有关。

ZEA 能促进人神经母细胞瘤 SK-N-SH 细胞的体外增殖，可能是通过雌激素受体通路和抑制凋亡而发挥促增殖作用的。小剂量 ZEA 可引起小鼠睾丸间质细胞（TM3 细胞）DNA 损伤，同时伴随原癌基因、抑癌基因及凋亡调控蛋白 Bal-2、Bax 表达的异常及细胞间隙连接通讯的抑制，这些被认为是睾丸间质瘤发生的关键机制。ZEA 还可导致 TM3 细胞基因组稳定性降低，生长调控机制的平衡状态遭受破坏，细胞增殖、分化发生异常。若细胞的持续增殖及恶性转化未及时受到抑制，最终可导致肿瘤的发生。以上研究表明，ZEA 对肿瘤发生有不同的作用，这可能与 ZEA 的暴露剂量、人或动物暴露于

ZEA 时的年龄及种属差异等因素有关。虽有证据表明 ZEA 能够促进肿瘤的发生，但其分子机制还有待进一步阐明。

3. 肝毒性和肾毒性

ZEA 主要在肝脏中进行代谢活动，因此肝脏是 ZEA 重要的靶器官之一。研究表明 ZEA 对肝脏及肝细胞具有强烈的毒性作用。每日经口给予家兔 ZEA，在第 7 d 和第 14 d，小剂量组（10 mg/kg）家兔碱性磷酸酶（ALP）显著升高，大剂量组（100 mg/kg）谷丙转氨酶（ALT）、谷草转氨酶（AST）、γ 谷氨酰胺转移酶（GGT）以及乳酸脱氢酶（LDH）显著升高。给雌性大鼠腹膜内注射 ZEA（1.5～5.0 mg/kg），48 h 后 ALT、AST、ALP、血清肌酐、胆红素等生化指标，以及血细胞比容、平均红细胞容积、血小板和白细胞等血液学参数发生改变，表明 ZEA 有一定的肝毒性，对血凝过程也有一定损害作用。仔猪 ZEA（1.05 mg/kg）连续暴露 22 d，其肝脏、肾脏质量显著增加。另有研究发现猪 ZEA（1.3 mg/kg）连续暴露 24 d 会导致肝脏中央静脉周围的肝细胞出现泡状变性、淋巴浸润，肾素相互作用以及毒素与其他物质相互作用使肾小管上皮细胞肿胀、脂肪变性和气泡变性等。对小鼠肝脏及肾脏的毒性作用研究发现，单剂量（50 mg/kg）连续 3 d 腹腔注射 ZEA 后，肝脏出现弥漫性坏死、肝细胞局灶性脂肪变性；肾脏髓质、肾小管淤血，肾小球萎缩，近曲小管上皮细胞肿胀、颗粒变性。单剂量（100 mg/kg）单次腹腔注射后，血液生化结果显示，AST、ALT 水平明显升高，总蛋白（TP）、ALB 含量显著降低，尿素、尿酸水平明显升高。在大鼠肝细胞体外培养液中加入 0.5～15.0 mg/mL ZEA，可使培养液中白蛋白及细胞内 DNA 含量下降，提示 ZEA 对体外培养大鼠肝细胞的毒性和损伤作用。以上研究说明，ZEA 对肝脏和肾脏皆有严重的损害作用，能引发肝肾组织退行性变化，造成肝肾功能紊乱。

4. 肠道毒性

ZEA 代谢经过多次肝肠循环后以葡糖醛酸的形式随尿液或粪便排出体外。肠道不仅参与 ZEA 的吸收和肝肠循环，还参与 ZEA 的代谢。因此，除肝、肾外，ZEA 对动物肠道也会产生一定的毒性作用。研究发现，ZEA 暴露 10 周能够诱导幼龄草鱼肠道氧化损伤、凋亡和紧密连接断裂，这可能与 Nrf2、p38MAPK 和 MLCK 信号分子的激活有关。ZEA（20～30 mg/kg）可显著降低小鼠空肠组织脂肪酶、淀粉酶以及二胺氧化酶活力，并表现出毒素作用的累积效应。ZEA（40 mg/kg）暴露 6 周后可增加母猪十二指肠固有层中淋巴细胞、浆细胞和巨噬细胞的数量，并带有黑褐色颗粒。ZEA 暴露能够诱导猪肠上皮细胞死亡，并伴随着 ROS 积聚、细胞色素 P450 还原酶表达的显著增加和 p38MAPK 依赖的保护性自噬诱导。ZEA 暴露能够诱导断奶猪仔空肠氧化损伤，主要是通过上调 Keap1-Nrf2 信号通路和下调目的基因醌氧化还原酶 1、血红素加氧酶-1、谷氨酸半胱氨酸连接酶修饰亚基。此外，ZEA 会降低肠道菌群的多样性，打破肠道菌群的平衡，可降低厚壁菌门、布特氏菌属、乳酸杆菌属的丰度，同时增加拟杆菌门、拟杆菌属和脱硫弧菌属的丰度。短期的 ZEA 暴露除了能够干扰肠道菌群外，还能够上调肠黏膜防御素、黏蛋白-1、黏蛋白-2、白介素-1、肿瘤坏死因子和分泌型免疫球蛋白 A mRNA 表达，从而改变肠黏膜细胞防御系统，并诱导肠道炎症。进一步的研究表明，ZEA 与其他真菌毒素如黄曲霉毒素 B_1（AFB_1）、赭曲霉毒素 A（OTA）对肠道菌群的影响具有叠加效应。

5. 免疫毒性

通过对雄性小鼠腹腔注射 ZEA 发现，连续 6 d 注射 25 mg/kg ZEA 后，实验小鼠的胸腺指数与对照组相比显著降低，胸腺明显萎缩，胸腺细胞出现典型的凋亡峰；脾指数降低，但与对照组差异不显著，脾淋巴细胞未见典型的凋亡峰。单次注射 50 mg/kg ZEA 48 h 后，胸腺细胞和脾淋巴细胞均显著阻滞于细胞周期的 G2/M 期；连续 3 d 注射 50 mg/kg ZEA 后，小鼠胸腺和脾出现病理性变化。证明 ZEA 对胸腺和脾均有直接毒性作用，但胸腺比脾更敏感。ZEA 及其代谢产物能抑制由刀豆素 A 刺激的猪外周单核细胞增殖，且当浓度高于 5 μmol/L 时能显著降低 IgG、IgA 或 IgM 水平。同时发现 ZEA 在 5 μmol/L 时能显著抑制 TNF-α 的生成，而 ZEA 在 10 μmol/L 时能同时抑制 TNF-α 和 IL-8 的生成。采用 MTT 法、细胞因子 ELISA 法分析 ZEA 对离体培养的小鼠淋巴细胞增殖及细胞因子分泌的影响，也发现不同浓度 ZEA 对 LPS、伴刀豆球蛋白 A（ConA）活化的脾脏 T 淋巴细胞、B 淋巴细胞的增殖均具有极显著的抑制作用，且这种增殖抑制表现出剂量依赖性。不同浓度 ZEA（1 μg/mL、10 μg/mL、25 μg/mL）均能显著或极显著抑制脾脏淋巴细胞分泌 IFA-γ，并表现出剂量依赖性。以拌饲方式给予小鼠 10 mg/kg ZEA，可显著降低小鼠对单核细胞增生李斯特菌的抵抗力，但未引起组织病理学改变。已知 T 淋巴细胞依赖性巨噬细胞对早期防御单核细胞增生李斯特菌有重要作用，宿主随后的抵抗力是由 T 淋巴细胞介导的，并伴有特定致敏 T 淋巴细胞和活化的巨噬细胞的产生。ZEA 能显著升高十四烷酰佛波醇乙酯（PMA）处理的 EL-4 胸腺瘤细胞系 IL-2 和 IL-5 的分泌。ZEA 能抑制植物血凝素刺激的人外周血淋巴细胞增殖，还能抑制刀豆素 A 和美洲商陆有丝分裂原刺激的 B 淋巴细胞和 T 淋巴细胞形成。

（二）健康危害

目前，还没有人因 ZEA 而中毒的详细报道，但 ZEA 可通过被污染的肉、牛奶、植物油、粮食等制品进入人体，对人体的生殖系统、免疫系统等产生不良影响，并可能引发癌症。研究者报道了不同动物 ZEA 中毒状况。ZEA 中毒可引起猪性早熟、母猪发情周期延长、假发情、卵巢萎缩、持久黄体、母猪假孕和流产、窝产仔数减少或产弱仔等。大剂量的 ZEA（50～100 mg/kg）可对母猪排卵、受孕、胚胎定植、胎儿发育和新生儿的生活力造成显著的影响，并且会出现明显的外阴阴道炎、阴道和直肠脱垂，同时，母猪因 ZEA 中毒出现连续动情会导致不育、假孕、卵巢畸形和流产等一系列的生殖障碍。此外，ZEA 通过影响黄体酮、雌二醇和钙等多个信号通路对雄性动物精子的能动性和功能产生不良作用，继而影响人体的生殖器官发育和生殖功能。

（三）毒作用机制

如前所述，ZEA 与内源性雌激素在结构上类似，能像雌激素一样，通过与雌激素受体（ER）竞争性结合，使受体构象发生改变并二聚化，进而转位入核，激活雌激素反应元件，启动靶基因的转录而表现出雌激素样效应。因此，ZEA 的毒性突出表现为生殖发育毒性，其毒作用机制与雌激素样效应密切相关。除雌激素样作用机制外，ZEA 的毒性还表现在如下方面。

1. 细胞凋亡机制

在非雌激素浓度范围内，即导致不到 10% 细胞凋亡的浓度范围内，ZEA 主要能够影响靶细胞的代谢和合成，导致蛋白质合成被阻止。ZEA 能够影响细胞完整性，还可作用于细胞膜的调控机制，使各种动物组织、细胞发生变性坏死，这可能是 ZEA 产生毒性的又一机制。ZEA 不仅可促使正常细胞凋亡，还可促进雌激素依赖性乳腺癌细胞 MCF-7 及 T47D 增殖，促进细胞 DNA 合成，并促进细胞进入 S 期和 G2/M 期，是一种有效的促有丝分裂因子。小剂量的 ZEA 处理受试细胞 72 h 即可抑制细胞的凋亡作用，抗雌激素药物三苯氧胺（TAM）可加重细胞的凋亡作用。这一结果提示，ZEA 通过与雌激素受体结合能够影响与细胞凋亡有关的细胞信号传递途径。通过 MTT 法观察 ZEA 对 MCF-7 细胞增殖活力的影响；用凋亡 DNA 片段检测试剂盒和流式细胞技术从不同方面检测 ZEA 对细胞凋亡的影响；用逆转录聚合酶链反应和蛋白印迹技术检测 ZEA 对 Bcl-2 和 Bax mRNA 和蛋白质表达的影响。结果显示，ZEA 能够促进 Bcl-2 mRNA 和蛋白质表达，对 Bax 的表达则表现出抑制作用，ZEA 可提高 MCF-7 细胞增殖活力并促进有丝分裂指数。在感染过 ZEA 后精细胞受到严重损害，出现不同程度的凋亡小体，ZEA 的这种引起精细胞凋亡的作用随着时间和浓度的增加而加重，尤其对精原细胞和精母细胞。

2. DNA 损伤机制

DNA 是染色体的主要组成成分，也是动物的主要遗传物质。ZEA 可使细胞 DNA 复制受阻，抑制蛋白质的合成并干扰细胞分裂周期，从而抑制细胞增殖。有学者探讨了 ZEA 对体外培养大鼠肝细胞培养液中乳酸脱氢酶（LDH）、清蛋白和细胞内 DNA 含量的影响。结果表明，ZEA 对肝细胞 LDH 的分泌没有影响，但能够使清蛋白和 DNA 合成下降。ZEA 在 $1\sim15~\mu g/mL$ 悬液浓度范围内能够引起良性角质形成细胞 HaCaT 的 DNA 损伤并存在明显的剂量反应关系。不同剂量的 ZEA 可引起体外培养细胞拖尾，说明 ZEA 可致 DNA 损伤，但其修复机制还不清楚。DNA 的损伤主要表现在结构上失常，特别是出现缺口、环、破裂和中心融合等，但没有出现多倍体和非整倍体变异。ZEA 还能损害细菌 SOS 修复，诱导基因改变和细胞核结构改变，增加人外周淋巴细胞姐妹染色单体交换率和引起仓鼠卵巢的染色体畸变，在小鼠肝、肾中形成 DNA 加合物。此外，ZEA 的遗传毒性可对新生胎儿身体健康造成严重的负面影响。ZEA 对胎儿发育影响主要与母体摄入 ZEA 的时期（发情周期或怀孕期）及摄入的剂量有关，摄入的 ZEA 可通过改变子宫组织的形态结构，使胎儿不能正常发育。并且 $ER\alpha$ 和 $ER\beta$ 分别对细胞增殖和细胞分化进行调控，ZEA 可能通过改变生殖器官的雌激素受体（ERs）基因转录水平来调控新生胎儿及各器官的生长发育。

3. 氧化损伤机制

ZEA 对机体的损伤不是单纯的一种机制能完全解释的，为了找出更完善的中毒机制，通过体外细胞培养实验来检测 ZEA 的毒性作用，结果表明 ZEA 使细胞产生氧化应激，用试剂盒测定 MDA，发现其生成量明显增加，证明了氧化损伤是 ZEA 中毒的又一机制。体内试验结果表明，ZEA 可影响肉鸡血清代谢产物水平，造成肝脏氧化损伤，提高了 ZEA 在肝脏中残留量。研究发现，ZEA 能够显著提高血浆葡萄糖、乳酸、N-乙酰基糖蛋白、O-乙酰基糖蛋白和丙酸的水平，显著降低血浆酪蛋白、支链氨基酸、单碱的水平，提示 ZEA 具有很强的氧化作用。生育酚是一种有效的抗氧化剂，葡糖醛酸（GA）是抗热应激反应的一个异常诱导者，具有抗氧化特性。研究发现，生育酚和 GA 能阻止 ZEA 对细胞蛋白质毒害，暗示 ZEA 可能通过扰乱依赖性细胞的氧化还原状况，导致毒性作用。

4. 免疫抑制机制

ZEA 对动物具有较强的免疫毒性。研究表明，ZEA 的免疫毒性对猪的表现尤为明显，对小鼠则主要表现为对脾淋巴细胞和胸腺上皮细胞的直接毒害作用和对免疫细胞增殖分化的抑制作用。以拌饲方式给予小鼠 10 mg/kg ZEA，可显著降低小鼠对单核细胞增生李斯特菌的抵抗力，但未引起组织病理学改变。已知 T 淋巴细胞依赖性巨噬细胞对早期防御单核细胞增生李斯特菌有重要作用，宿主随后的抵抗力是由 T 淋巴细胞介导的，并伴有特定致敏 T 淋巴细胞和活化的巨噬细胞产生。在有 ZEA 存在时用十四烷酰佛波醇乙酯（PMA）作用于胸腺瘤细胞系 EL-4，ZEA 能显著升高 EL-4 的白细胞介素 2（IL-2）和白细胞介素 5（IL-5）的水平。ZEA 能抑制植物血凝素刺激的人外周血淋巴细胞增殖，还能抑制刀豆素 A 和美洲商陆有丝分裂原刺激的 B 淋巴细胞和 T 淋巴细胞形成。通过 ZEA 对外周血液单核细胞影响的研究，发现高浓度的 ZEA（$30~\mu g/mL$）能够抑制 T 淋巴细胞和 B 淋巴细胞的增殖，是通过刺激植物凝集素和有丝分裂原来发挥作用的。同时还发现 0.05 mmol/L 的苯甲基磺酰氟化物和 $1\sim$ 10 mmol/L的氯化铵能够减弱高浓度 ZEA 引起的细胞抑制作用。Toll 样受体的激活能使巨噬细胞对于由外源性物质如 ZEA 等引起的促炎症基因表达的诱导作用高度敏感。ZEA 可以影响小鼠 T 淋巴细胞的正常氧化还原，包括活性氧及线粒体膜电位的水平，进而影响 T 淋巴细胞的正常功能。ZEA 的免疫毒性还能够直接影响胚胎附植。研究发现，ZEA 在母猪胚胎附植过程中，通过影响母猪体内细胞因子和免疫球蛋白的表达及合成，引起母猪的全身性炎症反应，造成免疫紊乱，破坏子宫免疫微环境的平衡，不利于胚胎附植。

5．干扰雄激素代谢途径

ZEA 生物转化主要是在肝脏中进行的，脱氢固醇类 3α-HSD 和 3β-HSD 是其转化代谢的关键酶，该酶也干扰肝灭活甾体激素的合成。ZEA 是甾类合成和代谢酶的竞争底物，可作为一种内分泌分裂剂。已有研究发现，ZEA 抑制小鼠睾丸间质细胞合成睾酮。低浓度（5 μg/mL）ZEA 就能显著提升 cAMP 的水平，降低线粒体膜电位及 CYP450scc、17β-HSD 和 P450c17 的表达，StAR 和 3β-HSD 的表达也上升。这可能是 ZEA 发挥作用的另一途径，但尚需体内试验证实。

6．其他

研究表明，ZEA 暴露能够影响猪子宫和血清一些 microRNA 比值，如 ssc-miR-135a-5p/ssc-miR-432-5p、ssc-miR-542-3p/ssc-miR-493-3p，这一研究为 ZEA 致毒机制及生物标志物的筛选提供了理论依据。

第三节　玉米赤霉烯酮污染的预防控制

一、防霉与减毒去毒

ZEA 一旦生成，去除困难，因此关键在于预防真菌的污染和控制其生长及产毒。首先是预防 ZEA 对农作物的污染，主要从收割和贮藏两方面入手，如收割时避免雨季、成熟应及时收割、收割机械应卫生、防止谷物颗粒落地等，贮藏期间应干燥、通风并控制温度和湿度。去除霉变谷物颗粒的方法简单有效，可以防止传染给更多的谷物颗粒；紫外线或 X 射线照射的方法也有很好的效果。目前探索了用化学方法降解毒素，主要用酸、碱、氧化剂或还原剂。此外，某些微生物及其代谢产物也可代谢 ZEA，使之减毒。一些新型的去毒技术也逐步被开展。

1．物理脱毒法

物理脱毒法主要包括高温失活、机械分类处理、提取污染物、放射处理和吸附处理等。目前，高温失活、机械分类处理、提取污染物等都存在着许多不足，比如能源耗费量高、食品或饲料本身的营养成分被破坏、不宜大批量进行以及脱毒效果差等。

辐照能够有效杀死镰刀菌，降解谷物中 ZEA，是一种比较有效的消除有害真菌及真菌毒素的技术，目前也用于赭曲霉毒素 A、黄曲霉毒素 B 等真菌毒素的降解研究。研究表明，当饲料或食品被 10～20 kGry 的辐照剂量处理后，就几乎不会有真菌毒素的污染。当用 4 kGry 的 γ 射线处理后，一般种子中 58% 的 ZEA 被降解；当辐照剂量为 5 kGry 时，56%～75% 的 ZEA 被降解；当辐照剂量为 10 kGry 时，88%～94% 的 ZEA 被降解。这些数据说明，辐照处理对种子中的 ZEA 有显著降解效果，且具有剂量依赖关系。但是对于辐照处理后的产物特性及辐照对种子萌动等特性的影响还有待进一步研究，这也限制了辐照降解 ZEA 的应用。针对玉米的研究发现，随着 γ 射线辐照剂量的增大，ZEA 降解率增加，50 kGy 时玉米粉中 360～1 950 μg/kg ZEA 降解率为 33.85%～43.28%。要起到更好的降解效果，必须在玉米粉有足够水分的条件下进行辐照处理。而贮藏和流通中的玉米及其饲料制品含水量太低，因此难以起到良好的辐照降解效果。另外，玉米对辐照的耐受剂量为 5 kGy（此时水溶液中 ZEA 的降解率可达 89.11%），超过此剂量会使玉米品质发生明显劣变。因此，辐照降解食品原料及饲料中 ZEA 的技术还需进一步深入研究。

吸附脱毒法是利用活性炭、皂土等吸附剂的疏水作用来达到脱除样品中 ZEA 的目的。在食品或饲料中加入霉菌毒素吸附剂是目前解决霉菌毒素污染问题最常用的方法，是处理霉变饲料最成熟有效的方式。研究发现，利用微波诱导活性炭催化技术能够使玉米油中 ZEA 降解率高达 90.24%，为食用油的安全控制提供新的思路。通过在饲料中添加非营养性吸附剂，吸附饲料中的霉菌毒素，并与之紧密结合，使霉菌毒素在通过动物消化道时不被动物吸收，而直接排出体外，从而避免了霉菌毒素对动物的危害。常用的霉菌毒素吸附剂主要为无机吸附剂（如天然硅铝酸盐类矿物材料）和有机吸附剂（如葡甘聚糖类）。在饲料中添加不同剂量（0.5%～4.0%）的碳酸钠对减少饲料中 ZEA 的毒性是有效的，其中 2% 的添加量能取得最佳效果。经过特殊方式处理的蒙脱石，如十六烷基三甲基溴化铵改性蒙脱石对 ZEA 和黄曲霉毒素 B_1 均具有较好的吸附脱毒能力，且蒙脱石与 ZEA 能够形成稳定的复合物，不会出现解吸附的现象。在霉变饲料中添加 0.2% 酵母细胞壁来源的酯化葡甘聚糖能有效吸附霉变饲料中的 ZEA 类霉菌毒素，提高仔猪生产性能，减少毒素在血液中的残留。当然，应用物理脱毒法对食品及饲料中的 ZEA 进行脱毒，对食品及饲料的口感、营养品质等有何影响，仍有待进一步研究。

2. 化学脱毒法

化学脱毒法主要包括碱处理和氧化处理。通过 ZEA 与碱、氧化剂等的化学作用来降解谷物原料中的 ZEA。化学脱毒法虽然脱毒快速，但同样存在诸多弊端（如脱毒工艺复杂、破坏食品及饲料原料中的营养成分、降低了口感或适口性等），同时使用化学脱毒法容易造成二次污染且大规模使用价格昂贵，因此化学脱毒法在实际生产中使用范围并不广。臭氧处理真菌毒素污染的玉米、花生、小麦和其他谷物已经得到初步应用。在含有 ZEA 的水溶液中通入质量分数为 2%、10%、20% 的臭氧，结果发现通入质量分数为 10% 的臭氧后可在 15 s 内完全降解 ZEA（采用高效液相色谱法已检测不出毒素成分）。进一步研究发现，臭氧处理 ZEA 标准溶液能够产生 4 种降解产物。与 ZEA 相比，ZEA 降解产物抑制肝细胞增殖的特性明显降低，因此具有一定的减毒作用。将该方法应用于被 ZEA 污染的玉米粉中，90 min 臭氧处理后，ZEA 质量分数减少 95.1%。通过高效液相色谱-串联质谱方法能够检测出 2 种主要的 ZEA 降解产物。也有学者研究了臭氧处理对麦麸中 ZEA 降解及麦麸本身品质特性的影响。结果发现，240 min 臭氧处理能够有效降解麦麸中 ZEA，且对麦麸中总酚及抗氧化活性无明显影响。经臭氧处理后，因降解产物的产生，ZEA 的毒性降低。但尽管如此，臭氧处理对玉米粉及其他谷物营养成分的影响仍待进一步确认。尤其是不同食品基质组分可能会影响臭氧处理 ZEA 后降解产物的生成及毒性作用。

3. 生物脱毒法

为了寻求一种安全、有效的霉菌毒素清除方法，自 20 世纪 60 年代，科研工作者就开始尝试利用生物学资源进行霉菌毒素的生物降解。生物脱毒法是利用微生物以及代谢产物筛选具有降解 ZEA 能力的微生物，使 ZEA 被凝集、吸附、转化和分解，从而达到脱毒的目的。生物脱毒法具有较高的特异性、不会破坏饲料中的营养成分、降解高效以及无二次污染产生，是目前研究霉菌毒素脱毒的热点，也是目前应用最广泛、前景最好的脱毒技术之一，受到国内外学者的广泛关注。生物脱毒法可分为生物吸附法、生物降解法、转基因技术消除法以及其他一些生物处理法。

1）生物吸附法。生物吸附法是利用生物资源对 ZEA 进行吸附，以达到脱毒目的的方法。研究表明，多种微生物菌体能够吸附 ZEA，例如深红酵母可以吸附葵花籽饼粕中 47.7% 的 ZEA；黏红酵母可以减少玉米饲料中 93.2% 的 ZEA；发酵的地霉酵母可以使配合饲料中 ZEA 减少 45.0%。除酵母外，研究发现链球菌属和肠球菌属也能吸附 ZEA 毒素，吸附率可达 49%，由于在生物吸附脱毒的样品中没有检测到 ZEA 的降解产物，因此推测该脱毒过程可能与菌体细胞壁的吸附作用有关，而细胞壁的吸附作用主体成分是 β-D-葡聚糖等多糖。

2）生物降解法。霉菌毒素的生物降解法主要是指使用微生物、植物或其代谢时产生的酶与毒素，使毒素分子结构中毒性基团被破坏从而生成无毒代谢产物的脱毒过程，具有高效、特异性强、不破坏原料的营养成分、无二次污染等优势，是目前脱毒技术的研究热点。目前，研究者已发现一些细菌和真菌及其酶可以降解 ZEA，但是，其中大多数微生物如粉红黏帚霉、米根霉、黏质塞氏杆菌等并不能直接应用于饲料中。因此，筛选能够降解饲料中 ZEA 的益生菌，是饲料工业未来研究发展的一个方向。

（1）能够降解 ZEA 细菌。许多研究发现，细菌对霉菌毒素具有特异的脱毒效果。研究发现，橙色黄杆菌、分枝杆菌、红珠串红球菌以及芽孢杆菌等能有效降解霉菌毒素，主要降解成分为细菌生长繁殖过程中产生的代谢酶。目前研究显示能够降解 ZEA 的细菌如下。

A. 芽孢杆菌：报道了 2 株芽孢杆菌在 30℃供氧条件下与 20 μg/L ZEA 作用 24 h 后，能够分别降解 81% 和 100% 的 ZEA，其降解产物无雌激素效应。目前所获得的 ZEA 降解菌的培养条件主要为中温、偏碱性。但在食品和饲料加工过程中，需要经过酸性或热处理。因此，筛选和获得降解 ZEA 的耐酸耐高温菌株显得尤为关键。有学者通过采集酸性高温环境下的土壤、水样等，通过富集的方式，筛选出能够高效降解 ZEA 的耐酸耐高温的枯草芽孢杆菌。该菌株在 50℃、pH 值 5.0 条件下孵育 36 h，菌液对 2 μg/mL ZEA 的降解率高达 93.79%，对 20 μg/mL ZEA 的降解率也达 82.40%。金属离子能够影响该菌株对 ZEA 的降解特性，比如 Mn^{2+} 能明显增强菌株发酵上清液对 ZEA 的降解能力，降解率达 81.17%，而 Zn^{2+} 则严重抑制了菌株发酵上清液对 ZEA 的降解能力，降解率仅为 5.42%。研究者利用高温处理以及 ZEA 作为唯一碳源与能源的方法从霉变的饲料中分离出一株能在体外高效降解 ZEA 的蜡样芽孢杆菌（BC7 菌株）。更为重要的是，该菌株还能够有效缓解小鼠体内 ZEA 造成的中毒作用，并且能调节 ZEA 造成的肠道菌群紊乱，还能促进肠道中益生菌的生长。因此，这种对 ZEA 具有多效调控的筛选菌株具有较高的发展潜力。

B. 不动杆菌：有学者从土壤中分离到 1 株属于不动杆菌属的细菌（*Acinetobacter sp.* SM04）。该菌株在与 ZEA 作用 12 h 后，其降解产物中无 ZEA，其代谢产物无雌激素活性。目前已从该菌株的培养液中分离纯化出一种可高效降解 ZEA 的过氧化物酶，并在大肠杆菌和酿酒酵母中成功表达了重组 thio-redoxin 过氧化物酶，并研究了其高效 ZEA 降解能力和酿酒酵母的优化表达，得出最优的培养条件为 80℃、H_2O_2 浓度为 20 mmol/L、pH 值 9.0。进一步研究发现，该过氧化物酶反应受乙二胺四乙酸（EDTA）的抑制作用明显。

C. 假单胞菌：从土壤中分离出一株假单胞菌（*Pseudomonas sp.* ZE-1）。研究表明，该菌株对 ZEA 的降解能力来源于菌株质粒编码的酶。将质粒转入大肠杆菌 BL21 中表达所得的粗酶在 28℃下温育 12 h，可完全降解浓度为 100 μg/mL 的 ZEA、α-ZOL 或 β-ZOL，且产物的雌激素毒性较低，但产物结构和反应机制的研究尚未明晰。有学者采用富集培养的方法从沼气污泥中筛选到一株可以高效降解 ZEA 的菌株（ASAG16）。通过生理特征和 16S rDNA 序列分析证实 ASAG16 为香茅醇假单胞菌。该菌在 LB 培养基中降解 ZEA 的效果最好，培养 6 d 后降解率达到 91.59%。在 pH 值为 4 的 LB 培养基中，ZEA 降解率仅 20.83%，在 pH 值为 5～9 时，ZEA 降解率随 pH 值升高而逐渐增加。Cu^{2+}、Zn^{2+}、Co^{2+}、Ba^{2+} 和 EDTA 严重抑制 ASAG16 对 ZEA 的降解。

D. 乳酸菌：乳酸菌在发酵的第 3 d 就可以使加入的 ZEA 降低 68%，在第 4 d 可以使其降低 75%，但是并未降低原有的雌激素毒性。有学者研究了鼠李糖乳杆菌结合 ZEA 及其衍生物 α-ZOL 的情况，发现冷冻干燥的鼠李糖乳杆菌菌株 GG 和 LC-705 能够结合约 55% 的 ZEA 和 α-ZOL。细胞浓度以及与 2 种真菌毒素共培养的时间都会显著影响乳杆菌细胞结合真菌毒素的水平；从培养基中显著清除 ZEA 和 α-ZOL 两种毒素的最小细胞浓度在 10^9/mL 以上。对鼠李糖乳杆菌进行加热或酸化处理能够显著提高其细胞从介质环境中清除这两种毒素的能力，而培养温度并不能影响细胞结合 ZEA 及其衍生物 α-ZOL 的效果。也有学者比较了不同市售乳酸菌剂对发酵全混合日粮中 ZEA 含量的影响。发现与 CL 乳酸菌剂和 YX 乳酸菌剂（分别由加拿大 CL 公司和中国台湾 YX 公司生产）相比，美国 BM 公司生产的 BM

乳酸菌剂降低 ZEA 的效果最好。其他乳酸菌类菌株是否能将 ZEA 降解为无毒的产物，还有待进一步研究。

E. 粉红黏帚菌：粉红黏帚菌（*Gliocladium roseum*）IFO 7063 可以降解 ZEA，其中的关键作用酶为内酯水解酶（ZHD101），经测定其代谢产物为 1-（3，5-二羟苯基）-10′-羟基-1′-反式十一碳烯-6′-酮，该降解产物无任何雌激素效应。有学者从粉红黏帚菌另一个菌株中发现了针对 ZEA 的特异性内酯酶 zes2，也可催化 ZEA 水解成无毒的产物。

（2）降解 ZEA 的真菌。真菌既能产生霉菌毒素也能降解毒素，目前已知能降解 ZEA 的真菌有酵母菌、曲霉菌、根霉菌和粉红螺旋聚孢霉。①酵母菌。研究者发现了 1 株假丝酵母菌具有去除 ZEA 的能力，该菌株在发酵 96 h 后，培养基中的 ZEA 浓度从 3.893 mg/L 下降到 0.125 mg/L，去除率达到 96.79%。近年来研究表明，啤酒酵母菌也有去除 ZEA 的能力，但效果不理想。②曲霉菌。研究表明曲霉菌能将 ZEA 转化为硫酸盐，而且该菌降解 ZEA 的浓度范围非常广，为 5～150 μg/mL。③根霉菌。少根根霉可将 ZEA 毒素 C-4 位的-OH 氧化，从而将 ZEA 转化为硫酸盐。根霉菌属包括葡枝根霉、米根霉、小芽孢酒曲霉，均具有降解 ZEA 能力。④从白蚁肠道中分离到一株毛孢子菌属新酵母菌（*Trichosponron mycotoxin-ivorans*），具有较强的降解 ZEA 的能力，37℃下培养 48 h 后可完全降解 ZEA（10 μg/mL）。毒理实验结果显示，ZEA 降解产物无雌激素毒性。

（3）降解 ZEA 的酶及酶制剂。特异性破坏 ZEA 的内酯键结构及 4 位碳原子的羟基被认为是 ZEA 脱毒的有效方式。2002 年，研究者从粉红黏帚菌 IFO7063 中分离纯化得到能够生物降解 ZEA 的内酯水解酶，该酶能够打开 ZEA 的内酯键，将 ZEA 转化成为无毒的代谢产物。同时对编码降解 ZEA 的基因（*ZHD101*）进行了克隆，并将该基因成功转入到大肠杆菌、分裂酵母和酿酒酵母中，进行了活性表达，外源表达该片段基因的大肠杆菌在 24 h 内可将培养基中的 ZEA、α-ZOL 和 β-ZOL 全部降解成无毒的代谢产物。重组酿酒酵母表达的 ZHD101 在 37℃温育 8 h 可完全降解 ZEA，且产物无大量 β-ZOL 集聚。巴斯德毕赤酵母表达系统是继酿酒酵母表达系统依赖的一种较完善的外源基因表达系统。有学者以粉红黏帚菌总 RNA 为模板，采用 RT-PCR 技术克隆 ZEA 降解酶基因，插入 pPIC9K 载体后，转化毕赤酵母，经 MD 板筛选，得到 His＋型重组子，进行甲醇诱导表达。克隆得到的 cDNA 序列全长 795bp，连续编码 264 个氨基酸。阳性克隆子在甲醇诱导培养 3～5 d 后，经表达的酶液能够完全降解液体中的 ZEA。*ZHD101* 基因导入到玉米中得到转基因玉米，使用该转基因玉米可以在 48 h 内将溶液中 90% 的 ZEA 去除，每克转基因玉米种子可以去除 16.9 μg 的 ZEA。有学者利用食品级的马克斯克鲁维酵母重组分泌表达了 ZHD101，发酵液上清中的表达产物具有水解 ZEA 的活性。利用 UV 和 ^{60}Co-γ 联合诱变方法，提高了 ZHD101 在马克斯克鲁维酵母中的表达水平。高效液相色谱分析表明，重组菌株分泌表达的 ZHD101 酶蛋白既能水解标准品 ZEA，又能在较温和的条件下水解发霉玉米样本中的 ZEA。研究者进一步筛选到一株可以高效降解 ZEA 的微生物菌株，并通过基因组测序获得了该菌株的全基因组序列信息。以 ZEA 降解酶 ZHD101 序列为模板与测得的全基因进行序列比对，得到了同源序列 ZHD795。在体外重组表达 ZHD795 蛋白，经亲和色谱纯化后对 ZEA 分子进行降解活性试验。结果显示，在相同条件下 ZHD795 对 ZEA 的降解活性是 ZHD101 的 2.5 倍，从而获得了一个具有较好应用前景的高活性 ZEA 降解酶。

酶及酶制剂的稳定性是其发挥 ZEA 降解生物活性的关键。对 ZEA 降解酶粉剂贮藏条件的研究发现，在 4℃、真空、避光条件下，ZEA 降解酶粉剂的贮藏半衰期可达 300 d，且经过模拟胃肠液处理后该酶制剂仍具有较好的降解活性。而将 ZEA 降解酶 ZLHY6 采用乳化凝胶法经海藻酸钠包埋后经过 4 h 胃液消化和 2.5 h 肠液消化，其相对酶活力仍保留 61%。

目前已报道的 ZEA 降解途径主要有 3 种。①醇化：ZEA 内酯环 C′-6 上的羧基加氢生成 α-ZOL 和 β-ZOL。其中，α-ZOL 的雌激素毒性远高于 ZEA，而 β-ZOL 的雌激素毒性低于 ZEA。由于生成的产物均具有毒性，视为无效脱毒。因此不能单靠检测 ZEA 的减少来筛选所需的降解 ZEA 的微生物，同时需要进行降解产物的分析，并评价降解产物的雌激素毒性。②酯解：ZEA 是二羟基苯甲酸内酯，主要在内酯水解酶的作用下，先断裂 ZEA 的内酯键，使其球形结构变成直链形结构，然后自发脱羧成断裂产物。该断裂产物因不能与雌激素受体结合，从而毒性减弱。粉红黏帚菌利用内酯水解机制降解 ZEA，并分离出关键酶 ZHD101 和 zes2。内酯键水解为 ZEA 最常见的降解机制，但因为该反应可逆，故无法实现 ZEA 的完全降解。③加氧酯解：假单胞菌能够作用于 ZEA 内酯环 C′-6 位置，加氧后形成酯键进而水解，生成具有羧基和羟基的降解产物 ZOM-1 及一些小分子。然而，假单胞菌降解 ZEA 效率较低，对 ZEA 的二羟基苯环与大环烯酮内酯结构的水解、氧化或球形立体结构的破坏，均不能改变二羟基苯环结构，导致产物难以进一步降解成小分子。而不动杆菌（Acinetobacter sp. SM04）内的酶系作用可破坏二羟基苯环，使其降解成小分子，无论是在发现新酶系还是揭示酶的新功能方面，都为霉菌毒素的控制和最终去除提供了新的方向。

（4）转基因技术消除法。转基因技术消除法是利用转基因技术，对能够降解 ZEA 的有关酶基因进行克隆，再将其转导到适合的载体中进行转化，直接植入农作物中或者应用到更适于生产的微生物，从而达到控制 ZEA 污染的目的。通过设计一对特异性引物从粉红聚端孢霉中克隆出 1 段 795bp 大小的 DNA 片段，命名为 ZEA-jjm，并构建 E.coli 原核表达载体，通过检测发现诱导后的细胞裂解上清液在 3 h 内能完全降解液体中 1 μg/mL 的 ZEA。利用转基因技术对 ZEA 进行脱毒是生物脱毒法的新突破，该技术具有脱毒彻底、特异性强和无毒副产物等优点，但转基因技术并不成熟，且其安全性存在较大争论，因而在实际生产中使用该技术时应保持谨慎。

4. 其他方法

近几年一些新的脱毒方法也逐步被研究。研究表明，8 min 的冷空气压等离子体处理能够使 ZEA 降解率达到 100%，明显优于紫外线照射去毒法。

二、毒素检测与监测

（一）化学检测方法

化学检测方法可对 ZEA 及其 15 种衍生物进行检测，目前常用的化学检测方法有薄层色谱法（TLC）、气相色谱-质谱联用法（GC-MS）、高效液相色谱法（HPLC）、液相色谱-质谱联用法（LC-MS）。

1. 薄层色谱法

薄层色谱法（TLC）是较早用于毒素检测的一种方法。从 20 世纪 70 年代开始，国外学者就采用 TLC 法测定小麦、谷类、玉米以及玉米制品等多种样品中的 ZEA 含量。1995 年美国公职分析化学师协会（AOAC）发布了检测 ZEA 的 TLC 方法。1996 年我国发布的中华人民共和国进出口商品检验行业标准《出口粮谷中赤霉烯酮检验方法》（SN 0595—1996）、2004 年发布的国家标准《饲料中玉米赤霉烯酮的测定》（GB/T 19540—2004）以及 2005 年发布的国家标准《粮食卫生标准》（GB 2715—2005）均采用薄层色谱法。TLC 法简单便捷，不需要昂贵的仪器，是快速检测 ZEA 的常用方法，但检测灵敏度低，只适合定性检测或半定量检测 ZEA。以石油醚：乙醚：冰醋酸（70：28：2）为展开剂，TCL 定性检测 ZEA 的比移值为 0.26。对提取的 ZEA 进行 TLC 检测时，发现除了 ZEA 毒素外，还含有其他物质，即薄层图谱中还可见绿色、棕黄色的荧光点。但这些杂质与 ZEA 产生的蓝色荧光点分离明显，并不影响 ZEA 的检测。近几年，有学者建立了薄层色谱定性检测联合高效液相色谱定量检测 ZEA 的方法。

2. 气相色谱-质谱联用法

气相色谱-质谱联用法（GC-MS）检测灵敏度较高，能够同时进行多种毒素检测，也是美国 AOAC 指定的官方检测方法。有学者曾建立了免疫亲和柱-GC-MS 方法同时检测 α-ZOL、β-ZOL 和 ZEA，发现这几种物质的最低检测限和定量限均可达 0.5 ng/kg 和 1.0 ng/kg。GC-MS 法的灵敏度较高，但设备昂贵、需要专业人员的操作、对试验环境要求也较高，所以其使用受到限制。

3. 高效液相色谱法

高效液相色谱法（HPLC）是分析谷物样品中的 ZEA 使用最广泛的方法，大多采用反相色谱进行分离，灵敏度较高。ZEA 具有荧光特性，可采用紫外检测器（UV）和二极管阵列检测器（DAD）检测。HPLC 法检测粮食中 ZEA 含量的一般方法为：首先用乙腈-水对样品中 ZEA 进行提取，经过净化与浓缩后，再运用荧光检测器检测，采用外标法定量。此法的 ZEA 回收率一般为 88%～93%，样品变异系数为 1.5%～4.0%，ZEA 检测限为 0.31 μg/kg。有学者建立了同时检测粮谷中 ZEA、黄曲霉毒素（AFB₁、AFB₂、AFG₁ 和 AFG₂）和赭曲霉毒素 A 的免疫亲和柱净化-柱后光化学衍生-高效液相色谱方法。样品经过甲醇-水（80：20，v/v）提取，通过免疫亲和柱富集和净化，采用 Waters Nova-Pak 色谱柱，以甲醇、乙腈和 1% 的磷酸溶液为流动相，梯度洗脱，柱后光化学衍生，改变波长，荧光检测。其中 ZEA 检测限为 4.0 μg/kg，相对标准偏差为 2.79%～9.38%。

4. 高效液相色谱-质谱联用法

与其他化学检测方法相比，高效液相色谱-质谱联用法（HPLC-MS）检测灵敏度更高，检测结果更加精准、可信。但此方法的检测过程极为复杂，所需检测设备昂贵，使用成本高，不适合大批量样品的检测以及大范围推广。有学者利用 HPLC-MS/MS 测定小麦、大麦、燕麦中 31 种真菌毒素，检测限为 1.00～1.250 ng/kg，回收率为 51%～122%，日内相对标准偏差为 2%～6%，日间相对标准偏差为 14%～28%。有学者采用高效液相色谱-质谱联用法测定小麦以及啤酒中 ZEA 及其代谢产物 α-ZOL 和 β-ZOL，检测限为 0.5 ng/kg。有学者建立了粮食及其制品中 6 种 ZEA 类物质（α-玉米赤霉醇、β-玉米赤霉醇、α-玉米赤霉烯醇、β-玉米赤霉烯醇、玉米赤霉酮和玉米赤霉烯酮）的固相萃取-超高效液相色谱-串联质谱（UPLC-MS/MS）检测方法。应用该方法对北京市的粮食及相关产品进行了分析，结果发现 ZEA 的检出率最高，含量为 0.42～220.7 μg/kg；此外还检出了 α-玉米赤霉烯醇和 β-玉米赤霉烯醇。该方法具有操作简单、灵敏度高、重现性好等特点，符合食品样品中痕量污染物的检测要求。

（二）免疫学检测方法

1. 酶联免疫吸附法

酶联免疫吸附法（ELISA）是目前最为常用的 ZEA 检测方法之一，被世界上绝大多数学者认可。ELISA 检测法的准确度高，可用作批量检测。常用的 ELISA 法有直接竞争酶联免疫吸附法、间接竞争酶联免疫吸附法、间接竞争抑制酶联免疫化学发光检测方法和生物素-亲和柱酶联免疫吸附法。国内研究者于 2013 年研制的 ELISA 检测试剂盒对 ZEA 的线性检测范围为 50～405 μg/L，线性相关系数为 0.990 0，半抑制浓度（IC₅₀）为 25.1 μg/L，最低检测限为 93.5 μg/kg，食品饲料样品的回收率为 74.5%～109.9%，检测变异系数小于 12.9%，对 ZOL 有较高的交叉反应率。该试剂盒可在 4℃ 环境下保存 12 个月，具有较高的稳定性。酶联免疫化学发光检测方法对 ZEA 的最低检出浓度和最低检测量分别可达到 0.007 ng/mL 和 0.15 μg/kg，线性范围为 0.01～50.00 ng/mL。

2. 胶体金免疫层析法

胶体金免疫层析法（GICA）是一种快速免疫学诊断检测技术，除用于食品饲料中霉菌毒素成分的检测外，更多用于临床检验。采用竞争抑制免疫层析技术检测小麦中的 ZEA，用抗 ZEA 单克隆抗体作金标抗体、ZEA-牛血清白蛋白作检测带、IgG 作质控带，制得试纸条。该试纸条的检测限为 100 μg/kg。研究者应用胶体金免疫层析法研制出谷物玉米 ZEA 残留的快速检测试剂条。该试剂条对玉米中 ZEA 的检测限为 100 μg/kg，灵敏度为 99%，特异性为 94%，假阴性率为 1%，假阳性率为 6%，整个检测过程仅需 10 min，与其他霉菌毒素无交叉反应，该试剂条适用于现场大批量快速检测玉米中 ZEA 残留，且检测结果可长期保存。此外，胶体金快速检测条法也可以应用于玉米油中 ZEA 检测，与免疫亲和层析净化高效液相色谱法具有较好的一致性。在此基础上，有学者采用柠檬酸钠还原法制备胶体金颗粒，并标记获得 ZEA 和赭曲霉毒素 A（OTA）两种真菌毒素金标单克隆抗体，建立稳定的二联胶体金免疫层析法，用于同时检测谷物和饲料样品中的 ZEA 和 OTA，检测限分别为 1.25 ng/mL 和 0.625 ng/mL，且与谷物和饲料中的黄曲霉毒素 B_1、伏马菌素 B_1、橘青霉素、展青霉毒素和呕吐毒素均无交叉反应，与 LC-MS/MS 一致性良好。因此，GICA 具有快速简便、特异性强、灵敏度高和易于普及推广等特点，在样品提取步骤中不需要复杂的净化过程，大大提高了检测效率。GICA 主要通过目测颜色判断结果，比较主观，可能会出现假阳性问题。因此对于样品，需要采用液相色谱等方法进一步验证。

3. 化学发光法

有学者根据辣根过氧化物酶（horseradish peroxidase，HRP）标记的 ZEA 在鲁米诺-过氧化氢反应体系中产生微弱化学发光反应这一特性，设计 ZEA 快速检测系统。该系统采用 MD983 模块把微弱的化学发光信号转换成模拟信号，利用单片机 AD 技术对输出的模拟信号进行采集，并与 ZEA 标准样品进行比较，建立真菌毒素含量和化学发光强度的定量关系，为储粮真菌毒素的快速检测提供了一种新的方法。

4. 免疫磁珠分离富集试剂盒法

有研究者在制备出 ZEA 单克隆抗体基础上研发出 ZEA 免疫磁珠分离富集试剂盒。具体是通过内含四氧化三铁的纳米磁珠表面修饰官能团与 ZEA 抗体结合，在外加磁场作用下，从混合溶液中富集、分离玉米赤霉烯酮，操作步骤简单，实验成本较低。该试剂盒对样品中 ZEA 的捕获量为 50 ng/mL，且与 ZEA 结构或功能相似的竞争物，包括黄曲霉毒素 B_1、黄曲霉毒素 M_1、T-2 毒素、赭曲霉毒素、展青霉素均无交叉反应。

有学者建立纳米磁珠和双标记抗体酶联免疫吸附法（MNPs-HRP-AuNPs IC-ELISA），通过将玉米赤霉烯酮偶联抗原（ZEA-BSA）包被于羧基修饰的纳米磁珠（MNPs）表面，制备磁珠-偶联抗原复合物（MNPs-BSA-ZEA），并与待检样本中靶分子竞争结合抗体，同时 ZEA 单克隆抗体（Anti-ZEA）经金颗粒和辣根过氧化物酶双标记形成的多聚 HRP 复合物（Anti-ZEA-HRP-AuNPs）使检测信号再次增强。在液相环境中，MNPs-HRP-AuNPs IC-ELISA 法免疫反应耗时短且灵敏度更高，检测限达到 0.03 ng/mL，实际样品检测限为 0.6 μg/kg，具有高灵敏度和快速的双重优势，与 LC-MS/MS 有较好的相关性。

5. 电化学生物传感器

电化学生物传感器通常是以电极作为转化元件，ZEA 抗体、ZEA 适配体、酶等生物分子作为识别元件，将生物分子间特异性识别产生的各种物理信号、化学信号等转换成电阻、电位、电流或电容等物理形式，再作为特征检测信号输出，从而实现对小麦、饲料、玉米等样品中 ZEA 的检测。有学者利用多壁碳纳米管修饰改性后的碳糊电极，检测限为 0.58 ng/mL。还有学者利用葡萄球菌蛋白 A 将抗体定向固定在多壁碳纳米管和金-铂纳米粒子修饰的玻璃碳电极上，研发出安培型电化学生物传感器，检测限为 1.5 pg/mL，线性范围为 0.005～50 ng/mL，为实际食品样品中 ZEA 的检测提供了另一种可行、可靠的方法。

将光电化学分析技术和电化学发光技术应用到电化学生物传感器中进行信号放大以提高检测灵敏度也是目前研究热点之一。利用光电化学分析技术、有序介孔氧化钴的氧化还原催化特性和多巴胺修饰二氧化钛微晶体形成的自增强光电阴极矩阵，研发出灵敏的光电化学免疫传感器，对粮食及饲料中的 ZEA 进行测定。该传感器的线性范围为 $1×10^{-6}$～20 ng/mL，并且特异性、精密度和重复性好。有学者基于氨基化的 Ru（bpy）3^{2+} 掺杂二氧化硅（NH_2-Ru@SiO_2 NPs）和氮掺杂石墨烯量子点（NGQDs）静电络合复合纳米粒子制备新型自增强电化学发光适配体传感器，用于玉米粉中 ZEA 的检测。由于发射极和反应物共存于同一纳米颗粒中，缩短了电子传递距离，降低了能量损失，因此，该方法检测 ZEA 具有非常宽的线性范围（10 fg/mL～10 ng/mL）和极低的检测限（1 fg/mL），可以用于霉变玉米粉中 ZEA 的超灵敏检测。

表面增强拉曼散射传感器是以生物成分为敏感元件或探测对象，研究生物分子间相互作用的重要工具之一。利用竞争性免疫反应，研发了表面增强拉曼散射传感器，并且成功应用于 ZEA 污染的多种天然饲料样品的分析，检测范围为 1～1 000 pg/mL，检测限为 1 pg/mL，具有很大的实际样品检测潜力。

表面等离子体共振（surface plasmon resonance，SPR）生物传感器促进了在换能器表面上发生的表面受限分子相互作用的检测，具有连续实时响应、无标记使用、高特异性和高灵敏度等许多优点。有研究者通过金纳米颗粒放大 SPR 信号，利用竞争性免疫反应建立了一种新三明治型电致化学发光免疫 SPR 传感器。该传感器用于小麦样品中 ZEA 检测，检测限可达到 24 μg/kg，平均回收率为 87%～103%，与常见的真菌毒素及类似物未见交叉反应，检测过程只需要 17.5 min。利用表面自组装技术在金膜的表面修饰羧基基团，将 ZEA 抗原与牛血清白蛋白（BSA）偶联（ZEA-BSA）后共价键固定在芯片表面，采用竞争法检测样品中的 ZEA，检测限为 8.2 ng/mL，ZEA 单克隆抗体与 α-玉米赤霉烯醇和 β-玉米赤霉烯醇交叉反应率分别为 15.3% 和 11.5%，与其他常见的毒素等没有交叉反应。基于自行设计的便携式 SPR 生物传感器制备的 ZEA 检测生物芯片，可用于直接检测法和抑制检测法。实验结果表明，直接检测法适用于 ZEA 抗体筛选与免疫动力学基础研究；抑制检测法的检测限小于 2 ng/mL，完成一个样品检测仅需 6 min。作为一种简便、快速和高灵敏度的检测方法，它在食品中 ZEA 等真菌毒素的快速检测方面具有较好的应用前景。

分子识别型生物传感器包括核酸适配体生物传感器和细胞传感器。前者是以 ZEA 适配体作为分子识别物质的传感器，通过与 ZEA 特异性作用引起的直接或间接信号变化检测小麦、玉米、饲料等样品中 ZEA 含量。以 ZEA 适配体标记的胺基官能化磁性纳米粒子作为捕获探针，以时间分辨荧光纳米粒子标记互补 DNA 作为信号探针，建立核酸适配体生物传感器，用于检测农产品和食品中的 ZEA，线性范围为 0.001～10 ng/mL，检测限为 0.21 pg/mL。细胞传感器是由固定或未固定的活细胞与电极或其他转换器组合而成的一类生物传感器。有学者研发出人胚肾 293 细胞（HEK-293）荧光传感器，用于检测和评估由镰刀菌产生的常见食物污染物 ZEA，发现其回收率和检测限均较为理想，检测限为 3.2 ng/mL。总之，生物传感器技术作为 ZEA 检测的前景替代方法，具有高专一性、高选择性、便携性和实时分析的性能，具有可观的发展前景。

6. 其他检测方法

时间分辨荧光技术和噬菌体展示技术也是目前比较常用的免疫检测方法。采用时间分辨荧光技术检测 ZEA，如使用 Eu^{3+} 对抗体进行标记，能够检测到 0.101 ng/L 的毒素，平均回收率达到 94.14%。利用噬菌体展示技术，结合 ELISA 法进行真菌毒素检测研究，也起到了非常好的效果，不仅降低了实验成本，还保护了实验员健康，对建立无毒真菌毒素检测体系有着重要意义。以 ZEA 为研究对象，基于噬菌体展示肽库、分子定向改造技术及外源基因表达等手段构建的 ZEA 全抗原固相膜免疫检测方法，对样品中 ZEA 的检测限为 50 μg/kg。由抗独特型纳米抗体-噬菌体展示肽介导的免疫聚合酶链式反应（PD-IPCR）法可同时检测谷物中的 ZEA 和黄曲霉毒素，检测限分别为 0.09 ng/mL 和 0.03 ng/mL，回收率分别为 76.7%～111% 和 80%～118%，与高效液相色谱法具有较高的一致性。采用高光谱技术融合神经网络检测预警霉变玉米中的 ZEA 水平时，采用多元散射校正处理原始光谱以消除散射对高光谱信息的影响，根据相关系数法选择有效波段，通过连续投影算法结合信息熵选择 8 个特征波长，建立霉变玉米 ZEA 的 BP 神经网络预测模型，对赤霉烯酮含量预测正确率为 100%，均方根误差为 0.1605，实现霉变玉米 ZEA 的快速、准确、无损检测。拉曼光谱结合协同间隔偏最小二乘建模算法用于玉米中 ZEA 的检测时，无须对玉米中 ZEA 进行提取。有学者报道了一个基于固相乳胶微球免疫层析平台的 3D 打印智能手机监测设备，将其用于谷物和饲料中 ZEA 的检测，并利用安卓（Android）应用程序分析、报告和分享检测结果。该设备用于检测谷物和饲料中 ZEA 含量的临界值分别为 2.5 μg/kg 和 3.0 μg/kg，检测限分别为 0.08 μg/kg 和 0.18 μg/kg。

三、风险评估与食品限量标准

人类可通过食入 ZEA 污染的食品或 ZEA 中毒的动物而 ZEA 中毒。由于食品加工很难彻底消除 ZEA，所以 ZEA 可通过污染一系列食物，包括谷物、肉类、牛奶、葡萄酒、啤酒、干果等，影响人类整个食物链。ZEA 被摄入后可在体内蓄积。此外，镰刀菌素可污染水源，ZEA 也可能存在于河流、湖泊中，进而毒害人类。除了食品和动物饲料外，另一接触 ZEA 的途径为吸入，在鼻腔中曾检测到 ZEA 和产毒孢子。

在长期的小鼠致癌研究中，发现 ZEA 可以诱发肝细胞腺瘤和垂体腺瘤，主要是在剂量超过了一定限量（如 8～9 mg/kg）时才能诱发。2000 年，JECFA 曾评估此类肿瘤为 ZEA 的雌激素样效应作用的结果。ZEA 的 Ames 试验中没有显示基因诱变活性，但在体外可诱导姐妹染色单体交换和染色体异常。然而现有的 ZEA 遗传毒性数据还不能对其遗传毒性及诱导小鼠染色体异常和 DNA 加合物的效应进行评估。JECFA 认为 ZEA 的安全性可通过对敏感动物——猪的最无激素作用的剂量来进行评估，并建议最大日允许摄入量为 0.5 μg/kg。

风险评估基于暴露和危害评估，需要考虑到有机体中 ZEA 转移，并且必须评估所有的污染源。虽然 ZEA 在自然界中普遍存在，但只有当它被大剂量吸收或长时间暴露时，才能对动物和人体健康构成潜在威胁。因此，应重点研究 ZEA 吸收、代谢、分布和消除，以便更好地了解其生物利用度及其对动物产品的转移率。有研究采用 LC-MS/MS 方法监测了孟加拉国拉杰沙希区的农村和城市居民以及达卡区孕妇尿液中 ZEA 及其代谢产物。结果显示，成人居民尿液中 ZEA 及其代谢产物水平具有季节性。其中，冬季 ZEA、α-ZOL 和 β-ZOL 平均水平分别为（0.040±0.037）ng/mL、（0.182±0.047）ng/mL 和（0.018±0.016）ng/mL，而夏季 ZEA、α-ZOL 和 β-ZOL 平均水平分别为（0.028±0.015）ng/mL、（0.198±0.025）ng/mL 和（0.013±0.005）ng/mL。孕妇尿液中 ZEA、α-ZOL 和 β-ZOL 平均水平分别为（0.057±0.041）ng/mL、（0.151±0.026）ng/mL 和（0.055±0.057）ng/mL。这一结果表明，以上两个地区居民 ZEA 的膳食暴露量低于欧洲食品安全局（EFSA）制定的 0.25 μg/kg 的标准。对瑞士 252 名成人尿液中 ZEA 及其代谢产物 α-ZOL 和 β-ZOL 检测的结果显示，尿液中 ZEA、α-ZOL 和 β-ZOL 浓度分别为 0.03 ng/mL、0.03 ng/mL 和 0.02 ng/mL。检测到意大利南部 3～85 岁居民尿液中 ZEA、α-ZOL 和 β-ZOL 浓度均值分别为 0.057 ng/mL、0.077 ng/mL 和 0.09 ng/mL，最大值分别为 0.120 ng/mL、0.176 ng/mL 和 0.135 ng/mL。尼日利亚北部儿童、青少年和成人尿液中 ZEA、α-ZOL 和 β-ZOL 浓度分别为 0.03～19.9 ng/mL、0.52～2.52 ng/mL 和 0.06～2.74 ng/mL。喀麦隆成人尿液中 ZEA 和 ZEA-14GlcA 浓度分别为 LOQ～1.42 ng/mL 和 3.38～31 ng/mL。葡萄牙人 24 h 尿液中 ZEA、ZEA-14-GlcA 和 α-ZOL 浓度为 0.17～3.98 μg/L 和 0.17～25.70 μg/L，估计的平均每日最大理论摄入量为 0.25 μg/kg。德国成人尿液中 ZEA、α-ZOL、β-ZOL 浓度为 0.04～0.28 ng/mL、0.06～0.45 ng/mL 和 0.01～0.20 ng/mL。尽管以上研究仅反映出全球部分人群的 ZEA 暴露情况，但重要的是，能够全面涵盖 ZEA 及其葡糖醛酸共轭化合物、ZEA 代谢产物的高灵敏度的检测方法是准确监测 ZEA 全球暴露情况的关键。

JECFA 在第 26、27、32 次会议上多次对 α-玉米赤霉烯醇进行评价，并提出了其每日允许摄入量为 0～0.5 μg/kg。1993 年第 53 次会议上评估了 ZEA 的食品安全风险，确定了 ZEA 的每日最大理论摄入量为 0.5 μg/kg。

欧洲食品安全局（EFSA）对 ZEA 进行了风险评估，并确立了 ZEA 的日接触限值为 0.25 μg/kg。在此基础上，EFSA 规定婴儿食品中 ZEA 的限量为 20 μg/kg，在谷物和以玉米为原料制备的零食中 ZEA 的限量为 50 μg/kg，在未加工玉米中 ZEA 的限量为 200 μg/kg。为此，EFSA 建立了 ZEA 在人类谷物食品中的安全限量：未加工谷物（不包括玉米）中 ZEA 的限量为 100 μg/kg；未加工玉米（不包括用于湿磨法处理的未加工玉米）中 ZEA 的限量为 350 μg/kg；直接供人食用的谷物，作为最终产品销售并供人直接食用的谷物粉、麸皮和胚芽中 ZEA 的限量为 75 μg/kg；直接供人食用的玉米、以玉米为原料制备的小吃或早餐食品中 ZEA 的限量为 100 μg/kg；供婴幼儿食用的加工谷物食品（不包括玉米）中 ZEA 的限量为 20 μg/kg；供婴幼儿食用的加工玉米食品中 ZEA 的限量为 20 μg/kg；粒径大于 500 μm 的玉米粉及其他不直接供人食用的粒径大于 500 μm 的玉米碾磨制品中 ZEA 的限量为 200 μg/kg；粒径小于等于 500 μm 的玉米粉及其他不直接供人食用的粒径小于等于 500 μm 的玉米碾磨制品中 ZEA 的限量为 300 μg/kg。

国际食品法典委员会（CAC）和美国未制定谷物中 ZEA 的限量标准。我国规定在谷物及其制品（包括小麦、小麦粉、玉米、玉米面等）中 ZEA 的最大残留限量为 60 μg/kg。我国没有区分原粮和成品粮的限量差异，玉米收购没有区分用途，统一按照 60 μg/kg 的限量值执行，而库存粮食绝大部分不用于直接食用。对于婴幼儿这一特殊敏感人群，我国没有限量要求。随着对霉菌毒素风险意识升高，一些国家也逐步制定了谷物中 ZEA 的限量标准。不同国家制定的在食品和饲料中 ZEA 的最大安全限量见表 4-2。

表 4-2　ZEA 在不同国家食品和饲料中的最大安全限量

国家	最大安全限量（μg/kg）	种类
亚美尼亚	1 000	全部谷物食品
奥地利	60	小麦
白俄罗斯	1 000	大麦、小麦、玉米

续表

国家	最大安全限量（$\mu g/kg$）	种类
保加利亚	200	谷物及其加工产品
加拿大	3 000	饲料
智利	200	全部食品
哥伦比亚	1 000	高粱
塞浦路斯	1 500	仔猪饲料
	3 000	成年猪饲料
法国	50	谷物及其制品
法国	200	蔬菜油类
爱沙尼亚	1 000	小麦、大麦、玉米、面粉等
	200	成年猪、牛饲料
	50	幼年猪、牛饲料
匈牙利	100	破碎谷物、谷物早餐制品
印度尼西亚	不可检出	玉米
伊朗	400	大麦
	200	玉米、小麦、大米
意大利	20	婴儿食品
	100	谷物及其制品
日本	1 000	复合饲料
拉脱维亚	1 000	谷物、面包
立陶宛	300	猪饲料
摩尔多瓦	1 000	小麦、大麦、玉米及其面粉
摩洛哥	200	谷物、蔬菜油类
罗马尼亚	20	饲料
俄罗斯	1 000	小麦、大麦、玉米
利比亚	1 000	玉米
斯洛文尼亚	1 000	猪饲料
乌克兰	40	婴儿食品
	1 000	谷物及其制品
	40	仔猪饲料
	2 000	猪饲料（<50 kg）
	3 000	猪饲料（>50 kg）
乌拉圭	200	玉米、大麦

（吴庆华）

第五章 伏马菌素污染及其危害

伏马菌素（fumonisins）是1988年由南非科学家Gelderblom首次从 *Fasurium verticilliodes* MRC 826（异名：串珠镰刀菌 *F. moniliforme* Sheldon）培养物中分离到的一组结构相似的水溶性次级代谢产物。目前发现的伏马菌素主要分为伏马菌素A、伏马菌素B、伏马菌素C、伏马菌素P四类。伏马菌素 B_1（FB_1）是伏马菌素B的主要组分，占其总量的70%～80%，毒性最强、污染程度最高。伏马菌素主要污染玉米、小麦、稻米等农作物及其制品，另外，伏马菌素在饲料、某些香辛料如八角及药食两用植物如芦笋中也有检出。伏马菌素具有神经毒性、肝毒性和肾毒性、免疫毒性、致癌性等。伏马菌素属于镰刀菌毒素，其致毒机制可能是毒素破坏神经鞘脂类物质的生物合成。流行病学研究显示，部分地区食管癌的高发率与玉米中伏马菌素含量有关。国际癌症研究机构（IARC）与加利福尼亚环境保护机构已宣布伏马菌素为2B类可能致癌物质。另外，伏马菌素污染的食品中常伴有黄曲霉毒素污染，更增加了对人类食品健康危害的严重性。

第一节 伏马菌素的性质及其产生

一、化学结构与性质

4类伏马菌素衍生物中，伏马菌素A在结构上与伏马菌素B类似，仅未在C2位氨酰化（图5-1）。伏马菌素P在C2位有3-羟基吡啶残基，而伏马菌素C在C19的骨架结构不同于其他3类伏马菌素。其中，伏马菌素B在农产品检测中最常见，尤其是 FB_1、FB_2 和 FB_3。在污染的玉米中 FB_1 的含量约占伏马菌素检测总量的70%。伏马菌素纯品为白色针状结晶，易溶于水，对热稳定，100℃蒸煮30 min也不能破坏其结构。伏马菌素酸解后会失去丙三羧酸酯基，但其水解产物仍然有毒。

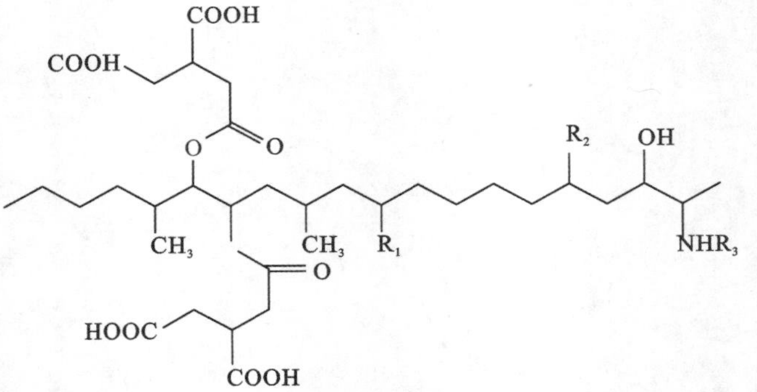

FB1：$R_1=OH$	$R_2=OH$	$R_3=H$	FA_1：$R_1=OH$	$R_2=OH$	$R_3=CH_2OH$
FB_2：$R_1=H$	$R_2=OH$	$R_3=H$	FA_2：$R_1=H$	$R_2=OH$	$R_3=CH_2OH$
FB_3：$R_1=OH$	$R_2=H$	$R_3=H$	FB_4：$R_1=H$	$R_2=H$	$R_3=H$

图 5-1 伏马菌素化学结构式

二、主要产毒菌株及其分布

镰刀菌中的串珠镰刀菌和再育镰刀菌是伏马菌素的主要产毒菌株，同时也是侵染玉米等农作物的主要菌种。此外，花腐镰刀菌、芜菁状镰刀属、尖孢镰刀菌以及交链胞属等也能够产生伏马菌素，但这些产毒菌株对粮食及其制品的污染程度较前两者小。最近发现，黑曲霉也能够产生多种伏马菌素（如 FB_2、FB_4 和 FB_6）。其中 FB_6 是一种新的伏马菌素，为伏马菌素 B_1 的同分异构体，其在 C3、C4、C5 位羟基化而非 FB_1 在 C3、C5 和 C10 位羟基化。

三、毒素合成与产毒条件

Proctor 团队在轮枝镰刀菌中鉴定出伏马菌素合成基因（fumonisin biosynthetic genes，FUM），他们首先鉴定出高还原性聚酮合酶（polyketide synthase，PKS）基因 FUM1。预测 FUM1 编码的 PKS 由 7 个功能域构成，分别为 β-酮基合成酶（KS）、酰基转移酶（AT）、脱水酶（DH）、甲基转移酶（MT）、烯酰还原酶（ER）、与 β-酮加工合成相关的酮基还原酶（KR）和酰基载体蛋白（ACP）。通过该基因缺失突变体不产伏马菌素确认 FUM1 参与其合成。如图 5-2 所示，在伏马菌素合成伊始，一分子乙酰辅酶 A、八分子丙二酰辅酶 A 和两分子 S-腺苷甲硫氨酸（SAM）经 PKS 多步聚酮反应合成伏马菌素骨架上 C3-20 的 18-C 链的化合物。随后，由鉴定出的 FUM8p 催化 18-C 链与氨基酸的脱羧缩合反应，合成 3-酮基中间代谢产物，而且 FUM8p 很可能还具有释放 18-C 的聚酮长链的功能，18-C 的聚酮长链由 FUM1p 催化合成，并与 PKS 结构域 ACP 相结合。18C-S-ACP 是 FUM1p 的最适底物，依赖于吡哆醛-5-磷酸而非通常碳链释放所需的硫酯-环化酶（TE-CLC）结构域。3-酮基中间代谢产物在烟酰胺腺嘌呤二核苷酸磷酸氧化酶（NADPH）依赖的酮基还原酶作用下，将 3-酮基还原为 3-羟基。而后，经 FUM6 编码的具有融合的细胞色素 P450 氧化酶/还原酶功能的催化下，在辅酶 NADPH 作用下合成 3，14，15-三羟基化的中间代谢产物。伏马菌素具有罕见的 C14 和 C15 位丙三酸酯结构，是在 FUM7、FUM10、FUM11 和 FUM14 编码基因所表达的蛋白作用下合成的。其中 FUM11 可能编码一种转运蛋白，负责底物在细胞间隔间的转运。其他 3 种基因可能编码一种非核糖体蛋白合成酶类复合体。在 C14 和 C15 位的酯化合成伏马菌素 B_4，而后经氧化合成 FB_2、FB_3 和 FB_1。

伏马菌素合成基因簇中还包括一种调控基因 FUM21，其可能翻译为 Zn（Ⅱ）-2Cys6 DNA 结合转录因子。FUM21 缺失突变体不能够产生伏马菌素，且能够正向调节其他合成基因的表达。以前研究已经发现多个簇外基因调控伏马菌素的合成，而最近又发现全局性调控因子（veA）的同源基因 FvVE1 也能够参与伏马菌素的合成，FvVE1 敲除能够完全抑制伏马菌素的产生。FvVE1 蛋白能够作用于 FUM21 和伏马菌素合成酶基因，调控伏马菌素的产生。

除基因调控途径外，外界环境条件也会对镰刀菌真菌毒素的产量产生影响。玉米等粮食作物中伏马菌素的污染水平受地理环境、农业操作方式的影响。在气候比较温暖的地方，通常可以检测到玉米中有较高水平的伏马菌素。FB_1 的产毒条件是在作物田间生长时污染未成熟的谷物、不能及时干燥的谷物，在其上生长产毒，适宜产毒温度为 22~28℃，水分活度在 0.925 以上。此外，pH 值、碳氮比等也是影响真菌毒素产生的关键因素。对于轮枝镰刀菌，最适合伏马菌素产生的 pH 值是 3~3.5，pH 值高于 3.5 能促进轮枝镰刀菌生长但抑制伏马菌素的生物合成。去壳的玉米在储藏 10 d 后，pH 值逐渐由 6.4 降为 4.7，而这个酸性条件更有助于 FB_1 的产生。糖与伏马菌素的产生存在一定的正相关关系，外界糖浓度增加有利于伏马菌素的生物合成。相反，氨基酸等氮源与伏马菌素的产生存在显著的负相关关系。还有研究指出，支链淀粉含量也是影响轮枝镰刀菌中伏马菌素产生的重要环境因素，高支链淀粉含量有利于伏马菌素的产量增加。

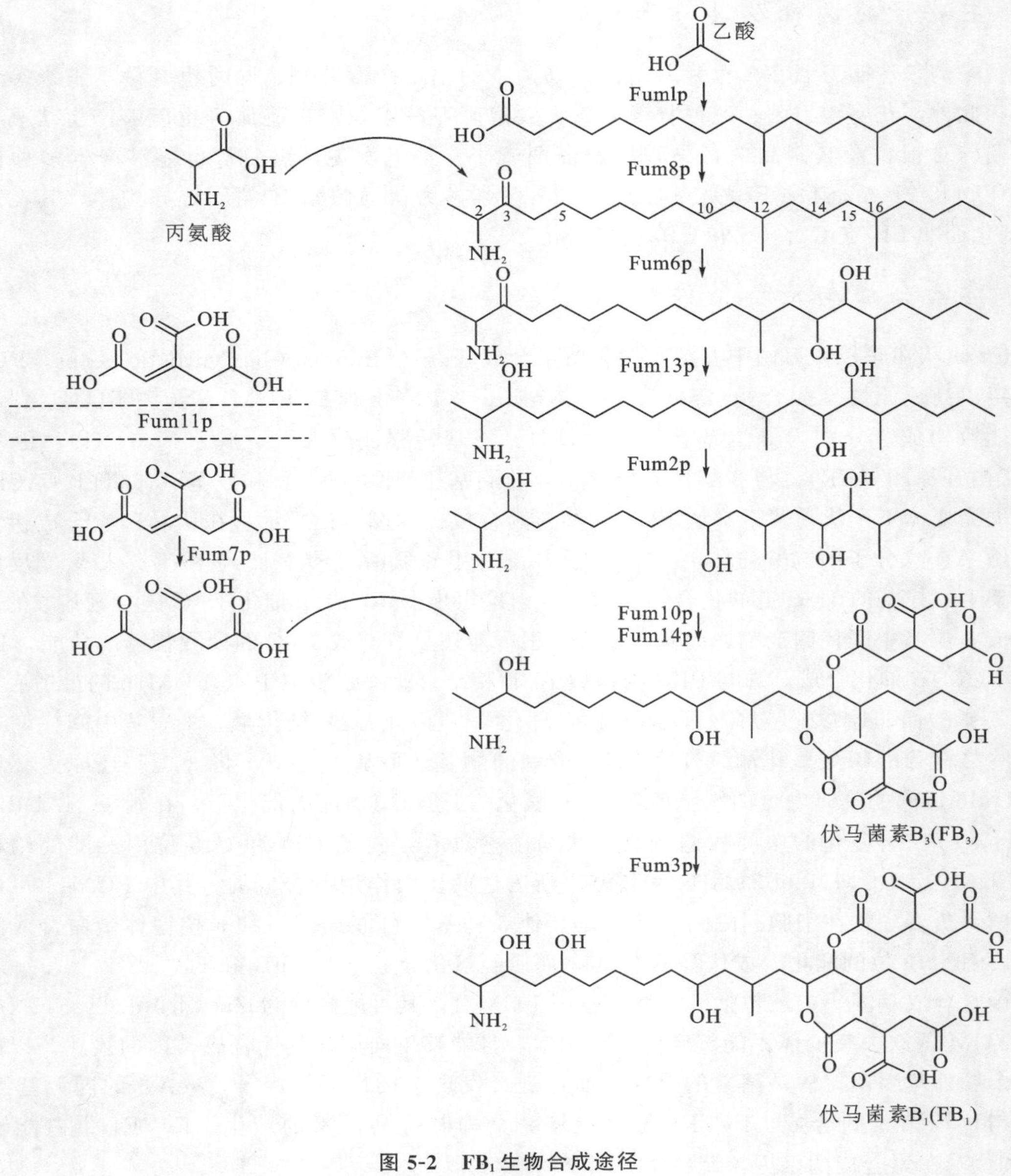

图 5-2　**FB₁生物合成途径**

伏马菌素B₃(FB₃)

伏马菌素B₁(FB₁)

第二节　伏马菌素对食品的污染、危害及致病机制

一、毒素对食品的污染

伏马菌素对农产品及饲料的污染范围广泛，在世界范围内普遍存在，主要污染玉米、小麦、大麦、水稻等谷类以及其制品。其中，以玉米的污染最为严重。伏马菌素在不同地区和时间的污染情况也不相同。世界各地关于伏马菌素对玉米及其制品的污染情况报道较多的包括阿根廷、巴西、澳大利亚、日本、中国、德国和法国等；而在克罗地亚、波兰和罗马尼亚等，只有很少的关于伏马菌素的污染报

道；在北欧和新西兰，串珠镰刀菌对玉米的污染则不经常发生。

2013 年对韩国动物饲料中 FB$_1$、FB$_2$ 含量的检测结果表明，家禽饲料中 FB$_1$ 浓度最高，为 14.6 mg/kg，牛饲料中 FB$_2$ 浓度最高，为 2.28 mg/kg。对葡萄牙玉米及其制品中 FB$_1$ 和 FB$_2$ 污染情况的检测结果显示，在抽取的 67 份样品中，伏马菌素的污染率为 22.4%，浓度范围在 113～2 026 μg/kg，有 2 份样品超过了欧洲委员会制定的限值标准。巴基斯坦研究者对 180 份大米样品中的 23 种真菌毒素进行检测发现，FB$_1$ 的污染率为 42%，仅次于黄曲霉毒素。塞尔维亚 2004—2016 年主要谷物及其制品中伏马菌素的污染率达 63.3%。学者对卢旺达 30 个区域采自 2017 年 3 月和 10 月的 3 328 份饲料和饲料原料样品中的伏马菌素进行检测，发现奶农、家禽养殖场、饲料供应商和饲料加工者提供的样品中伏马菌素平均含量分别为 1.52 mg/kg、1.21 mg/kg、1.48 mg/kg 和 1.03 mg/kg，且未表现出与取样时间和区域的相关性。

在我国不同类别食品中伏马菌素的污染情况也不同。2009 年对中国 6 省的 282 份玉米中伏马菌素污染情况的调查显示，玉米中 FB$_1$ 污染的阳性率为 99.6%，且污染水平在 0.003～71.1 μg/g，FB$_1$ 污染的平均值为 6.7 μg/g。2012 年，对甘肃及天津生产的 39 份玉米样品及 30 份面粉样品进行分析，结果表明 FB$_1$ 的检出率最高，污染水平最严重。2012 年对来自全国 17 个省共 270 份饲料原料和 300 份畜禽饲料中 FB$_1$、ZEA、T-2 含量的检测发现，FB$_1$ 超标率最高。对 2013 年西北地区、东北地区、华北地区、西南地区的玉米样品进行抽检，发现西南地区的玉米样品中伏马菌素的检出率为 100%，且超标率为 7.69%，污染最为严重；其他地区的玉米样品中也均有不同程度的伏马菌素检出。2014 年，对我国 18 个城市的大米及其制品、面粉及其制品、其他谷物及其制品、干豆类和坚果五类食品中的伏马菌素进行抽样检测，在 485 份样本中有 35 份样本检出阳性，平均含量为 0.04 mg/kg。2014 年采用 Ci-ELISA 方法对安徽省 6 个地区 144 份玉米样品中 FB$_1$ 污染情况进行检测分析，结果表明蚌埠市 FB$_1$ 阳性污染率最低为 20.8%，污染含量在 0.062～0.237 μg/kg；阜阳市 FB$_1$ 阳性污染率最高，达到 95.8%，污染含量在 0.52～1.37 μg/kg。对 2014 年 4 月—2017 年 9 月在烟台辖区 11 个检测点采集的 4 类 225 种样本进行真菌毒素检测发现，玉米及其制品中 FB$_1$＋FB$_2$＋FB$_3$ 检出率为 32.97%，且玉米及其制品中均存在毒素多重混合污染同一样本的状况。

伏马菌素污染的粮食中常常有黄曲霉毒素的存在，这更增加了其对人畜危害的严重性。对 2010 年采自亚洲、大洋洲地区的 1 468 个饲料样本，包括谷物、玉米、小麦和大米加工副产品、豆粕、玉米蛋白粉、干酒糟可溶物、秸秆、青贮饲料以及饲料成品进行分析。结果发现，FB$_1$、FB$_2$ 和 AFB$_1$、AFB$_2$ 的检出呈现较高的正相关性。对在阿克拉的 15 个加工场所采集的玉米样品进行分析，结果显示样品中伏马菌素和黄曲霉毒素的共同污染率为 53%。有报道表明，在巴西检出黄曲霉毒素的玉米样品中，FB$_1$ 的检出率为 100%。我国进行的相关研究也报道了伏马菌素和黄曲霉毒素的共同存在。

二、毒素代谢

伏马菌素在大多数动物体内的吸收率很低，很快通过尿液和胆汁排出。在动物代谢实验中发现，给大鼠单次灌胃 ^{14}C 标记的 FB$_1$，48 h 后粪便中标记物为 80%，24 h 后尿液中为 3%，其余的 FB$_1$ 则主要存在于肝脏（0.5%）、肾脏和血液中，持续存在时间长达 96 h。给大鼠腹腔注射含量为 7.5 mg/kg 的用 ^{14}C 标记的 FB$_1$ 水溶液，FB$_1$ 被迅速吸收，20 min 后在血液中的含量达到最大浓度，在体内半衰期为 18 min，24 h 后发现粪便中标记物为 66%，尿液中为 32%，肝脏中为 1%，在肾脏和血红细胞内含量较少，低于 1%。用管饲法饲喂 ^{14}C 标记的 FB$_1$，发现标记物几乎全部出现在粪便内，在尿液、肝脏、肾脏和血红细胞内含量很少，而且绝大多数标记物是未经代谢的 FB$_1$ 原体。给长尾猴静脉注射 FB$_1$ 后，其粪便和肠内容物中主要为 FB$_1$ 和局部水解型 FB$_1$（PHFB$_1$）以及微量的氨基戊醇（AP1）。经体内研究发现，猪对 FB_1 的累计吸收率为 4%，在食糜中发现 1% 的 FB_1 转化为 AP1、3.9% 的转化为 $PHFB_1$，粪便中的 $PHFB_1$ 占 47%、AP1 占 12%，而且发现小肠也能代谢 FB_1。

三、毒性与危害及其机制

伏马菌素对多种动物有毒性作用，可导致马脑白质软化症、猪左心室衰竭并发肺水肿症候群、大鼠肝坏死甚至肝癌等。伏马菌素不仅可单独致病，且与其他真菌毒素如黄曲霉毒素存在联合毒性作用。到目前为止，虽然尚未证实该类毒素与人类疾病有关，但来自南非、中国及意大利的研究表明，人类食管癌高发区的玉米受串珠镰刀菌及增殖镰刀菌污染严重，伏马菌素的检出率及污染水平高于低发区。

（一）毒性

1. 慢性毒性

对大鼠进行 24 个月的 FB_1 暴露发现，大鼠体重增加和摄食量无明显影响，但相对肝重明显降低。大鼠经大剂量暴露 FB_1（25 mg/kg）后表现出中等毒性效应，包括细胞坏死（凋亡）、胆管上皮细胞增殖、纤维化早期特征、胆管增生等，肝组织表现出显著的氧化损伤，肝细胞呈结节状，胎盘型谷胱甘肽硫转移酶（GST）阳性。当暴露剂量低于 10 mg/kg 时，FB_1 对大鼠肝细胞结节无明显的诱导效应。中、大剂量（10～25 mg/kg）FB_1 暴露对大鼠肾的损伤作用较为明显，肾小管上皮表现为颗粒变性、坏死、凋亡、钙化，近曲小管内有退行性病灶。

对小鼠连续染毒（7.50 mg/kg）28 d 的亚急性毒性研究结果显示，FB_1 对小鼠体重、进食量和食物利用率无明显影响，但对小鼠具有肝毒性，表现出肝细胞坏死、炎症细胞浸润和细胞肿大等现象，且雌性小鼠比雄性小鼠更为敏感。

FB_1 对猪的亚急性毒性作用呈现出肝结节性增生和远侧食管黏膜增生斑。在慢性毒性实验中，肺脏出现纤维化，结缔组织中网状纤维的增加导致隔膜变宽，在胸膜和肺小叶间的结缔组织中可见组织纤维的扩散，可扩散到支气管的周围。此外，血液中二氢神经鞘氨醇（sphinganine，Sa）和神经鞘氨醇（sphingosine，So）比值在其他生化指标出现异常和组织损伤之前有明显的上升趋势。

2. 神经毒性

伏马菌素对马的毒性研究发现，给马静脉注射 FB_1 0.125 mg/（kg·d^{-1}）第 8 d 时出现明显的神经中毒症状，主要表现为精神紧张、淡漠、偏向一侧的蹒跚、震颤、共济失调、行动迟缓、下唇和舌轻度瘫痪、不能饮食等；静脉注射第 10 d 时出现强直性痉挛。病理解剖发现，脑部重度水肿，延髓有早发的、两侧对称的斑点样坏死，脑白质软化改变，证明伏马菌素是马脑白质软化症的主要致病因子。马脑白质软化症是一种对马属动物具有高度致死性的神经中毒症，临床初期病畜表现为嗜睡、拒食、共济失调、抽搐等，最后死亡。2011 年阿根廷某农场发现 1 例马脑白质软化症病例，经检测发现，该农场马饲料中 FB_1 和 FB_2 含量高达 12.49 mg/kg 和 5.251 mg/kg。

给断奶仔猪喂食含 FB_1 饲料 6 个月后发现，FB_1 对脑和垂体乙酰胆碱酯酶（AChE）活性有显著影响，能使正在生长的猪脑发生神经化学改变而引起不良生理反应。随着 FB_1 饲喂浓度的增加，猪脑桥、杏仁核、下丘脑、延髓中的 AChE 活性显著下降。

3. 组织器官毒性

体内、外实验研究表明伏马菌素对肝脏、肾脏、肠道等组织器官均具有毒性作用，大剂量或长期使用甚至表现为致癌性。

（1）肠道毒性。连续 10 d 给仔猪口服小剂量 FB_1（1 mg/kg）发现，FB_1 抑制了肠道细胞表达白介素-12p40（IL-12p40），即损害了肠道抗原提呈细胞的功能而使其下调了主要组织相融性抗原复合物 II

型分子（MHC-Ⅱ）的表达和 T 淋巴细胞对刺激的反应能力，提示 FB_1 能够抑制抗原提呈细胞的成熟。FB_1 能够增加鞘氨醇在肠上皮细胞中的累积，而鞘氨醇能够阻滞细胞于 G0/G1 期并导致生长抑制和凋亡。此外，FB_1 能够通过抑制紧密连接蛋白表达改变肠屏障的完整性，进一步增加肠道通透性，促进细菌移位。猪肠上皮细胞（IPEC-J2）和外周血单核细胞（PBMCs）共培养的结果显示，FB_1 能够加剧脂多糖/呕吐毒素诱导的细胞凋亡和促炎性细胞因子的释放，而 FB_1 水解产物（HFB）则表现出较弱的毒性，提示 FB_1 降解酶作为饲料添加剂将是有效减弱 FB_1 诱导的猪肠道炎症的新策略。总之，FB_1 能增加肠细胞凋亡数量，减弱肠屏障并引起免疫功能障碍。

（2）肝毒性。肝脏是伏马菌素作用的主要靶器官，肝毒性也是伏马菌素毒性的重要表现形式。给成年大鼠喂食含 50 mg/kg FB_1 的饲料后，大鼠的生长和采食量受到抑制，绝对和相对肝重显著增加，且肝素中脂肪酸的比例发生明显变化，表现出 FB_1 相当强烈且迅速的肝毒性作用。国外学者给大鼠喂食含 50 mg/kg FB_1 的饲料 26 个月后发现，FB_1 能够诱导大鼠肝癌。FB_1 作用于人正常肝细胞（HL-7702），可减少 G0/G1 期的肝细胞数目，改变细胞周期分布，进而产生肝毒性。

（3）肾毒性。肾毒性是伏马菌素另一主要的危害特性，且有研究表明肾脏对 FB_1 的敏感性高于肝脏，在较低浓度时即可造成大鼠肾脏损伤。给大鼠腹腔注射 7.5 mg/kg 和 10 mg/kg FB_1 连续 4 d，结果发现两个剂量的 FB_1 均提高了大鼠尿量、尿渗透压和尿蛋白，导致酶尿，改变离子转运能力，表现出肾毒性。给大鼠长期喂食含大剂量 FB_1 的饲料（＞50 mg/kg，2 年），发现 FB_1 能够诱导大鼠肾小管腺肿、细胞增殖和细胞程序性死亡，并诱发肾癌。此外，针对大鼠的喂养实验也表明，FB_1 诱导雄性大鼠出现肾脏病变的剂量明显高于雌性大鼠。

（4）肺毒性。伏马菌素具有肺毒性，可引起猪肺水肿综合征。其中，猪摄入含有 FB_1 的饲料后，最典型的病变为肺水肿和胸膜腔积水，并伴随胰脏和肝脏的病变。而仔猪日粮中较小剂量 FB_1 暴露就能够引起肺质量显著增加，表现为明显的肺水肿。

4. 致癌性

长期饲喂一定剂量的 FB_1 可诱导啮齿类动物癌症的发生。FB_1 能够通过降低人类白细胞抗原（human leukocyte antigen，HLA）Ⅰ类重链分子及其抗原加工转运相关分子（LMP2 和 TAP1）的表达，影响 HLA Ⅰ类抗原呈递途径（在许多肿瘤中具有重要的免疫生物学功能）。细胞周期调控因子在致癌因素作用下可发生突变、缺失、异位、扩增等变化，导致细胞周期的失控，进而异常细胞无限增殖，形成肿瘤。FB_1 还能够增加大鼠肝脏中细胞周期素 E（cyclin E）、细胞周期素 D_1（cyclin D_1）蛋白的表达以及 p21 的表达，表现出潜在的致癌性。

伏马菌素与人类食管癌有密切关系。对食管癌高发区河南林州玉米中伏马菌素含量的调查结果显示，该地区伏马菌素含量要远高于该省其他地区。进一步对我国食管癌高发区人群尿 Sa/So 比值进行调查发现，食管癌高发区 Sa/So 比值比其他地区显著偏高，提示伏马菌素可能是诱发食管癌的重要因素之一。

5. 免疫毒性

（1）对脾脏和胸腺的影响。脾脏作为机体最大的外周免疫器官，能够直接反映机体的免疫功能。FB_1 能够影响断奶仔猪脾脏细胞因子的平衡，降低 IL-4 的含量，增加 IFN-γ 的含量。给小鼠连续灌胃 FB_1（18 mg/kg）2 周发现，FB_1 能增加脾脏的相对质量，显著增加 IL-1β、IL-6 和 TNF-α 表达。给大鼠腹腔连续数天注射 FB_1 7.5 mg/（kg·d^{-1}）能够导致胸腺质量下降、播散性坏死。给鸡饲喂含 FB_1 的饲料（200 mg/kg）也可导致胸腺质量下降。

（2）对淋巴细胞的影响。用 0.01～25 mg/mL FB_1、FB_2、HFB_1（FB_1 完全水解产物）分别处理鸡的外周血淋巴细胞 72 h，发现淋巴细胞增殖率明显下降，对淋巴细胞抑制活性表现为 FB_2＞FB_1＞

HFB_1。用 FB_1（$10\,\mu mol/L$ 和 $50\,\mu mol/L$）处理人外周血单个核细胞发现，人外周血单个核细胞 HLA-I 类基因的 mRNA 表达受到抑制。研究发现，10 mmol/L 和 50 mmol/L FB_1 可抑制体外培养的人外周血单个核细胞抗原加工相关转运子（TAP-1）mRNA 和蛋白质表达，而其在调节 HLA-I 类抗原的加工和提呈功能中发挥着重要作用。

（3）对巨噬细胞的影响。FB_1 可抑制巨噬细胞的吞噬能力。给鸡饲喂含 FB_1（61 mg/kg）的饲料 2 周后，巨噬细胞的吞噬能力下降 34%。用 FB_1（1 mg/mL）孵育原代培养的猪肺巨噬细胞后，巨噬细胞活力和吞噬能力明显下降，并出现 DNA 梯状电泳带和核碎裂的凋亡现象。

6. 生殖发育毒性

研究表明，FB_1 对鸡胚胎有致畸、致死作用，导致怀孕仓鼠胚胎死亡数增加，但 FB_1 不能通过胎盘屏障，所观察到的胎儿毒性可能是母体毒性的继发反应。FB_1 还可引起胚胎成骨功能障碍、胚胎脑水肿、第三脑室发育异常，以及下腭裂等致畸表现。FB_1 亦可导致家兔胚胎体重降低。FB_1 致发育毒性的主要表现为：胎儿出生神经管畸形，且与人和动物叶酸摄入水平相关。机体在甲基供体缺乏（MDD）并摄入 FB_1 时，可以出现叶酸受体表达量下降，而 MDD 和叶酸利用率下降是神经管畸形的主要原因之一。此外，FB_1 还可影响猪和马的精子活力以及染色质的稳定性。

7. 其他毒性

伏马菌素还具有一定的植物毒性，可影响植物正常的生理代谢功能，引起多种植物细胞的程序性死亡。目前对于伏马菌素的昆虫毒性研究较少，其中 FB_1 可引起草地贪夜蛾 Sf9 细胞膜电位的去极化和线粒体膜电位的超极化，抑制 Sf9 细胞增殖并阻止 G2/M 期细胞生长。

（二）健康危害

FB_1 不仅是多种实验动物癌症的促进剂，还可能与人类癌症有关。来自南非和伊朗的人群现况调查表明，食管癌高发区居民粮食中 FB_1 的污染水平或 FB_1 摄入量或尿中生物标志物水平高于低发区居民。来自我国河北磁县、河南林州等食管癌高发区的流行病学调查结果显示，常食用当地被霉菌污染的玉米可能与食管癌发生有密切关系，这些地区玉米的霉菌阳性率和 FB_1 含量均高于低发区。随后对我国鹤壁市郊（食管癌高发区）居民进行的伏马菌素摄入的短期监测研究发现，大剂量摄入伏马菌素可引起人体尿 Sa/So 比值升高，表明伏马菌素可抑制人体神经鞘脂类的生物合成，而二氢神经鞘氨醇的积累可以促进细胞凋亡，干扰细胞生长和分化。目前仍缺乏 FB_1 致人类食管癌的直接证据。动物实验研究表明，FB_1 作用人正常食管上皮细胞后能够诱导细胞周期素 D_1 表达，而抑制其他细胞周期相关基因包括细胞周期素 E、$p16$、$p21$ 和 $p27$ 的表达，提示 FB_1 可能通过影响细胞周期和细胞凋亡诱导人食管上皮细胞的增殖。

近年来动物实验研究发现，伏马菌素能够诱发神经管畸形，并影响机体对叶酸的摄取，提示人类的神经管畸形可能与妇女妊娠早期暴露伏马菌素有关。早在 20 世纪 80 年代研究者就发现，神经管畸形高发区也多是食管癌高发区，当地居民大多以玉米作为主食。通过对南非特兰斯凯食管癌高发区 1980－1984 年 9 142 例新生儿的回顾调查发现，神经管畸形新生儿患病率为 6.13‰，而整个南非的神经管畸形新生儿患病率仅为 1.3‰。对当地居民食用玉米样品分析发现，该地区玉米中伏马菌素污染水平是低发区的 2 倍多。在我国，食管癌死亡率和神经管畸形新生儿患病率的分布特征均为北方高于南方、农村高于城市，这与我国玉米消费量的区域分布模式一致。

（三）毒作用机制

目前对于伏马菌素毒性机制尚未完全阐明，主要认为与鞘脂代谢、氧化应激、凋亡、炎症等有关。

1. 对鞘脂代谢通路的影响

鞘脂是机体生物膜结构的重要组成成分，鞘脂及其代谢产物作为一类重要的活性分子，参与调节细胞的生长、分化、衰老和细胞程序性死亡等过程，在维持机体稳定和信号传导过程中发挥着重要作用。对鞘脂代谢通路关键酶的影响被认为是 FB_1 的主要毒性机制之一。FB_1 作为伏马菌素产生毒性作用的主要成分，其结构与鞘脂代谢通路中的神经鞘氨醇（So）和二氢神经鞘氨醇（Sa）极为相似。FB_1 被认为是鞘脂代谢通路中神经酰胺合成酶（CerS）的天然抑制剂，破坏鞘脂类的生物合成，导致复合鞘磷脂减少和 Sa 的增加。此外，FB_1 还能够促进鞘脂代谢通路中的另外两个关键酶——丝氨酸棕榈酰转移酶和鞘氨醇激酶的表达，从而进一步增加 Sa 的含量。

通过检测中美洲危地马拉不同伏马菌素暴露地区妇女血液中 1-磷酸鞘氨醇碱的水平发现，高 FB_1 摄入地区的妇女血液中 1-磷酸二氢神经鞘氨醇、1-磷酸二氢神经鞘氨醇/1-磷酸鞘氨醇（S1P）比值显著高于低 FB_1 摄入地区的妇女，进一步证实了伏马菌素能够影响鞘脂类物质的代谢。用 FB_1 处理小鼠胚胎成纤维细胞后，在核提取物中可见 1-磷酸二氢鞘氨醇含量显著增多，且伴随组蛋白去乙酰酶活性的降低，使得组蛋白乙酰化增多，最终导致神经管缺陷。因此，FB_1 诱导的鞘脂代谢紊乱可能是其毒性机制之一。FB_1 与鞘脂主要组分化学结构比较见图 5-3，FB_1 抑制神经酰胺生物合成途径见图 5-4。

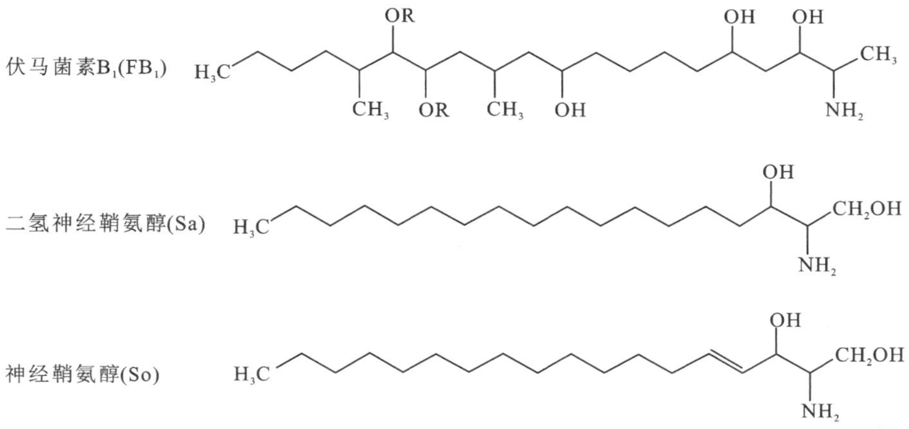

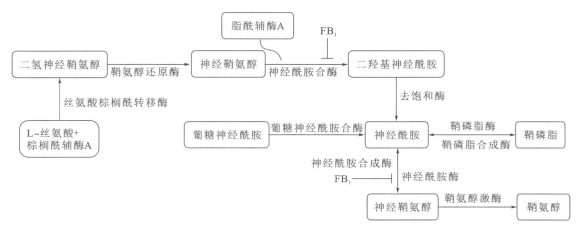

图 5-3 FB_1 与鞘脂主要组分化学结构比较

图 5-4 FB_1 抑制神经酰胺生物合成

2. 对氧化应激的影响

细胞实验研究显示，FB_1作用于大鼠脾单核细胞可引起明显的氧化损伤，其中细胞总活性氧（ROS）、蛋白羰基化、丙二醛（MDA）及 8-羟基脱氧鸟苷（8-OHdG）水平显著升高，表明FB_1所引起的氧化应激能够造成细胞蛋白质、脂质和 DNA 等生物大分子的损伤。动物实验研究也表明，FB_1对鸡的亚急性毒性会增加肝脏硫代巴比妥酸反应物（TBARS）水平，而降低维生素 C 含量和过氧化氢酶（CAT）活性。有研究者推测，FB_1引起的氧化应激依赖于内质网应激反应的诱导。

3. 对自噬的影响

FB_1能够剂量依赖性地促进猴肾细胞（Marc-145）中自噬诱导关键蛋白 LC-3 Ⅰ 向 LC-3 Ⅱ 转化，促进自噬流的增加甚至诱导自噬性死亡，而自噬的 RNA 干扰和化学抑制能够减少FB_1诱导的细胞死亡。进一步研究发现，FB_1介导的自噬激活与鞘脂代谢异常、内质网应激相关因子肌醇需求激酶 1（IRE1）/C-Jun 氨基端激酶（JNK）信号通路的激活密切相关。然而其他研究者发现，FB_1暴露诱导的自噬有利于 HepG2 细胞的存活。这一相反的作用可能主要归因于：①细胞类型。Marc-145 细胞系来源于一非洲绿猴的胚胎肾组织，从母细胞（MA-104）克隆得到，可连续培养，但不具有成瘤性；HepG2 细胞系来源于高加索地区一名 15 岁白人的肝癌（肝母细胞瘤）组织，有明显成瘤性。②自噬诱导水平。猴肾细胞（Marc-145）的自噬流水平可能远高于 HepG2 细胞，过度自噬在FB_1诱导的猴肾细胞（Marc-145）毒性中具有重要作用，然而低水平的自噬则对肝细胞具有保护作用。

4. 对表观遗传学的影响

FB_1暴露能够诱导表观遗传学的改变。研究发现，FB_1能够提高大鼠 C6 神经胶质瘤细胞和人肠 Caco-2 细胞 DNA 甲基化水平，而抑制 HepG2 细胞全基因组 DNA 甲基化，并伴随着 DNA 甲基化转移酶 DNMT1、DNMT3a、DNMT3b 活性的降低。这一不一致性可能主要归因于FB_1暴露剂量和细胞类型不同。此外，FB_1还能够提高大鼠肾上皮细胞（NRK-52E）组蛋白第 9 位赖氨酸的二、三甲基化（H3K9 me2/me3）水平，抑制 H4K20me3 和 H3K9ac 水平。这一异常的表观遗传学改变能够诱导染色质不稳定，可能与FB_1的致癌性有关。

5. 其他毒性机制

伏马菌素的毒性机制与其影响细胞凋亡和细胞周期有关。研究发现，FB_1能够诱导 Marc-145 细胞出现非凋亡型程序性细胞死亡，这种细胞死亡形式并非程序性坏死，且与 ROS 无关。FB_1还能影响 HL-7702 细胞生长周期的变化，发挥其毒性作用。

综上所述，FB_1诱导毒性的作用机制见图 5-5。

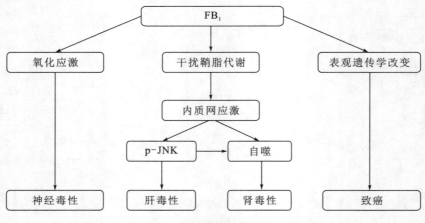

图 5-5 FB_1诱导毒性的作用机制

第三节　伏马菌素污染的预防控制

一、防霉与减毒去毒

1. 物理脱毒法

对玉米的机械加工可去除一部分伏马菌素。如干磨和湿磨，以及在水中或酸性亚硫酸盐的溶液中浸泡，可适度降低食品中伏马菌素的含量。伏马菌素在玉米的胚和种皮中含量较高，因此干磨法加工整粒玉米产生麸皮、碎粒、粗粉和玉米细粉时，会产生不同伏马菌素含量的碎粒。混合型挤压干磨能降低产品中 30%～90% 伏马菌素浓度，非混合型挤压干磨能降低产品中 20%～50% 伏马菌素浓度，挤压膨化能够降低玉米中 40.42%～44.52% 的伏马菌素。通过伏马菌素与果糖的反应降低伏马菌素含量，添加 2.5%～7.5% 葡萄糖能够使伏马菌素降解率达到 71.82%～90.16%。氢氧化钙浸泡＋湿磨能明显降低玉米中伏马菌素含量，随浸泡时间（8～24 h）的延长，伏马菌素去除率逐渐升高，如在 0.03 mol/L 的氢氧化钙中浸泡 24 h，湿磨玉米能够去除 80.71% 的伏马菌素。此外，伏马菌素易溶于水，烹饪、浸泡、洗涤可降低其浓度；但热稳定性良好，一般煮食、制成罐头、烘烤、油炸、高温等对食物中伏马菌素含量和浓度无明显影响。

2. 生物脱毒法

自然界中的许多微生物，如细菌、酵母菌、霉菌、放线菌和藻类等，能够去除或降解食品或饲料中的伏马菌素。

（1）生物吸附法。某些微生物可以吸附伏马菌素，形成菌体-伏马菌素复合体，当复合体形成后，微生物自身的吸附能力下降，较易与伏马菌素一起排出体外，从而降低毒素的危害。研究表明，乳酸菌和丙酸菌普遍具有吸附伏马菌素的能力，但菌株之间的差异较大。其中，明串珠菌 R1107 对 FB_1 去除率高达 82%，乳酸乳球菌 CS43、CS197 和 CS202 对 FB_2 去除率高达 100%。酿酒酵母 CECT1891 和嗜酸乳杆菌 24 对 FB_1 的吸附特性不受共存的黄曲霉毒素 B_1 的影响，具有独立的结合位点。植物乳杆菌 ZJ8 对 FB_1 和 FB_2 也具有较强的吸附能力，吸附率分别达 89.9% 和 95.0%，这种吸附特性与菌体活力无关，主要依赖于菌体细胞壁成分中的肽聚糖。该菌株对 FB_1 和 FB_2 的吸附率在 pH 值为 4 时达到最大，分别为 96.4% 和 99.0%。碱性和高温条件均不利于该菌株对 FB_1 和 FB_2 的吸附，而经强酸和十二烷基硫酸钠（SDS）处理后，该菌株对 FB_1 和 FB_2 的吸附能力显著性上升，吸附率分别达到 98.4% 和 100%。

（2）生物降解法。从深圳近海红树林泥土中分离筛选到能够抑制再育镰刀菌生长和产生 FB_1 的菌株（SZ1-6），初步确定该菌株为卡伍尔链霉菌，该菌株对再育镰刀菌产毒抑制率达 67% 以上。从废弃蘑菇堆肥中分离出一株能够高效降解 FB_1 的菌株（SAAS79），初步确定该菌株为假单胞菌属。在 pH 值为 5～7、温度 28～35℃ 条件下培养 24 h，该菌株对 FB_1 的降解率高达 90%。

二、毒素检测与监测

目前检测粮食制品中伏马菌素的方法主要有薄层色谱法（TLC）、气相色谱法（GC）、荧光光度法、酶联免疫吸附法（ELISA）、高效液相色谱法（HPLC）、液相色谱-质谱联用法（LC-MC）等。

1. 薄层色谱法

薄层色谱法（TLC）是在玉米培养基上对串珠镰刀菌（MRC826）产生的伏马菌素进行分离而发展起来的。该方法采用反相 C18 薄层板，用甲醇-水（3∶1，v/v）作为展开剂；也可以采用正相薄层板，用氯仿-甲醇-水-乙酸作展开剂，并采用对甲氧基苯甲醛或茚三酮显色。该方法检测限只有 0.5 mg/g。

进一步研究表明，以荧光胺作为显色剂在紫外灯下对伏马菌素进行检测能够提高 TLC 的灵敏度和选择性，能够检测天然存在于玉米中的伏马菌素。采用高效 TLC 法检测玉米中伏马菌素的污染情况，再经强阴离子交换柱（SAX）洗脱、0.16％对甲氧基苯甲醛酸性溶液显色、荧光扫描仪定量，检测限达到 250 ng/g。作为检测伏马菌素的一种辅助方法，TLC 法可以对大批样品进行初步筛查，并可以结合薄层扫描仪进行定量分析。

2. 气相色谱法

由于 FB_1 分子高度极性，很难使整个分子衍生化，因此，用传统毛细管气相色谱法检测天然存在于玉米中的伏马菌素时，主要集中在分离和检测其水解产物。由于酸水解可使其产生丙三羧酸，故利用异丁醇与丙三羧酸的酯化作用验证该水解产物中是否含有丙三羧酸，从而证明伏马菌素是否存在。随后对伏马菌素水解产物三氟乙酰丙酮的检测进一步促进了单个氨基多羟基化合物的气相色谱分离。

3. 高效液相色谱法

伏马菌素是极性分子，能溶于水和极性溶剂中，比较适合采用反相 HPLC 方法测定。对于食品中的伏马菌素，提取时通常采用乙腈-水（1:1，v/v）或含甲醇 70％～80％（v/v）水溶液，而对于天然存在于玉米表皮中的伏马菌素，由于与样品中其他成分结合，故应采用 pH 值为 9.2 的甲醇-硼酸盐缓冲液（3:1，v/v）提取。目前伏马菌素的纯化主要采用固相萃取柱（SPEC18）、强阴离子交换柱（SAX）及免疫亲和柱。伏马菌素本身既没有特异的紫外吸收基团，同时也没有荧光特性，但在一定条件下可与某些物质反应从而形成具有荧光特性的衍生物。因此，选择合适的荧光衍生剂和衍生方法是提高 HPLC 法检测伏马菌素准确度和灵敏性最为重要的因素。有学者设计了邻苯二甲醛（OPA）柱后衍生-HPLC 法检测玉米中 FB_1 和 FB_2 的方法，发现 FB_1 和 FB_2 在 0.2～20 mg/L 范围内线性关系良好，相关系数大于 0.999，检测限均为 0.02 mg/kg，适合玉米中 FB_1 和 FB_2 的测定。

4. 高效液相色谱-质谱联用法

HPLC 荧光检测伏马菌素需要衍生过程，而保留时间改变和共流出物的干扰导致假阳性或假阴性，而高效液相色谱与质谱联用则能够将液相色谱的高分离能力与质谱所提供的结构信息相结合，因具有高选择性和高灵敏度而被广泛采用。该方法能够用于面粉、玉米及其制品中伏马菌素的检测，并与免疫亲和柱（IAC）耦联用于样品提取和净化。

有学者通过用乙腈-水（50:50，v/v）溶液提取，经 MultiSep 211 净化柱富集净化后，再用甲醇-甲酸（99:1，v/v）溶液洗脱，建立了 FB_1、FB_2 和 FB_3 协同检测的超高效液相色谱-串联电喷雾四级杆质谱（UPLC-MS/MS）方法，并对面粉、玉米及其制品中的 FB_1、FB_2 和 FB_3 进行了测定。该方法对 3 种伏马菌素的检测限均为 0.2 $\mu g/kg$，最低定量限为 0.6 $\mu g/kg$。有学者采用多功能净化柱（MultiSep ©211 FUM），应用液相色谱-串联质谱法，并结合 $^{13}C_{34}$-FBs 同位素内标法测定玉米中 FB_1、FB_2 和 FB_3 含量。该方法加标回收率范围为 75.9％～108.2％，检测限为 0.39～0.58 $\mu g/kg$。还有学者报道了应用 MAX 混合阴离子固相萃取柱净化-高效液相色谱-串联质谱法测定牛奶中 FB_1、FB_2 及其水解产物（HFB_1 和 HFB_2），该方法的检测限均为 0.03 $\mu g/L$，定量限均为 0.1 $\mu g/L$。

5. 免疫学检测方法

基于抗体抗原反应建立的免疫学检测方法具有样品处理简单、灵敏度高、特异性强等优点，能实现高通量样品的同时快速检测，主要方法如下。

（1）酶联免疫吸附法（ELISA）。目前用于真菌毒素检测的免疫学方法主要是 ELISA 法。单克隆抗体或多克隆抗体的 ELISA 具有灵敏度高、特异性强、快速简便等优点，适用于大量样本的快速筛查。ELISA 法分为直接竞争法与间接竞争法，两种检测方法检测范围相当，前者步骤简单，但检测限稍高；而后者步骤稍复杂，因同时利用了酶标二抗的放大作用，故灵敏度进一步提高。FB_1 为小分子物质，属于半抗原，只具有反应原性但无免疫原性，需与蛋白质等大分子物质偶联进而制备人工完全抗原。因此，合成 FB_1 人工抗原是进行 ELISA 检测的首要步骤。有学者利用 B 淋巴细胞杂交瘤技术制备抗 FB_1 单克隆抗体，建立了 FB_1 间接竞争酶联免疫吸附法。该方法对 FB_1 的最低检出浓度为 5 $\mu g/L$。还有学者以匙孔血蓝蛋白（KLH）为载体，采用碳化二亚胺法人工合成伏马菌素 B_1（FB_1）抗原 FB_1-KLH，免疫大白兔获得特异性良好的抗 FB_1 多克隆抗体。在多克隆抗体的基础上建立了 FB_1 的间接竞争酶联免疫吸附法，该方法 IC_{50} 为 11.7 $\mu g/L$，检测限为 1.1 $\mu g/L$。化学发光反应信号放大可以提高灵敏度。有学者采用碳化二亚胺法成功合成 FB_1 人工抗原，经杂交瘤技术获得分泌 FB_1 特异性抗体的细胞株，再用高碘酸钠法酶标单克隆抗体，建立了 FB1dc-CLEIA，IC_{50} 值为 1.43 $\mu g/L$，线性范围为 0.32～8.40 $\mu g/L$，检测限为 0.13 $\mu g/L$，竞争反应时间仅需 20 min。该方法对谷物样品的检测结果与高效液相色谱法及商业化 ELISA 试剂盒的检测结果相符。有学者建立了基于聚偏氟乙烯膜（PVDF）基质的直接竞争酶联免疫吸附法，同时检测玉米中的 FB_1 及呕吐毒素。该方法对于 FB_1 和呕吐毒素的检测限分别为 2.5 $\mu g/L$ 和 50 $\mu g/L$，样品检测时间 15 min，且可肉眼辨别结果。

（2）磁酶免疫吸附分析法。磁性纳米颗粒具有超顺磁性，比表面积大，且能在外磁场作用下实现快速分离。有学者采用磁性纳米颗粒代替传统微孔板作为固相载体，建立磁酶免疫吸附分析法，线性范围为 0.1～25.0 ng/mL，检测限为 0.071 ng/mL，与其他真菌毒素交叉反应率低于 2.0%。与传统 ELISA 和 HPLC 法相比，该法具有更低的检测限和更高的灵敏度，操作简单，适用于大批量谷物样品中 FB 含量的快速测定。

（3）化学发光免疫法。有学者以抗原-抗体的免疫反应及化学发光为基础，以辣根过氧化物酶（HRP）标记 FB_1 为半抗原、鲁米诺-H_2O_2 为发光底物，对羟基联苯为化学发光增强剂，建立了一种新型的 FB_1 快速检测方法——增强化学发光酶联免疫分析法。该方法的线性范围为 200～1 400 $\mu g/L$，检测限为 91.3 $\mu g/L$。该方法具有灵敏度高、特异性好、线性范围宽、无须复杂的样品前处理、操作简单、检测快速等优点，可实现自动化，能够用于大批量实际样品的快速检测。

（4）荧光免疫法。时间分辨荧光免疫分析技术作为一种新型非放射性免疫标记技术，是将免疫反应的高特异性和标记示踪物的高灵敏性相结合而建立的一类微量物质检测技术，其检测数量级远高于 ELISA 法和放射免疫分析法。有学者利用时间分辨免疫荧光检测试剂盒快速检测食品中的 FB_1，检测限为 2 ng/mL，IC_{50} 为 10.07 ng/mL，线性范围为 2～512 ng/mL，且与黄曲霉毒素、呕吐毒素、载体蛋白（BSA）均无交叉反应性。

6. 生物芯片技术

FB_1 作为一种小分子半抗原，能够与 BSA 载体蛋白耦联为 FB_1-BSA。在醛基化玻璃片表面固定抗 FB_1 抗体，将待测物 FB_1 与一定量的 CY3 标记的 FB_1-BSA 同时加到芯片上，采用竞争法进行免疫芯片的研究。该方法对 FB_1 的检测限为 1 $\mu g/mL$。有学者利用戊二醛一步法将 FB_1 偶联到载体蛋白-卵清蛋白（OVA）上，制备蛋白质芯片以检测 FB_1。该方法的 IC_{50} 为 5.4 ng/mL，线性范围为 1.25～20 ng/mL，线性相关系数为 0.998 3，为应用蛋白质芯片检测粮食、饲料中的真菌毒素提供了可能。

7. 胶体金免疫层析快速检测法

采用碳化二亚胺法合成检测抗原 FB_1-BSA，柠檬酸三钠还原法制备胶体金溶液，辛酸-饱和硫酸铵法对抗 FB_1 单克隆抗体腹水并进行纯化，将金标抗体喷于金标垫，将检测抗原 FB_1-BSA（T 线）和羊抗鼠二抗（C 线）喷涂于硝酸纤维素膜（NC 膜）以制备试纸条，得到的单克隆抗体效价为 1.28×10^5。该试纸条的灵敏度为 20 ng/mL，检测时间为 5 min，且置于 4℃ 条件下可保存 12 个月。采用该试纸条对玉米样品进行检测，所得结果与 HPLC 法和 ELISA 法检测结果一致，表明该试纸条适用于现场快速检测样品中 FB_1 含量。

8. 纳米金标记-适配体识别法

有学者基于核酸适配体识别和纳米金变色效应构建了 FB_1 的可视化检测新方法。该方法以纳米金为载体，首先在纳米金表面组装巯基化的适配体互补短链 DNA1/FB_1-适配体复合物。当加入目标物时，适配体链与目标物结合，与互补短链 DNA1 发生解离。此时再加入纳米金标记的与适配体互补短链 DNA 1 互补的短链 DNA2，二者杂交可导致纳米金粒子的聚集而使溶液颜色发生变化，进而实现目标物的可视化检测。同时在纳米金与短链 DNA 孵化时加入表面活性剂十二烷基硫酸钠（SDS），使 NaCl 浓度达到了 500 mmol/L 而纳米金颜色仍不发生改变，使附着在纳米金上的 DNA 量扩大了 3 倍。该方法的线性范围为 125～1 500 ng/L，检测限为 125 ng/L，已成功应用于啤酒中 FB_1 的检测。

9. 毛细管电泳-化学发光联用法

结合毛细管电泳的高选择性和化学发光的高灵敏度优势，有学者建立了毛细管电泳-化学发光联用法以测定 FB_1。经过条件优化后该方法检测 FB_1 的线性范围为 1～200 μg/mL，检测限为 1 μg/mL。与高效液相色谱-紫外检测法相比，该方法具有较高灵敏性，且不需要衍生化，使 FB_1 的检测步骤更简便，可用于粮食、牛奶、啤酒等中 FB_1 的检测。

10. 噬菌体展示技术

噬菌体展示技术是通过 PCR 将全套抗体的重链和轻链可变区基因克隆出来，并在噬菌体表面表达、分泌，经过筛选后获得特异性抗体。该技术融合了丝状噬菌体展示与抗体组合文库技术，得到的抗体称为噬菌体抗体。噬菌体抗体库技术为人们提供了一个强有力制备抗体的方法，相比杂交瘤技术获得的单克隆抗体及免疫动物获得的多克隆抗体，具有制备时间短、筛选容量大、模拟天然抗体库、功能筛选与抗体确定同步、增加抗体亲和力和实验动物用量少等优点。而且噬菌体抗体可以解决抗原表位多样性的问题并可以有效降低人源性抗体的免疫原性。

有学者从 FB_1 杂交瘤细胞株 F3 中扩增出 V_H 和 V_L 基因片段，再经重叠延伸 PCR（SOE-PCR）拼接扩增得到单链抗体（ScFv）基因，然后克隆到 pCANTAB5E 噬菌粒载体上，转化感受态大肠杆菌 TG1，并经辅助噬菌体 M13K07 超感染，构建 FB_1 毒素噬菌体单链抗体库。还有学者构建免疫鸡源性噬菌体单链抗体基因文库，筛选鉴定抗 FB_1 的单链抗体，表明鸡源性噬菌体单链抗体基因文库可用于分离 FB_1 等小分子半抗原的特异单链抗体。

11. 其他方法

将液相色谱（LC）分离和定量分析化合物的长处与 ELISA 简单、灵敏和专一的优点相结合的 LC-ELISA 方法，是分析和检测玉米样品中伏马菌素比较灵敏和专一的方法。表面等离子体共振（SPR）生化分析仪能够通过一种特殊的抗体检测 FB_1 的浓度，检测限为 50 ng/mL，检测时间仅需 10 min。该方法操作简单，无须烦琐的样品前处理，检测成本低，但灵敏度与酶联免疫吸附法和荧光检测法相比较低。

三、风险评估与食品限量标准

采用 LC-MS/MS 法检测到喀麦隆 1～5 岁儿童尿液中 FB_1 阳性率为 11%，含量范围为 0.06～48 ng/mL，均值为 2.96 ng/mL。检测到 18～58 岁成人尿液中 FB_1 阳性率为 3%，含量范围为 LOQ～14.8 ng/mL，均值为 0.63 ng/mL。采用 LC-MS/MS 法检测到尼日利亚北部儿童、青少年和成人尿液中 FB_1 和 FB_2 阳性率分别为 13.3% 和 1.7%，其中 FB_1 含量范围为 LOQ～12.8 ng/mL，均值为 4.6 ng/mL。另一项研究采用 LC-MS/MS（SPE）法检测到尼日利亚北部儿童、青少年和成人尿液中 FB_1 阳性率为 70.8%，含量范围为 0.08～14.88 ng/mL，均值为 1.09 ng/mL。采用 LC-MS/MS（IMA 和 SPE）法检测到南非 19～97 岁女性尿液中 FB_1 阳性率为 96%，含量范围为 0.026～9.99 ng/mg，均值为 1.52 ng/mg。采用 LC/MS（SPE）法检测到坦桑尼亚 24～36 个月婴幼儿尿液中 FB_1 阳性率为 80%，含量范围为 LOD～16.6 ng/mL，均值为 1.3 ng/mL。采用 UPLC-MS/MS 法检测到意大利南部 3～85 岁儿童和成人尿液中 FB_1 阳性率为 56%，均值为 0.055 ng/mL，最大值为 0.352 ng/mL。采用 LC-MS/MS（IAC）法检测到瑞士成人尿液中 FB_1 和 FB_2 阳性率分别为 6% 和 23%，平均含量分别为 0.004 ng/mL 和 0.01 ng/mL。采用 LC-MS/MS 法检测到海地成人尿液中 FBs 阳性率为 4%，FBs 含量范围为 0.23～0.70 ng/mL，均值为 0.44 ng/mL。

鉴于伏马菌素的毒性及其在粮食中的广泛污染，一些国家已经颁布或开始制定谷物中伏马菌素的容许量标准。但世界不同地区玉米消费量（差异可高达 100 倍）、用途（饲料用途或食品用途）、污染水平均具有较大差异。目前国际上对伏马菌素在食品中的限量尚无统一标准，并且也较少有组织对其有明确且细致完善的限量标准。

基于我国 18 个城市的大米及其制品、面粉及其制品、其他谷物及其制品、干豆类和坚果五类食品中的伏马菌素含量，结合 2002 年中国居民营养与健康状况调查数据库的食物消费数据和人口学数据，按照世界卫生组织（WHO）推荐的风险评估方法原则，对我国不同性别年龄组人群的伏马菌素摄入量进行暴露评估研究，并对其健康风险进行描述。结果显示，我国不同性别年龄组人群的伏马菌素总体平均摄入量为 0.162～0.369 μg/（kg·d），小于 JECFA 对伏马菌素设定的暂定每日最大耐受摄入量（PMTDI）2 μg/（kg·d）。

据联合国粮农组织（FAO）统计，目前已有 6 个国家制定了玉米中伏马菌素的限量标准（1～3 mg/kg）。其中，瑞士规定玉米中 FB_1 和 FB_2 总量不超过 1 mg/kg。2001 年 JECFA 第 56 次会议上临时确立了人体每日允许摄入 FB_1 和 FB_2 的最大限量为 2 μg/kg。2007 年欧盟委员会规定供人类直接食用的玉米制品中 FB_1 和 FB_2 总和应低于 400 μg/kg，玉米粉（粒度≤500 μm）中 FB_1 和 FB_2 总和应低于 1 mg/kg，玉米（未加工）中 FB_1 和 FB_2 总和应低于 2 mg/kg，用于早餐和小吃的玉米制品中应低于 800 μg/kg，加工的玉米制品及婴儿食品中应低于 200 μg/kg。国际食品法典委员会（CAC）将玉米中伏马菌素的限量定为 4 mg/kg。我国仅在饲料卫生标准中规定，饲料原料中玉米及其加工产品、玉米酒糟类产品、玉米青贮饲料和玉米秸秆中 FB_1 和 FB_2 总量的限量为 60 mg/kg，但尚无食品中伏马菌素的容许量标准，更缺乏我国人群暴露伏马菌素的相关研究。

（禹 晓）

第六章　赭曲霉毒素污染及其危害

赭曲霉毒素（ochratoxins，OTs）是由青霉菌属和曲霉菌属真菌产生的一种有毒次级代谢产物。它包括 7 种结构类似的化合物，以赭曲霉毒素 A（ochratoxin A，OTA）、赭曲霉毒素 B（ochratoxin B，OTB）和赭曲霉毒素 C（ochratoxin C，OTC）为主。OTA 较稳定，不易降解，且毒性最强，广泛分布于自然界中，农作物和饲料是其主要的污染对象。OTA 还能污染坚果、咖啡豆、葡萄、红酒、香料、啤酒、茶叶、乳制品，以及以谷物为原料加工的婴幼儿食品。OTA 有一定的致癌、致畸和致突变性，以及强烈的肾毒性、肝毒性、神经毒性和免疫毒性。研究认为，OTA 与巴尔干半岛地方性肾病、泌尿系统肿瘤和生殖系统癌症有关。1993 年国际癌症研究机构（IARC）将 OTA 列为 2B 类可能致癌物。

第一节　赭曲霉毒素的性质及其产生

一、化学结构与性质

赭曲霉毒素是异香豆素连接到 β-苯基丙氨酸上的衍生物，有赭曲霉毒素 A、赭曲霉毒素 B、赭曲霉毒素 C 和赭曲霉毒素 α 四种，化学结构相似。其中，OTA 毒性最强，最早是从赭曲霉（*Aspergillus ochraceus Wilh*）中分离出来的，结构式为 7-羟基-5-氯-3，4，二氢-8-羟基-3-甲基异香豆素-7β-苯丙氨酸，分子式为 $C_{20}H_{18}ClNO_6$，分子量为 403.82，CAS 号为 303-47-9，分子结构式如表 6-1 所示。OTA 是一种无色结晶化合物，易溶于极性有机溶剂，微溶于水，溶于碳酸氢钠水溶液。从苯和二甲苯中重结晶时 OTA 熔点分别为 90℃ 和 171℃。OTA 具有紫外吸收特性，在甲醇溶液中的最大吸收波长为 333 nm。OTA 在 96% 乙醇中的最大发射荧光是在 467 nm 处，在纯乙醇中为 428 nm。OTA 在氯仿中的红外光谱特征吸收峰在 3 380 cm^{-1}、1 723 cm^{-1}、1 678 cm^{-1} 和 1 655 cm^{-1}。OTA 在一定条件下脱氯后能够形成 OTB，OTA 进行酯化反应能够生成 OTC，而 OTC 通过口服和静脉注射在活体中能快速转化为 OTA。OTA 在极性有机溶剂中化学性质稳定，不易发生反应，且具有较强的耐热性，烘烤只能使其毒性减少 1/5，而水煮则不能破坏其毒性。OTC 具有与 OTA 类似的毒性，而 OTB 毒性最小，但也能引起肾毒性、肝毒性和致癌性。

表 6-1　代表性赭曲霉毒素信息表

名称	分子式	化学结构式	CAS 号
赭曲霉毒素 A	$C_{20}H_{18}ClNO_6$		303-47-9

名称	分子式	化学结构式	CAS号
赭曲霉毒素 B	$C_{20}H_{19}NO_6$		4825-86-9
赭曲霉毒素 C	$C_{22}H_{22}ClNO_6$		4865-85-4
赭曲霉毒素 α	$C_{11}H_9ClO_5$		19165-63-0

二、主要产毒菌株及其分布

由于环境条件、受侵染谷物种类不同，OTA暴发率及产毒菌株种类不同。一般情况下，在凉爽环境下OTA主要产毒菌株是青霉菌属真菌，而在热带地区则主要为曲霉菌属真菌。产OTA的青霉菌属真菌一般分为两类，一类是疣梗青霉（*Penicillium verrucosum*），主要污染谷物，而另一类是北青霉（*Penicillium nordicum*）和一些通过蛋白食物发酵所得的产毒菌株，主要污染肉制品和奶酪。与疣梗青霉相比，北青霉菌株产OTA量较低。

真菌对生长环境有选择性，对不同的农产品也有不同的偏好，农产品中真菌菌群的组成和可能产生的毒素都会因为贮藏时间和贮藏条件而发生改变。曲霉菌属真菌中，赭曲霉（*Aspergillus ochraceus*）是OTA的重要产毒菌，常见于小麦、坚果、咖啡、加工肉类以及烟熏的和盐腌制的鱼中。曲霉菌属真菌中产毒的第二类是黑曲霉、炭黑曲霉，黑曲霉（*Aspergillus niger*）是热带和亚热带植物尤其是葡萄和干果中的OTA主要产毒菌。近年来研究发现，在可可豆中这两种菌也可以产生OTA，但产量较低。此外，有研究发现洋葱曲霉、土曲霉、烟曲霉、杂色曲霉等菌株也可以产生较低含量的OTA。

三、毒素合成与产毒条件

根据OTA化学结构式推测，首先由五分子的乙酰CoA形成OTA结构的二氢异香豆素骨架，而后甲硫氨酸通过SAM为二氢异香豆素环提供一碳单位，并在C-7位形成甲基，然后氧化为羧基，随后与苯丙氨酸的氨基进行缩合，形成酰胺键进而合成OTA。目前对OTA合成途径的研究多集中在对聚酮合酶（PKS）、非核糖体多肽合成酶（NRPS）和卤代酶的基因研究上。PKS是OTA合成的启动酶，催化乙酸/其他羧酸重复缩合，发生多步骤酮反应。NRPS基因敲除后能够阻断OTA合成，但是NRPS的催化位点尚未得到证实。卤代酶催化加氯反应，证实卤代酶参与OTA的合成。

根据 OTA 化学结构式预测的合成顺序是：乙酰-CoA、蜂蜜曲菌素、OTB、OTα、OTC、OTA。根据同位素示踪预测的合成顺序是 OTB、OTα、OTA。有学者认为 OTα 是 OTA 的前体，但也有学者认为 OTα 可能是 OTA 合成后的衍生物。目前在分子和生物化学上均尚未建立起完整的 OTA 的生物合成路径，特别是对 OTA 合成酶编码基因催化的底物和产物知之甚少。

温度、水分活度和培养基成分等都会影响产毒菌的生长及产毒效率。其中，疣梗青霉的最适生长温度是 30℃，水分活度为 0.80，被认为有谷物专一性。对面包中的疣梗青霉菌株进行研究发现，在水分活度为 0.93、pH 值为 6、生长 28~36 d 的情况下，OTA 产量最大。赭曲霉中有些菌株在粮食中最适产毒温度为 30℃，水分活度为 0.99。黑曲霉和炭黑曲霉的最适生长温度分别为 25~40℃ 和 20~35℃，两者在该温度范围内均可产 OTA，但前者在 15℃ 时产量最高，后者在 20℃ 时产量最高。

对于农产品来说，影响 OTA 产生和产量的最主要原因是农产品的收获环境、干燥条件及贮藏方式。谷物干燥的水分活度达到 0.7 以下，并且在贮藏过程中保持该水平，能有效降低产毒菌的数量。花生贮藏时水分活度保持在 0.91 以下则可以有效减少黑霉菌的 OTA 产量。此外，因为不同的农产品所含营养物质不同，所以侵染的菌株也有差异，这对 OTA 产生条件有一定的影响。研究表明，赭曲霉的生长和 OTA 生物合成受到群体密度调控，其中氧脂素 9S-HODE 和 13S-HODE 可能在控制赭曲霉的生长和 OTA 生物合成中起主要作用。因此，脂肪和蛋白质含量高的粮食种子可能更易受到赭曲霉的侵染。

第二节　赭曲霉毒素对食品的污染、危害及致病机制

一、毒素对食品的污染

OTA 产毒菌广泛分布于自然界，多种农作物和食品均可被 OTA 污染。最先发现的 OTA 天然污染物是玉米。克罗地亚是世界上玉米中 OTA 污染率和污染水平最高的国家，1996 年和 1997 年对当地产的 105 份和 104 份玉米中 OTA 污染水平进行检测，结果显示 OTA 平均含量分别为 3.61 μg/kg 和 19.8 μg/kg，最高污染水平分别为 224 μg/kg 和 614 μg/kg。此外，荷兰、挪威、瑞典、巴西、美国、丹麦、英国、乌拉圭等国也对部分粮食中 OTA 水平进行调查，发现 OTA 污染水平较低，平均含量低于 5 μg/kg。在 20 世纪 90 年代发现了葡萄及葡萄酒也被 OTA 污染，主要由黑曲霉引起。葡萄中 OTA 含量与葡萄种植地区温暖程度成正相关，检测发现南欧红葡萄酒中 OTA 污染水平最高可达 15.6 μg/L，澳大利亚葡萄酒中 OTA 污染水平为 0.05~0.62 μg/kg。

我国小麦及其制品也存在 OTA 不同程度的污染。对我国 6 个不同省区的 128 份小麦样品进行调查发现，OTA 检出率为 12.43%，最大污染水平为 1.47 μg/kg。赭曲霉菌丝体主要依附在小麦两端的表皮上，并逐步向内延伸。因此，制粉和分层研磨过程能够对 OTA 进行重新分布。2016 年对山东省 90 份鲜玉米进行真菌毒素检测，结果显示 OTA 检出率为 25.56%，平均含量为 0.32 μg/kg。对西藏 750 份粮油作物样品进行 OTA 检测，结果表明 5 种粮油作物中，青稞样品的毒素污染相对较为严重。对我国主要食品中 OTA 污染水平的研究发现，51 个挂面样品中有 6 个样品超过 5 μg/kg；39 份植物油样品中 OTA 污染最为严重，污染率为 48.7%，OTB 次之，为 33.3%。其中，花生油污染水平相对较高，OTA 最高检出水平为 0.36 μg/kg，OTB 最高检出水平为 0.28 μg/kg。

动物饲料中 OTA 的污染也较为普遍。2013 年对全国 27 个省区的抽样检测结果显示，125 份饲料样品中 OTA 检出率为 24.0%，平均值为 7.12 μg/kg，最大值为 56.3 μg/kg。

二、毒素代谢

OTA 在机体的主要吸收部位是胃肠道上部，以阴离子（OTA$^-$/OTA^{2-}）形式从胃，特别是从十二指肠近端被动吸收，随后通过门静脉分配到不同的组织器官中。OTA 与血浆蛋白有较高结合力。通过体外模拟 OTA 在十二指肠吸收情况发现，顶端到基底外侧通道中 OTA 占据主导地位。研究发现，涉及依赖 ATP 的转运蛋白中乳腺癌耐药蛋白（BCRP）被认为与 OTA 运输相关，且 BCRP 已在人体的肠、肝、血管、哺乳期乳腺和肾脏等器官中被发现。

不同动物对 OTA 的吸收率有差异。据报道，猪口服 OTA 的吸收率为 66%，大鼠和家兔为 56%，鸡为 40%。一部分 OTA 可被消化道内羧肽酶 A、胰蛋白酶、α-糜蛋白酶、组织蛋白 C 以及肠腔中的微生物水解成毒性更低的 OTα；另一部分 OTA 从消化道吸收进入体循环后，大部分与白蛋白结合（结合率达 99.98%），随后经血液循环到达机体各组织器官。

最近研究发现，OTA 在不同组织中的分布具有性别差异和剂量依赖性。大鼠口服 OTA（2.5～100 μg/kg）的研究发现雄鼠体内的含量较高，组织器官分布从高到低依次为肝、肺、肾、睾丸、脑。OTA 会结合肾脏近端小管细胞中的一类细胞器蛋白，虽然这种蛋白质丰度很低，但 OTA 与其结合后更有利于在肾细胞中的蓄积，并增强 OTA 的肾毒性。OTA 与不同物种血液蛋白质的结合能力具有差异性，结合能力从高到低依次为人类、大鼠、猪、小鼠。到达血液后，99% 的 OTA 会与血清蛋白（主要是白蛋白）结合，而 OTA 在血液中的半衰期也取决于人血白蛋白含量以及物种、性别的差异。OTA 与白蛋白的结合是减缓 OTA 体内消除并限制 OTA 从血液转运到肝脏和肾脏等组织的关键原因。

OTA 及其代谢产物在体内的浓度取决于多种因素，包括物种、性别、OTA 在食物中的存在形式和含量以及受试物种的健康状况、暴露剂量、代谢途径和持续暴露时间等。OTA 主要在胃肠被吸收，而残留的 OTA 会在肾脏部位被重吸收，这是毒素残留体内并保持持久性的原因之一。肝肠循环也被认为是影响 OTA 体内半衰期的一个重要因素。OTA 血液中的消除往往比组织中更长，可能原因是 OTA 与血液中的白蛋白结合从而延长了半衰期。OTA 在不同物种哺乳动物体内的半衰期见表 6-2。在动物和人类中，OTA 可以在肾、肝和肠道中代谢，主要是发生水解、羟基化和内酯环等反应，如图 6-1 所示。通过羧肽酶使 OTA 中的肽键断裂并形成水解产物 OTα，它可以存在于动物和人类体内，是没有毒性的。然而，OTA 形成的另一种内酯开环形式的代谢产物（open lactone of ochratoxin A，OP-OTA）比 OTA 的毒性更高。此外，OTA 代谢产物还会与奎宁/氢醌形成共轭化合物（ochratoxin quinone/ochratoxin hydroquinone，OTQ/OTHQ）。其中，OTA 形成的代谢产物极性越高消除得越快。

表 6-2　OTA 在不同物种哺乳动物体内的半衰期　　　　　　　　　　　单位：h

半衰期	鲤鱼	鹌鹑	小鼠	猪	家兔	大鼠	鸡	猕猴	人
静脉注射	8.30	12.0	48	150	10.8	170	3.0	840	≈1 400
口服	0.68	6.7	39	72	8.2	120	4.1	510	840

大鼠和小鼠的肝胆和肾脏途径都参与 OTA 的排泄，其中肝胆途径是 OTA 的主要排泄途径，同时也取决于剂量和给药途径。对于人类和其他灵长类动物（如猕猴）来说，机体中的 OTA 主要通过肾脏排出，排泄途径的具体选择与给药途径、剂量、与血浆蛋白的结合程度以及和 OTA 的肝肠循环相关。由于 OTA 具有与血浆蛋白结合的特征，肾小球的滤过作用有一定限度，因此 OTA 会在肾单位全部被重吸收。

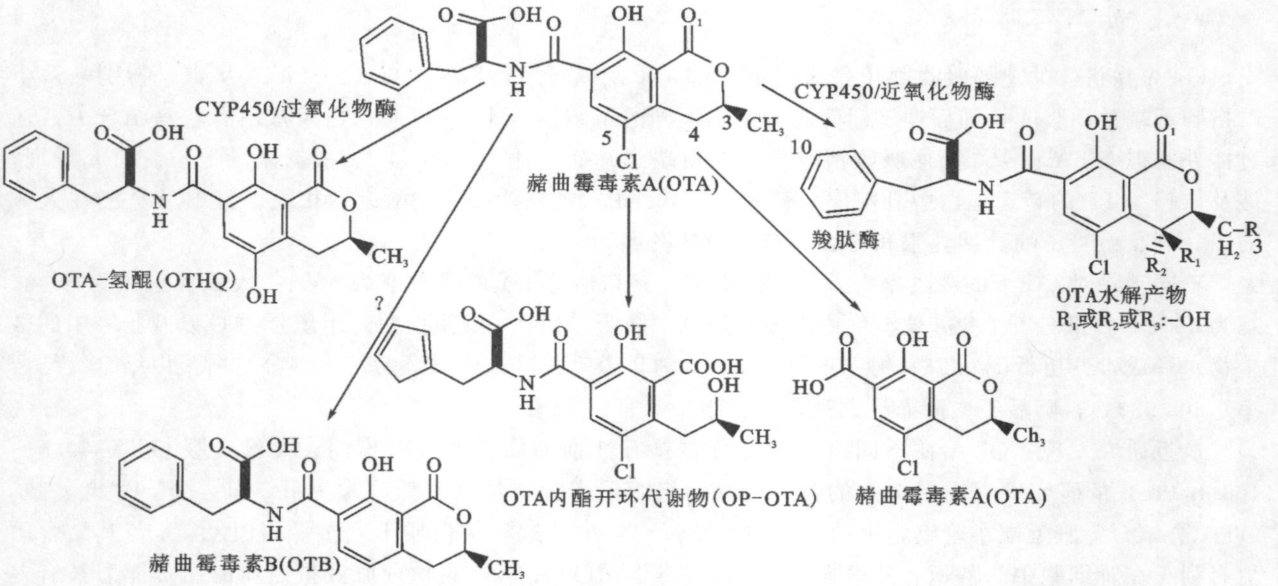

图 6-1　OTA 在体内的代谢途径

三、毒性与危害及其机制

（一）毒性

1. 急性毒性

OTA 对实验动物的半数致死剂量（LD_{50}）依给药途径、实验动物种类和品系不同而异，一些动物的经口 LD_{50} 如表 6-3 所示。

表 6-3　OTA 对实验动物半数致死剂量（LD_{50}）　　　　　　单位：mg/kg

受试动物	人	猴	猪	大鼠	小鼠
经口 LD_{50}	—	—	1.0～6.0	20～30	48～58

猪和禽类对 OTA 毒性最为敏感，在较低暴露剂量时就表现为食欲减退、生长速度减慢、精神萎靡、动作不协调等。以灌胃的形式给予大鼠 OTA 单次暴露（0、17 mg/kg、22 mg/kg）后发现，OTA 诱导大鼠肾小管性肾病、肝淋巴坏死、坏死性肠炎伴绒毛萎缩。电子显微镜显示，在肾小球毛细血管中存在脱粒血小板、坏死白细胞和肿胀内皮细胞形成的纤维血栓。心肌的病变包括肌原纤维肿胀、溶解，Z 带碎裂，伴有间质水肿、血管血栓形成和内皮损伤。小肠、肝脏和淋巴组织的急性病理变化比肾小管病变更为明显，且呈弥散性。在虹鳟鱼体内进行的 OTA 急性毒性试验结果显示，虹鳟鱼急性注射的半数致死剂量为 5.53 mg/kg。当急性注射剂量为 8.0 mg/kg 时，OTA 可诱发虹鳟鱼肾脏各部位（即肾小管、肾小球和造血组织）坏死。超过 24 h 暴露后组织中 OTA 浓度从高到低依次为幽门、盲肠、肠道和肝脏，表明 OTA 对鱼类肝脏、肾脏和肠道组织有持续性损伤，并可能影响生长性能。

2. 肠道毒性

实验动物经 OTA 暴露后肠道不同位点表现出不同程度的炎症损伤。给仔猪饲喂含 OTA 饲粮或纯 OTA 后，仔猪进食量下降、精神不振、呕吐、多饮和多尿，进而出现腹泻和直肠温度升高，甚至死亡。死亡仔猪的整个胃肠道伴有炎症反应，肠道呈局灶性坏死病变，空肠、回肠、结肠和直肠被胆汁染色的液体和气体充盈而肿胀，肠壁变薄而无活力。犬经 OTA 暴露后盲肠、结肠和直肠出现中度至重度的黏膜出血性肠炎，肠黏膜固有层和上皮细胞坏死，近端小肠受影响较轻微。仔鸡经 OTA 暴露后肠道脆弱，并伴有大肠/体重比和脂肪含量增加，胶原蛋白含量降低。

体外试验进一步证实了 OTA 的肠道毒性。OTA 能够破坏仔猪空肠上皮细胞（IPEC-J2）结构功能完整性，导致细胞增殖或存活率降低，氧化应激可能是毒性效应发生的重要机制。OTA 能够增加人胃黏膜上皮细胞（GES-1）微核的形成，诱导 GES-1 细胞染色体发生畸变。OTA 能够导致人结肠癌细胞（Caco-2）存活率降低，引起细胞氧化应激以及 DNA 损伤。ROS 水平升高可能是 OTA 导致 Caco-2 细胞 DNA 损伤的原因。OTA 和黄曲霉毒素 M_1（AFM_1）联合能够抑制 Caco-2 细胞增殖，诱导线粒体膜电位和线粒体相关凋亡蛋白（caspase-3 和 caspase-9）表达水平的变化，表明两者联合可能通过线粒体途径诱导 Caco-2 细胞凋亡。

3. 肾毒性

OTA 具有强烈的肾毒性，主要损害哺乳动物（实验动物大鼠和猪）肾脏，造成肾小管细胞坏死、肾功能受损，引发蛋白尿、糖尿甚至肾癌，损伤程度与 OTA 剂量呈正相关。病理结果显示，OTA 诱导肾脏外髓质表皮细胞的细胞质空泡化和肾近端小管表皮细胞的核巨大化。^{1}H-NMR 结果显示，血浆中乳酸、苏氨酸、脂质以及高密度脂蛋白等发生变化，表明 OTA 损害肾脏的同时，也影响到糖脂代谢。OTA 能够分别通过调控 DNA 甲基化转移酶 1（DNMT1）、组蛋白甲基化酶（G9a 和 SETDB1）使人胚肾细胞（HEK293）整体基因组 DNA 甲基化水平降低，而组蛋白 H3K9 甲基转移酶活性升高，这可能是 OTA 导致肾毒性的表观遗传机制。

4. 致癌性和基因毒性

OTA 已被证明对啮齿动物具有致癌性。小鼠和大鼠口服 OTA 后，OTA 能够通过 mTOR/AKT 通路作用于肾脏，使肾细胞产生癌变。OTA 还会通过氧化代谢方式使毒性作用遗传给后代。OTA 会从母体通过胎盘转运到胎儿肝脏和肾脏，并形成 DNA 加合物，干扰遗传物质的自我修复和细胞周期调控，并可能在 OTA 诱发的致癌效应中发挥重要作用。小鼠单次口服 OTA（2 mg/kg）后，在肾脏、睾丸、肝、脾和膀胱可检测到 DNA 加合物。新生小鼠口服 OTA 后，在睾丸组织检测到的 DNA 加合物与在成年小鼠睾丸组织及肾脏检测到的 DNA 加合物类似。关于 OTA 的基因毒性，有报道指出，以致癌剂量给予大鼠 OTA 暴露 4 周后发现，在肾外髓，特别是在 S3 区段中基因发生突变较多，主要是缺失突变。以中国仓鼠卵巢细胞和人 TK6 淋巴母细胞开展的体外基因毒性试验也表明，DNA 氧化性损伤与 OTA 暴露具有关联性。

5. 神经毒性

研究表明，大鼠脑细胞经 10～20 nmol/L OTA 暴露后，可观察到大鼠脑细胞中参与脑炎症反应的基因表达增加。鼠胚胎脑细胞经 0.5～1 μg/mL OTA 暴露后，活细胞数目减少，转录因子激活蛋白-1（AP-1）和核因子 κB（NF-κB）水平下降，在更高浓度下还可观察到神经突触的生长受到抑制。

6. 免疫毒性

OTA 通过改变胸腺、脾脏、淋巴结内免疫细胞结构和功能影响免疫器官功能。研究表明，OTA 对奶牛免疫细胞产生毒性，影响免疫细胞增殖和功能，抑制奶牛细胞免疫和体液免疫功能。OTA 能够通过损害法氏囊和胸腺组织结构，使胸腺出现淋巴细胞减少、核固缩及皮质和髓质区过度空泡化等病变，导致肉雏鸡免疫力显著降低，且表现出剂量效应关系。OTA 能够诱导猪原代脾细胞 MAPKs 信号传导通路中的 p38 和 ERK1/2 磷酸化，对猪脾脏细胞产生严重免疫毒性。由此可见，OTA 主要通过改变免疫器官中免疫细胞的结构和功能，造成机体显著的免疫抑制。

7. 生殖发育毒性

对雌性怀孕大鼠和新西兰白兔进行不同浓度 OTA 暴露后发现，两者均在最高剂量下出现子代体重减轻、活胎数减少和胎儿畸形（如骨骼和内脏异常）的发生率增加。雄性大鼠鼠经 OTA 暴露（50～100 μg/kg）后可出现精子数量、活力、存活率等变化，染色体和精子头部形态出现异常，且具有剂量依赖性。雄性小鼠经 OTA 暴露后会出现睾丸退化和生精小管萎缩，以及血管舒张、形成血栓等表现，原因可能是 OTA 诱导了机体局部氧化应激，从而导致睾丸组织病变。仔猪经 90 d OTA 暴露后发现，OTA 造成畸形的最低剂量约是导致肾功能变化最低剂量的 12 倍。

（二）健康危害

巴尔干肾病是一种进行性肾小管-间质性肾炎，可引起肾小管萎缩、肾小球纤维化病变，最终导致肾上皮组织坏死及动脉肥大增生，直至肾衰竭，且伴有尿频、尿蛋白和尿糖增加、对氨基马尿酸清除率降低等肾功能损伤。这种进行性慢性肾病最早在多瑙河盆地及萨瓦河流域沿岸被发现。流行病学研究表明，人类膳食暴露 OTA 是引起巴尔干肾炎的主要原因。对克罗地亚 OTA 肾病高发村的 10 年追踪研究表明，在高发村人群血清中 OTA 检出率为 4.5%（2～50 ng/mL），而对照组为 2.4%（2～10 ng/mL），且在高发村随机检测的食品和饲料中均含有 OTA，表明该流行性肾病发生与食品、饲料受 OTA 污染直接相关。

OTA 还与睾丸癌发生有关。睾丸癌占男性肿瘤的 1%～1.5%，占所有泌尿系肿瘤的 5%。在欧洲，特别是巴尔干等 OTA 污染严重的国家和地区，睾丸癌出现高发现象。学者认为，睾丸癌的发病率可能与 OTA 污染的地域分布有密切关系。例如，在丹麦睾丸癌的高发病率与人均消费含 OTA 多的食品密切相关。

（三）毒作用机制

研究发现，OTA 对动物和人类具有肾毒性、免疫毒性、致畸性等。OTA 部分结构与苯丙氨酸类似，在蛋白质合成过程中能够竞争性抑制苯丙氨酸氨基酰化合成苯丙氨酸-tRNA，扰乱苯丙氨酸代谢，减少糖异生作用，从而通过抑制 DNA 和蛋白质合成诱导细胞凋亡。OTA 还可产生活性氧，导致脂质、蛋白质和 DNA 损伤，从而产生肝毒性、肾毒性和致癌性。

1. 氧化损伤

通过体外大鼠肝、肾细胞研究以及在体实验发现，OTA 能够促进脂质过氧化，并认为这主要是由于促进了烟酰胺腺嘌呤二核苷酸氧化酶（NADPH）和抗坏血酸盐依赖的脂质过氧化，而铁离子（Fe^{3+}）则是辅助因子。活性氧导致的脂质过氧化等后果可能会导致 DNA 损伤。对叙利亚仓鼠肾细胞研究发现，OTA 能导致细胞活力下降，彗星 DNA 含量和拖尾现象与 OTA 呈明显的剂量依赖关系。OTA 对肾细胞活力的影响与细胞内过氧化物的大量生成和抗氧化酶活力下降有关。在中国仓鼠卵巢细胞（CHO）和人淋巴干细胞（TK6）经 OTA 暴露后的微核与 DNA 损伤对比研究中发现，OTA 暴露浓度为 15 μmol/L 时即能诱导微核体和亚二倍体发生。随浓度增加，两种细胞中甲酰氨基嘧啶-DNA 糖基化酶依赖的脱嘌呤位点增加，表明 OTA 诱导了明显的 DNA 氧化损伤、染色体断裂和非整倍体效应。大脑主要由易被氧化的脂质组成，并有高耗氧率，却又缺乏高效的抗氧化防御机制，因此对氧化损伤较为敏感。对 OTA 神经毒性的研究表明，OTA 能诱导脂质过氧化和 DNA 氧化损伤，降低组织多巴胺水平，甚至引起多巴胺能神经元丧失，从而影响到正常的神经-生理活动与学习、记忆功能。

2. 诱导细胞凋亡

多个实验均证明，OTA 诱导的细胞变化能引起细胞凋亡。对细胞凋亡机制的研究也可能是揭示OTA 毒性的重要途径。应用 cDNA 微阵列技术发现，OTA 能诱导小鼠体内肾脏细胞和体外肾近端小管细胞转录的变化。OTA 改变了在 DNA 损伤（GADD153 和 GADD45）和细胞凋亡（膜联蛋白 V 和凝聚素）中发挥作用的一些基因，使之在转录水平上发生变化。进一步研究表明，OTA 还可刺激抑癌基因 *p53* 的表达和 Bax 蛋白的去磷酸化，诱导人肝癌细胞等的线粒体凋亡。作为细胞周期与 DNA 完整性的监视蛋白，p53 特异性地抑制抗凋亡蛋白 Bcl-2 的表达但诱导促凋亡蛋白 Bax 的表达。Bax 的表达与去磷酸化，反过来募集 p53 一同迁移到线粒体，形成 Bax/p53 复合物，导致线粒体跨膜电势消失和细胞色素 C 的释放，从而启动半胱天冬酶依赖的线粒体凋亡通路，诱导 DNA 损伤，使不能被修复的细胞凋亡。

3. 对细胞信号通路的影响

对人胃黏膜上皮 GES-1 细胞研究发现，OTA 能够将 GES-1 细胞停留在 G2/M 期，在这些停滞的细胞中，发现在 M 期的细胞比例减小，含磷的组蛋白 H3 也减少，因此推测 OTA 对 G2 期产生影响。经 OTA 暴露后，细胞周期蛋白 B1-Cdc2 复合物和 Cdc25C、Cdc2 以及细胞周期蛋白 B1 在蛋白水平和 mRNA 水平上均明显降低。在分子水平上，OTA 能够诱导 GES-1 细胞凋亡，激活 capase-3 蛋白的分离。肾小管细胞实验发现，OTA 能够降低超氧化物歧化酶（SOD）活性，增加了细胞内活性氧（ROS）水平，谷胱甘肽硫转移酶（GST）基因表达和活性均降低，这可能与激活蛋白-1（AP-1）和 NF-E2 相关因子-2（Nrf 2）依赖性的信号转导通路有关。此外，OTA 对细胞钙稳态的破坏也是一个重要原因。

4. 对线粒体呼吸链的抑制

线粒体功能紊乱是 OTA 引起细胞毒性的早期事件。OTA 能够抑制大鼠肝脏细胞的呼吸作用，导致 ATP 的消耗并对线粒体的形态产生影响，其机制可能与 OTA 通过竞争性抑制定位在线粒体内膜上的载体蛋白从而导致线粒体内磷酸盐转运被抑制，或者 OTA 抑制琥珀酸盐相关的电子活动从而影响电子传递链等有关。通过对线粒体呼吸链的抑制，OTA 还可诱导细胞凋亡。

第三节　赭曲霉毒素污染的预防控制

一、防霉与减毒去毒

（一）物理脱毒法

物理脱毒法主要是通过吸附、辐照等手段起到脱毒的效果。对葡萄汁进行活性炭吸附，结果发现当活性炭添加量为 0.24 g/L 时可吸附葡萄汁中约 70% 的 OTA。然而，吸附脱毒只是将毒素转移并没有将毒素破坏或者降解，还存在二次污染的问题。紫外照射处理可以有效减少果蔬采后的主要致病和产毒菌——炭黑曲霉的孢子萌发和菌丝生长，抑制 OTA 产生。OTA 产量随着紫外照射时间延长呈先增加后减少的趋势，紫外照射时间不足反而会促进炭黑曲霉产生大量 OTA。

针对溶液和食品中 OTA 辐照降解的相关研究发现，OTA 在甲醇溶液中非常稳定，即使辐照剂量达到 75 kGy，降解率仍非常低。但在中性和碱性水溶液环境中，^{60}Co-γ 射线可有效降解 OTA，降解率随着辐照剂量的增大而升高。其中，在 5 kGy 时，水溶液中的 OTA（100 ng/mL）降解率在 95% 以上。此外，辐照对玉米中 OTA 也有良好的降解效果，降解率随着辐照剂量的增大而升高。当辐照剂量增大到 5 kGy 时，降解率可达 93.19%。

水溶液中 OTA 被辐照后有 5 种主要辐解产物生成，其中 1 种辐解产物是 OTA 的水解产物，另外 3 种产物是 OTA 类似物，剩下 1 种产物结构未被报道。通过检索相关毒性数据库发现，只有 1 种产物有毒性记录，且毒性远低于 OTA 毒性，其他 4 种产物均无毒性记录。对玉米中 OTA 及辐解产物进行动物毒理学实验发现，饲喂被 OTA 污染的饲料能够影响小鼠生长状况，而饲喂含有 OTA 降解产物的饲料则不会对小鼠生长造成影响，进一步表明辐照能够有效降解饲料中 OTA，且辐解产物对动物生长无毒害作用。

（二）生物脱毒法

生物脱毒法主要是通过生物代谢或者酶促反应降解毒素或者修饰毒素分子而达到脱毒的目的，并且以脱毒效果好、对营养物质无损伤等特点成为目前研究的热点。OTA 生物脱毒法是将 OTA 降解成无毒的化合物，从而消除 OTA 的毒性。OTA 的生物降解主要是利用微生物的代谢酶断裂 L-β-苯丙氨酸和 7-羧-5-氯-8-羟-3,4-二氢-R-甲基异香豆素的酰胺键，将 OTA 水解成基本无毒的 L-β-苯丙氨酸和 OTα，如图 6-2 所示。

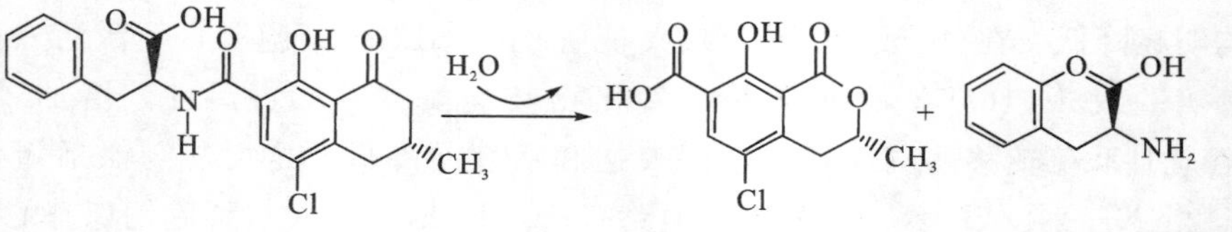

图 6-2　OTA 水解成 OTα 和 L-β-苯丙氨酸

1. 细菌

关于细菌脱毒的研究主要集中在乳杆菌、芽孢杆菌、短杆菌和不动杆菌等，主要表现为对 OTA 的吸附和降解。

（1）乳杆菌。肠道和植物等不同来源的乳杆菌菌株，对 OTA 的吸附能力差别较大。研究发现，嗜酸乳杆菌（CH-5）、植物乳杆菌（BS 和 GG）、干酪乳杆菌、鼠李糖乳杆菌（GG）对 OTA 的吸附能力最强，能够去除 50% 以上的 OTA。OTA 与葡萄酒乳酸菌（乳杆菌属、片球菌属和欧洲绿球菌）体外交互作用结果显示，在液体合成培养基中葡萄酒乳酸菌菌株能够降低 8.23%～28.09% 的 OTA。有学者筛选出一株能够高效降解 OTA 的嗜酸乳杆菌（VM20），降解率达 95% 以上，该菌株的 OTA 降解产物对 HepG2 细胞毒性明显降低。

（2）芽孢杆菌。研究者发现，非致病枯草芽孢杆菌如从动物粪便中分离的芽孢杆菌（Sl-1），不仅能抑制赭曲霉和炭黑曲霉的生长，其培养基上清液能够降解 OTA，其活菌和高温灭活菌（121℃，20 min）还能吸附 OTA，起到多重抑菌降毒作用。当 OTA 浓度为 6 μg/mL 时，薄层层析测定发现 24 h 后 Sl-1 菌株的高温灭活菌对 OTA 的吸附量明显高于活菌本身（80% vs. 60%），Sl-1 菌株 24 h 上清液的 OTA 降解率为 98%，且无 OTA 降解产物形成。Sl-1 菌株对发霉玉米中 OTA 的降解率为 35.0%。16S rRNA 序列比对初步确定，Sl-1 菌株为地衣芽孢杆菌。研究者从泰国发酵大豆中也分离出一株能够抑制曲霉菌属菌株生长和降解 OAT 的地衣芽孢杆菌，其降解率可以达到 92.5%。另有研究者报道，从新鲜的麋鹿粪便中分离到一株枯草芽孢杆菌（CW14），它对 OTA 有较强脱毒效果。在最优条件下，其菌体密度最大可达 1.56×10^8 cfu/mL，OTA 降解率高达 83.91%。有研究者从种植园土壤和赤豆中分离筛选出拮抗赭曲霉的细菌（SC-B15），它对赭曲霉的抑菌率达到 47.30%，鉴定结果为解淀粉芽孢杆菌。

（3）短杆菌。短杆菌具有降解 OTA 的能力。其中，亚麻短杆菌能够对 OTA 实现完全降解，OTα 是主要降解产物。此外，土壤中的一些短杆菌，如表皮短杆菌、凯氏短杆菌等能够降解 OTA，主要机制是短杆菌能够产生一种羧肽酶 A 将酰胺键水解，且无其他有毒降解产物生成。

（4）不动杆菌。有研究者从土壤中筛选到莫拉氏菌科不动杆菌属的一株菌株（BD189），24 h 后它对 OTA 的降解率达 80％以上。进一步研究发现，该菌株对 OTA 的脱毒方式主要依赖胞内金属酶的生物降解而非细菌细胞壁的物理吸附，OTA 降解产物主要为 OTα，无毒性更强的新毒性物质生成。研究发现，醋酸钙不动杆菌和苯基不动杆菌可在液体培养基中将 OTA 降解为 OTα。其中，苯基不动杆菌可利用苯丙氨酸（唯一碳源），通过破坏苯丙氨酸的苯基部分，将 OTA 转化为无毒 OTα 和其他 3 种代谢产物。

（5）其他。研究表明，土壤中的条件致病菌泡囊短波单胞菌细菌（B-1）可在 2～3 d 内降解 87％～100％的 OTA；根瘤菌对 OTA 的降解率达 25.1％；溶纤维丁酸弧菌在某种程度上能够对 OTA 进行脱毒。

2．真菌

关于真菌对 OTA 生物脱毒的研究主要集中在酵母菌和霉菌，但未见食用菌脱除 OTA 的相关报道。酿酒酵母、红酵母、隐球菌、丝孢酵母菌等均可水解 OTA 的酰胺键，产生无毒的苯丙氨酸和 OTα。其中，红发夫酵母通过羧肽酶将 OTA 降解为 OTα。红发夫酵母（CBS 5905）菌株与 OTA 在 20℃条件下共培养 15 d 后，OTA 降解率高达 90％。此外，研究发现，解脂耶罗维亚酵母（Y-2）在 2 d 内能够降解 84％的 OTA。

除酵母菌外，根霉、曲霉对 OTA 也有良好的降解脱毒作用。有研究者从土壤中筛选出在食品发酵生产中常用的米曲霉菌株（M30011），在最优降解条件下它对 OTA 的降解率可达到 94％。此外，从葡萄牙葡萄中分离出的丝状真菌黑曲霉能够降解 95％以上的 OTA。

3．蛋白酶

（1）羧肽酶 A。羧肽酶 A 对 OTA 的脱毒能力已被广泛证明。羧肽酶 A 是一类水解芳香族和脂肪族 C 端氨基酸残基的含锌金属蛋白酶。羧肽酶 A 含有 307 个氨基酸残基，Gly207、Ile243 和 Ile255 是底物结合位点，其中 Ile255 决定该酶的底物特异性。在酶的催化中心，Zn^{2+} 与 His69、Glu72 和 His196 紧密结合，其他氨基酸残基，如 Arg127、Asn144、Arg145、Tyr248、Glu270 等与催化功能有关，其中最重要的活性部位是 Zn^{2+} 和 Glu270 的 γ-羧基。

来源于牛胰脏的羧肽酶是研究最早、也较为彻底的 OTA 降解酶。该酶核心区域由 12 个氨基酸构成，其一级结构的氨基酸顺序为 Thr-Ile-Tyr-Gln-Ala-Ser-Gly-Gly-Ser-Ile-Asp-Trp。此外，将黑曲霉（M00988）菌株来源的关键羧肽酶基因经过原核表达，解决了天然酶酶量低且不易纯化的缺点，并且诱导条件优化后重组粗酶液的 OTA 降解率由 50％提高至 97.11％。

（2）α-胰凝乳蛋白酶。早在 1969 年，有学者从牛胰脏中提取并纯化出 α-胰凝乳蛋白酶，将其加入 OTA 溶液中，利用薄层层析方法检测到降解产物 OTα，并利用紫外分光光度计证实了 α-胰凝乳蛋白酶对 OTA 的降解作用。

4．肠道微生物

研究表明，人类胃肠道中部分微生物菌群可以降解 OTA。将人类肠道微生物接种在含 OTA 的培养基中，OTA 降解率为 34％～47％，降解产物分别为 OTα、OTB 和 OP-OTA。OTα 和 OTB 的毒性均低于 OTA，但 OP-OTA 的毒性却高于 OTA。反刍类动物瘤胃中的微生物主要为厌氧的原虫、细菌和真菌，对 OTA 有较高的降解能力，但受瘤胃细菌菌群种类与数量、饲料组成与饲养环境、动物营养与健康状况等因素的影响。从猪肠道菌群中分离出的一种厌氧菌对 OTA 有很强的降解能力，可在体外固体发酵培养基上 24 h 完全降解 OTA。鼠肠道微生物可以将 OTA 水解为毒性较小的 OTα，大肠和盲肠是 OTA 水解的主要场所。

5. 酸性电解水

酸性电解水可以去除葡萄表面的 OTA，但受酸性电解水 pH 值和有效氯浓度的影响。其中，pH 值为 5.0 且有效氯浓度越高的微酸性电解水对 OTA 的去除率越高，达到 90%。微酸性电解水中以 HClO 形式存在的有效氯对去除 OTA 起重要作用。OTA 经过微酸性电解水处理后生成 3 个主要产物，其分子式推测为 $C_9H_{11}ClO_3$、$C_6H_6ClO_3$ 和 $C_5H_3Cl_2NO_3$。因此，利用含有较高有效氯浓度的酸性电解水可为控制葡萄等食品原料中的 OTA 污染提供新的途径和方法。

二、毒素检测与监测

目前检测食品及饲料中 OTA 含量的基本方法有薄层色谱法（TLC）、高效液相色谱法（HPLC）、酶联免疫吸附法（ELISA）等。

1. 薄层色谱法

薄层色谱法（TLC）是较早应用于 OTA 检测的一种方法，具体方法是，用三氯甲烷、0.1 mol/L 磷酸或石油醚/甲醇/水提取样品中的 OTA，经液液分离后，根据其在 365 nm 紫外灯下产生的黄绿色荧光，在薄层色谱板上与标准品比较以测定 OTA 含量。薄层色谱法可以实现 OTA 的定量和半定量检测，廉价、简便，目标物质易于识别，但是需要很好地了解样品的性质以进行样品前处理，存在灵敏度较差、耗时、试剂繁多、重现性差等缺点。

2. 高效液相色谱法

高效液相色谱法（HPLC）是检测 OTA 中使用较多且被国际普遍认可的方法，具有较高的灵敏度，可精确地对样品中的 OTA 进行定性、定量分析，但对样品前处理要求高。因此，目前关于样品前处理有较多的研究。

有研究者利用多功能净化柱对目标毒素净化富集，采用高效液相色谱仪并以 SHIMADZU Inertsil ODS-C18 为分离色谱柱，对 20 批食用油中 OTA 进行定量分析，结果显示 OTA 在 1.01～50.5 ng/mL 范围内呈良好线性关系，加标平均回收率为 93.2%～98.1%。

有研究者使用将抗体耦合到耐压聚合物的免疫亲和柱，结合 RIDA © CREST ICE 在线固相萃取装置，建立了在线净化液相色谱检测玉米、小麦中 OTA 的方法，检测限为 0.24 μg/kg，在 0.012 5～0.5 μg/L 范围内呈良好线性关系，加标回收率为 80.1%～106.9%，变异系数为 2.4%～8.2%。

有研究者将二巯基乙酸乙二酯固载于 3-甲氧基硅烷基-1-丙硫醇修饰的 Fe_3O_4 磁性纳米颗粒表面，并将其作为磁性固相萃取技术的磁性吸附剂，与高效液相色谱-荧光检测器结合，应用于大米、小麦和玉米中 OTA 的分析，检测限为 0.03 μg/L，富集倍数达 24 倍。

采用免疫亲和层析净化液相色谱法测定多种谷物（小麦、玉米和大米）样品中的 OTA，在 0.5～50.0 ng/mL 范围内呈良好的线性关系，检测限为 0.3 μg/kg。

3. 高效液相色谱-串联质谱法

高效液相色谱-串联质谱法（HPLC-MS）的应用使得 OTA 的检测更为方便和灵敏。有研究者采用氨基固相萃取柱进行富集和洗脱，采用 HPLC-MS 法进行 OTA 检测，在 0.5～10.0 μg/kg 范围内线性关系良好，定量限和检测限分别为 0.50 μg/kg 和 0.25 μg/kg，可用于多种粮食样品中的 OTA 定量检测。有研究者建立了免疫亲和层析净化-液相色谱-串联质谱法测定食品中的 OTA。玉米、小麦添加浓度在 1.0～10.0 μg/kg 时，回收率在 70%～100%，变异系数小于 10%。有研究者采用同位素内标 HPLC-MS 法同时测定粮食及其制品中 OTA、OTB 和 OTC，在 0.25～2.5 ng/mL 范围内线性关系良好，对 OTs 的检测限和定量限分别为 0.003～0.018 μg/kg 和 0.011～0.059 μg/kg，加标回收率为 80.50%～107.08%，相对偏差为 0.14%～4.94%。有研究者采用 QuEChERS 净化技术，结合高效液相色谱-串联质谱法（LPLC-MS），实现了食品基质中 OTA、OTB、OTC、AFB$_1$、AFB$_2$、AFG$_1$、AFG$_2$等 7 种真菌毒素的同时检测。

4. 离子液体-分散液-液微萃取-高效液相色谱法

离子液体是一类新型室温熔融盐，因其低毒性而得到广泛的应用。分散液-液微萃取是基于分析物在小体积萃取剂与样品溶液间分配平衡过程，构建离子液体-分散剂-水三元乳浊体系，通过增大离子液体与分析物的接触面积，以获得较高的富集倍数，提高检测灵敏度。有研究者建立了离子液体-分散液-液微萃取与高效液相色谱法结合的方法。该方法检测葡萄汁中的 OTA 平均回收率为 83.88%～105.32%，相对标准偏差为 4.17%～7.83%，检测限为 0.05 μg/kg，定量限为 0.17 μg/kg，富集倍数为 8.92～9.95，尤其适用于快速检测果汁中的 OTA 含量。

5. 免疫学法

基于免疫学的快速筛查方法因具有高通量、检测快速、成本低等优势，近年来广泛应用于 OTA 检测，主要包括以下方法。

（1）酶联免疫吸附法。酶联免疫吸附法（ELISA）检测饲料中 OTA 时，样品需经 60%甲醇水溶液提取、离心分离、快速滤纸过滤和稀释。ELISA 法检测饲料中 OTA 的加标回收率为 88.4%～134.6%，变异系数为 3.5%～6.9%。与高效液相色谱法相比，该方法具有特异性强、操作简便等优点。

有研究者建立了检测 OTA 的新型高灵敏化学发光间接竞争酶联免疫吸附法，以酶标 OTA 二抗上的辣根过氧化物酶催化过氧化脲氧化 3-（4-羟苯基）丙酸，生成具有荧光的 3-（4-羟苯基）丙酸二聚体。利用乙腈介质中双（2，4，6-三氯苯基）草酸酯和过氧化脲在增强剂咪唑的作用下反应产生强化学发光，以发光强度确定待检物 OTA 含量。在最佳条件下，IC$_{50}$为 0.55 ng/mL，在 0.05～6.08 ng/mL 范围内有良好的线性关系，检测限为 0.01 ng/mL，在葡萄干和葡萄汁样品中加标回收率分别为 84.55%～91.36%和 73.32%～87.64%。

（2）胶体金免疫层析和胶体金色谱技术。胶体金免疫层析试纸条检测法是免疫胶体金与固相膜结合发展形成的以膜为固相载体的免疫胶体金快速检测技术，主要应用在谷物、饲料中 OTA 的检测。应用胶体金免疫层析技术，将 OTA 单抗与胶体金偶联物固化在结合垫、OTA-BSA 偶联物固化在检测线、羊抗鼠 IgG 固化在质控线，能够制备快速检测食品和饲料中 OTA 的方法。该检测试纸条的灵敏度达 1.0 μg/L，检测时间仅为 5 min，适合现场快速检测。还有学者研究了快速检测红酒中 OTA 的胶体金适配子色谱试纸条。在最优条件下，目视检测限为 2.5 μg/L，读数仪检测限为 0.18 μg/L，加样回收率为 96.0%～110%，且对 OTA 有很好的特异性。

胶体金色谱技术是以胶体金作为示踪标记物，将其与配体相结合进行特异性反应，再联用色谱技术以达到检测目的的一种检测方法。有研究者制备了一种快速检测红酒中 OTA 的胶体金适配子色谱试纸条。该适配子色谱试纸条比传统免疫色谱试纸条更灵敏，视觉定性检测限为 1 μg/L，IC$_{50}$为 0.18 μg/L，相比传统胶体金色谱技术和 ELISA 法检测限更低，回收率为 96.0%～110%，检测时间仅需 10 min。

（3）量子点荧光微球免疫层析试纸条。与传统有机染料相比，量子点具有激发光谱宽且分布连续、发射光谱窄而对称、颜色可调、耐光漂白、荧光寿命长等优点，是一种极具潜力的新型荧光标记材料。量子点荧光微球通过将大量的量子点包裹于聚合物材料中，表现出更高的荧光强度，并且提高了量子点的光学稳定性。目前，OTA 免疫层析试纸条在市场上以胶体金免疫层析试纸条为主。有学者根据竞争抑制免疫层析原理，构建一种基于量子点标记的免疫层析试纸条，将其用于检测谷物中 OTA 残留量。量子点标记免疫层析试纸条的检测限为 0.5 μg/L，谷物样品中的检测限为 5 μg/kg，整个检测过程不超过 10 min，可以满足谷物中 OTA 残留量现场快速检测的要求。

量子点荧光微球免疫层析试纸条定量检测 OTA 的线性范围为 0.05～1.0 ng/mL，IC$_{50}$ 为 0.215 ng/mL，玉米提取液中 OTA 的检测限为 0.05 ng/mL，单个样品检测时间为 10 min。

（4）流式微球技术。基于间接竞争模式的流式微球技术，是在荧光微球表面偶联 BSA-OTA 复合物，与样品中 OTA 共同竞争特异性抗体，加入荧光标记的二抗探针后，通过流式细胞仪检测微球本体和表面荧光，实现 OTA 的定性、定量测定。该方法检测 OTA 的 IC$_{50}$ 为 1.20 ng/mL，相关系数为 0.989 2，检测限为 0.12 ng/mL，加标回收率为 93.9%～97.4%，具有操作简单、检测通量大、检测限低、灵敏度高、特异性好、受基质干扰小等优点，可用于中药材等复杂基质中 OTA 检测分析。

（5）荧光适配体传感器。核酸适配体和金纳米颗粒（gold nanop-articles，AuNPs）的偶联物在生物传感、真菌毒素检测和纳米机器等领域中有广泛的应用。

有研究者将标记在适配体上的有机荧光染料 FAM 作为能量供体、具有高消光系数的 AuNPs 作为能量受体，开发了一种简便的荧光标记方法并用于 OTA 的快速检测。在没有 OTA 存在时，FAM 标记的适配体吸附在 AuNPs 表面，拉近了 FAM 和 AuNPs 的距离，FAM 的荧光被金纳米颗粒有效地猝灭，此时体系的背景荧光很弱；当有 OTA 存在时，由于适配体与 OTA 具有较好的亲和力，OTA 与适配体的特异性结合使得吸附在 AuNPs 表面上的适配体解吸附下来，增大了 FAM 和 AuNPs 的距离，此时 FAM 的荧光得到有效恢复。该检测体系对 OTA 展现出良好的选择性，检测限为 9.1 μg/kg。

基于核酸适配体对靶标的特异性和胶体金分光光度法的灵敏性，建立了 OTA 的检测方法。根据核酸适配体能够抑制胶体金在高盐溶液中的聚集，当 OTA 存在时，其与适配体特异性结合，使胶体金发生聚集，胶体金的颜色发生变化。在最优的条件下，在 0～300 ng/mL 的范围内呈良好的线性关系，加标回收率为 99.2%～103.1%，可作为 OTA 的快速检测方法。

有研究者基于上转换荧光纳米粒子和金纳米粒子间荧光共振能量转移建立了高灵敏 OTA 检测方法。首先制备了水溶性的上转换荧光纳米材料，在其表面修饰 OTA 适配体作为能量供体探针；在金纳米粒子表面修饰 OTA 适配体互补链作为能量受体探针，构建了 OTA 适配体传感器。在最优条件下，OTA 的检测范围为 0.001～10 ng/mL，检测限为 0.001 ng/mL，可用于啤酒样品中 OTA 的检测。

（6）核酸适配体荧光传感器法。基于核酸适配体的荧光传感器用于检测 OTA 的原理为，利用 OTA 适配体与捕获探针、检测探针杂交形成的 DNA 双链连接磁珠与荧光素，若体系存在目标物 OTA，则与对应适配体结合，使得双链解链，致使荧光素游离于溶液中，增加溶液中荧光值，从而实现对 OTA 的定性分析和定量检测。该传感器具有高选择性、高灵敏度和实用性等优点。

有学者基于适配体构象变化诱导石墨烯量子点（graphene quantum dots，GQD）的聚集和分散，开发了一种新型高灵敏的荧光检测方法。他们首先将与适配体互补的 DNA 序列（cDNA）添加到 GQD-适配体溶液中，cDNA 与适配体的杂交诱导 GQD 聚集，GQD 的聚集会引起其自身的荧光猝灭；加入 OTA 之后，OTA 与适配体特异性结合导致 GQD 聚集体的分解，GQD 的荧光得以恢复。该方法对 OTA 的检测限为 0.013 μg/kg，在红酒中检测的加标回收率为 94.4%～102.7%。

（7）比色适配体传感器。AuNPs 制备过程简单，粒径大小可控，生物相容性好，且具有独特的理化性质。有学者利用 AuNPs 这一性质构建了一种简单灵敏的比色法，将其用于检测白葡萄酒样品中 OTA 含量。在优化条件下，该传感器在 32～1 024 ng/mL 可对 OTA 进行准确定量分析，检测限为 20.0 μg/kg。辣根过氧化物酶（HRP）是比色反应中最常使用的一种天然酶，能够催化显色剂并发生显色反应。有研究者将 HRP 封装在 DNA 水凝胶的三维网状结构中，以 ABTS 为显色剂，通过 DNA 水凝胶的凝胶-溶胶变化，构建了一种双重信号放大的比色法以检测 OTA 含量，在白酒中的检测限为 4.4 μg/kg。

有研究者利用 Au@Fe$_3$O$_4$ NPs 作为纳米酶，构建了一种高效比色检测方法，将其用于 OTA 的检测。首先将修饰有氨基的适配体偶联在玻璃球上，将与适配体互补的 cDNA 修饰在 Au@ Fe$_3$O$_4$ NPs 上，适配体与 cDNA 杂交可以使 Au@ Fe$_3$O$_4$NPs 附着在玻璃球表面，并形成 GB-aptamer/cDNA-Au@ Fe$_3$O$_4$ 复合物。当待测样品中含有 OTA 时，OTA 与适配体的结合导致 GB-aptamer/cDNA-Au@ Fe$_3$O$_4$ 复合物的解离，Au@ Fe$_3$O$_4$NPs 被释放到溶液中。通过简单的磁分离，被收集的 Au@ Fe$_3$O$_4$ NPsTMB 在 H$_2$O$_2$ 溶液中催化 TMB 氧化，溶液显色。该检测方法的检测限达 0.03 μg/kg。

（8）化学发光适配体传感器。有研究者利用单分散二氧化硅光子晶体微球（single photonic crystal microsphere，SPCM），结合 DNA 过氧化物酶构建了一个背景信号低的化学发光分析方法，用于 OTA 的高通量、高灵敏检测。该方法将包含血红素适配体和 OTA 适配体序列的 DNA1 固定在 SPCM 的表面，加入 DNA2，由于 DNA2 与 DNA1 部分碱基互补配对，从而将血红素适配体和 OTA 适配体进行封闭。无 OTA 时，DNA 过氧化物酶无法形成，表现为无化学发光信号的输出；当 OTA 存在时，OTA 与其适配体进行结合，引起 DNA2 与 DNA1 解链，加入血红素，血红素与其适配体结合形成 DNA 过氧化物酶，催化 H$_2$O$_2$ 氧化鲁米诺，产生较强的化学发光信号。根据化学发光信号的强度可对 OTA 进行定量检测，检测限达到 pg/mL 标准。

有研究者建立了基于纳米金标记适配体（Apt-GNPs）技术的电化学检测 OTA 的方法，利用亚甲基蓝作为氧化-还原指示剂，通过电极上 AuNPs 标记的适配体与靶标 OTA 的特异性结合，引起电流的变化，间接反映靶标的浓度，检测 OTA 的有效线性范围为 0.1～20 ng/mL，检测限为 30 pg/mL。

有研究者利用新型纳米材料氮掺杂多孔碳的高比表面积固载互补链 DNA（cDNA），通过杂交制备氮掺杂多孔碳-cDNA/核酸适配体/AuE 传感器，以亚甲基蓝为电化学信号探针，进行 OTA 的检测研究，在 1.0×10^{-7}～5.0×10^{-5} μg/mL 范围内具有良好的线性关系，在大米样品中检测的回收率为 102%。还有研究者采用溶胶凝胶法，以掺杂 Al^{3+} 的硅溶胶为功能单体、OTA 为模板分子，制备分子印迹聚合物修饰的电化学传感器。Al^{3+} 与模板分子能够产生强的配位作用，有效提高了掺杂分子印迹聚合物的印迹效率。OTA 在 1.24×10^{-8}～1.24×10^{-6}mol/L 范围内与峰电流呈良好的线性关系，检测限为 3.76×10^{-9}mol/L。

有研究者以羧基磁性微球为分离载体，连接氨基捕获探针和适配体，加入生物素化序列和 OTA 竞争结合适配体，继续加入链霉亲和素纳米金和羟胺/Au^{3+} 以显著提高化学发光检测 OTA 的灵敏度，建立了一种纳米金标记羟胺放大化学发光检测 OTA 的高灵敏度方法。在最优条件下，OTA 在 0.01～50 ng/mL 范围内化学发光信号值与 OTA 浓度的对数呈较好的线性关系，检测限为 1.58×10^{-3} ng/mL，在啤酒样品中回收率为 97.4%～105.4%。

（9）噬菌体展示技术。噬菌体展示技术是以噬菌粒为载体，将蛋白或多肽片段的基因序列插入噬菌粒载体的基因适当位置，从而使得外源性蛋白或多肽与噬菌体衣壳蛋白融合表达在噬菌体表面，并能保持外源性蛋白或多肽相对独立的空间构象和生物学活性。有研究者通过丝状噬菌体 pⅧ 展示系统将 OTA 模拟表位展示于噬菌体表面，由于 pⅧ 蛋白的拷贝数在 2 700 左右，可使 OTA 模拟表位高密度表达。在此基础上，利用丝状噬菌体 pⅧ 展示系统，表达带有 OTA 模拟表位的重组噬菌体并通过在模拟表位序列 5′端引入肠激酶位点提高模拟表位与抗体的结合效率，再利用该重组噬菌体建立 OTA 的无毒 ELISA 分析。检测限为 100 pg/mL，线性范围为 250～1 000 pg/mL，加标回收率为 99.8%～112.3%。有研究者以驴抗鼠二抗包被微孔板，以捕获方式包被抗 OTA 单克隆抗体，利用噬菌体随机七肽库筛选 OTA 模拟抗原表位，并以其替代检测抗原，建立了基于噬菌体展示技术的酶联免疫吸附分析检测 OTA 的方法。该方法 IC$_{50}$ 值为 0.15ng/mL，线性范围为 0.03～0.50 ng/mL，检测限为 0.03 ng/mL。

三、风险评估与食品限量标准

OTA 具有强烈的肾毒性、免疫毒性、致癌性和神经毒性。此外，OTA 具有较长的半衰期，较高的化学和热稳定性，且能够通过食物链在人体内富集，严重危害人们的身体健康。鉴于 OTA 的危害性和分布广泛性，许多国家和组织对不同的食品和相关原料制定了 OTA 的限量标准。

我国在《食品安全国家标准　食品中真菌毒素限量》（GB 2761—2011）中已经规定谷物、谷物碾磨加工品、豆类中 OTA 的限量均为 5 μg/kg。根据我国葡萄酒和咖啡中 OTA 的暴露风险评估结果，《食品安全国家标准　食品中真菌毒素限量》（GB 2761—2017）中增加了葡萄酒和咖啡中 OTA 限量要求。其中，规定葡萄酒、烘焙咖啡豆、研磨咖啡和速溶咖啡中 OTA 限量分别为 2.0 μg/kg、5.0 μg/kg、5.0 μg/kg 和 10.0 μg/kg。

欧盟对 OTA 在谷物和饲料中的最高残留量做出了严格的限定。规定未经加工谷物、烤咖啡豆和烤咖啡粉中 OTA 限量为 5 μg/kg；所有未经加工谷物制品（直接食用）中 OTA 限量为 3 μg/kg；葡萄干、速溶咖啡中 OTA 限量为 10 μg/kg；红酒和果味酒、加香葡萄酒及其饮料和鸡尾酒制品、葡萄汁、浓缩葡萄汁、葡萄饮料（直接食用）中 OTA 限量为 2 μg/kg；辣椒中 OTA 限量为 15 μg/kg；胡椒、肉豆蔻、生姜、姜黄及含任何上述香料的香料混合包中 OTA 限量为 15 μg/kg；甘草、甘草根、花草茶原料中 OTA 限量为 20 μg/kg；用于食品、饮料和糖果中的甘草提取物中 OTA 限量为 80 μg/kg；婴幼儿、儿童食用谷物加工制品及婴儿医用食品中 OTA 限量为 0.5 μg/kg；面筋（不直接售卖）中 OTA 限量为 8 μg/kg。

国际食品法典委员会（CAC）规定谷物及其制品中 OTA 限量为 5 μg/kg。法国、澳大利亚、罗马尼亚规定谷物中 OTA 限量为 5 μg/kg。中国台湾规定米、麦类、烘焙咖啡豆及咖啡粉中 OTA 限量为 5 μg/kg。世界卫生组织建议，谷物、豆类及其制品中 OTA 限量标准为 5 μg/kg，而牛奶中 OTA 是"零容忍"毒素之一。JEFCA 和欧洲食品安全局（EFSA）也规定了人体每周耐受量为 100 ng/kg，日耐受量为 14 ng/kg。

此外，我国在《饲料卫生标准》（GB 13078—2017）中还规定配合饲料、饲料原料谷物及其加工制品中 OTA 的最高限量为 100 μg/kg。欧盟规定饲料用谷物中 OTA 的含量不能超过 0.25 mg/kg，猪补充饲料和配合饲料中 OTA 的含量不超过 0.05 mg/kg，禽补充饲料和配合饲料中 OTA 的含量不超过 0.1 mg/kg。加拿大规定猪饲料中 OTA 建议容忍限量为 200～2 000 μg/kg，家禽饲料为 2 000 μg/kg。

（禹　晓）

第七章　烟曲霉震颤素污染及其危害

烟曲霉震颤素（fumitremorgins，FT）主要由烟曲霉（*Aspergillus fumigatus*，*A. fumigatus*）产生，包括烟曲霉震颤素 A～烟曲霉震颤素 N，因其对神经系统有较强毒性而备受关注。1971 年，山崎干夫从烟曲霉产毒培养物中分离出具有震颤毒性的代谢产物，经分离纯化并命名为烟曲霉震颤素 A（fumitremorgin A，FTA）及烟曲霉震颤素 B（fumitremorgin B，FTB）。1981 年，Horie 等从 *Neosartorya fischeri* 中分离出 FTA 和 FTB。

第一节　烟曲霉震颤素的性质及其产生

一、结构与性质

FT 最常见的是 FTA、FTB、FTC 三种，与 FT 结构类似的震颤性真菌毒素还包括疣孢青霉原和 TR-2 毒素等。FTA、FTB 和 FTC 的化学结构式、空间立体结构如图 7-1 所示。FTA、FTB 和 FTC 的共同特征是含有 3 个 N 原子和 1 个 6-甲氧基吲哚结构残基，提示它们可能是由色氨酸、脯氨酸和一个或几个二羟基甲基戊酸组分通过生物合成而形成的。研究发现，DL-（3-¹⁴C）色氨酸、L-（U-¹⁴C）脯氨酸和（3RS）-（2-¹⁴C）-二羟基甲基戊酸都能有效地结合进 FTA 和 FTB 的结构中，其中 L-色氨酸是震颤素生物合成的有效前体，并且与脯氨酸形成二氧哌嗪环。

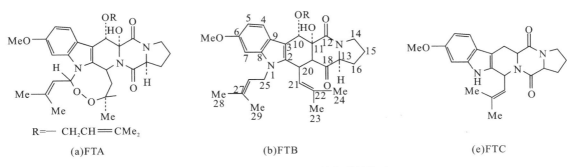

(a)FTA　　　　　　　(b)FTB　　　　　　　(e)FTC

图 7-1　FTA、FTB、FTC 的化学结构式

二、主要产毒菌株及其分布

FT 的主要产毒菌是烟曲霉。除此之外，焦曲霉、鱼肝油青霉、丛簇曲霉、羊毛状青霉、微紫青霉和短密青霉也能产生烟曲霉震颤素，如表 7-1 所示。到目前为止，已从 7 种真菌的代谢产物中检出 FTB。

表 7-1　FTA、FTB、FTC 的主要产毒真菌

毒素	分子式	熔点（℃）	主要产毒真菌
FTA	$C_{32}H_{41}N_3O_7$	211～212	烟曲霉
FTB	$C_{27}H_{33}N_3O_3$	208～210	烟曲霉 羊毛状青霉 鱼肝油青霉 丛簇曲霉 微紫青霉 焦曲霉
FTC	$C_{22}H_{25}N_3O_3$	125～130	烟曲霉

　　烟曲霉分布极广，主要分布于稻田和菜地。有文献记载，在日本 22 个县采集的 1 147 份土壤样品中，共有 673 份（59%）分离出烟曲霉，其中稻田和菜地土样中该菌检出率较高，分别为 69%～100% 和 36%～100%，而在森林地带、草地、牧场和果园中分布相对较少。

三、毒素合成和产毒条件

　　自然环境中，由于存储运输不当等使饲料和谷物温度升高，烟曲霉生长繁殖并产生 FT，对人体或家畜等造成健康危害。在实验室培养条件下可生成更多的 FT。培养烟曲霉的培养基一类是天然培养基，如消毒的大米、玉米、小麦和燕麦等。另一类是半合成的人工培养基，如含 1.6% 酵母浸膏的 Difco 微生物肉汤培养基（Czapek Dox Yeast Autolysate Sugar，CYA）、马铃薯-牛奶-蔗糖肉汤培养基以及加有 L-色氨酸的基础培养基等。除天然培养基之外，人工半合成培养基中某些成分的添加与否，对 FTB 的产生至关重要。如将烟曲霉（IFM4482）接种于基础培养基（每 1 000 mL 蒸馏水含葡萄糖 25 g、琥珀酸铵 1.6 g、KH_2PO_4 0.5 g、酵母浸膏 0.1 g 和其他一些微量元素），则几乎难以检出 FT 的存在，而在基础培养基中加入少量的 L-色氨酸即可检出 FT 的存在。

　　现在多采用改良的察氏液体培养液进行产毒培养，首先是在 25℃ 静止状态下培养 14 d，然后用乙酸乙酯提取干燥后的菌膜，再用 1∶1 的正己烷和 90% 甲醇萃取浓缩后，用硅胶柱分离，以苯和丙酮作为洗脱剂，最后在甲醇中进行重结晶。一般实验室可根据自己实验室的情况对提取加以改变，但与上述方法大致相同。

　　震颤素的产毒条件并非固定不变，资料显示产毒菌株在培养条件差异较大时均能产生震颤素，说明培养条件对毒素的产生并不起决定性作用，但改变培养条件可以影响震颤素的产量。实验表明，一些青霉菌可以在不同的生长环境中代谢并产生震颤素，在 4℃ 或 28～30℃ 培养 7 d 或 120 d 时，均可产生震颤素。初始 pH 值为 3.9～6.8 时，不同的培养基中亦可产生毒素。但是如果在其他条件相同的情况下，单独改变培养基的某一种组分时，就可以影响毒素的生产水平，这表明这些因素可以影响毒素的产量。因此，在实验中适当控制培养条件就可以控制毒素的生物合成数量。

　　（1）L-色氨酸。将烟曲霉接种于合成的基础培养基上静止培养，发现几乎不能检出 FT，而当向培养基中加入 L-色氨酸后，FT 的产量明显增多。

　　（2）氧含量。低氧会影响 *N. fischeri* 菌株生长但不能灭活 *N. fischeri* 孢子。*N. fischeri* 菌株能产生 FTA、FTB、FTC。在 CYA 培养基中 *N. fischeri* 菌株合成震颤素所需的最适氧浓度为 3.0%～

20.9%，将 N. fischeri 菌株置于氧浓度为 0.009 5%或纯氮气（氧含量<10×10⁻⁶）的环境中，经 38 d 培养不能生长，但若随后置于大气氧含量水平中培养 36 h，孢子就可以出芽生长。相比于用塑料袋培养，在有恒定气体交换的干燥罐中培养时震颤素产量稍高，氧浓度从 20.9%降至 3.0%对 FTA 和 FTC 的产量影响较小，在氧含量 3.0%培养 28 d 时，FTA 和 FTC 产量最高，当氧含量从 3.0%降至 1.0% 和 0.1%时，震颤素产量明显减少。

（3）pH 值。N. fischeri 菌株在 CYA 培养基中 25℃静止培养时，能产生较多的 FTA 和 FTC，培养基的初始 pH 值对 N. fischeri 的生长影响显著。在培养基初始 pH 值从 7.0 降到 2.5 过程中，N. fischeri 菌株的生长受到明显抑制。在 pH 值 7.0 时 N. fischeri 菌株的生长速率（以菌落直径作为指标）是 pH 值 3.5 时的 2 倍（尽管 N. fischeri 在 pH 值 3.5 和 7.0 时菌落大小不同，但 FT 的产量没有明显差异），若此时氧含量降低为 0.1%（培养 18 d），二者的生长速度保持相同，菌落直径约增加 1 mm/d。当 pH 值进一步降低到 2.5 时，尽管仍可产生 FTA 和 FTC，但此时真菌的生长情况较 pH 值为 3.5 和 4.5 时差。pH 值 7.0 时，菌丝体的生长比 pH 值为 3.5 时滞后。

（4）防腐剂。在 CYA 培养基中分别加入山梨酸钾和苯甲酸钠能明显抑制烟曲霉的生长，当二者浓度达到 50 mmol/L 时，能完全抑制 N. fischeri 孢子的发芽，而 SO₂对该菌生长抑制较弱。山梨酸钾和苯甲酸钠对菌株的震颤素（FTC 和疣孢青霉原）产量影响不同。

（5）水分活度（A_w）和糖类的种类。FTA 和 FTB 分别在 A_w＝0.980 且加入葡萄糖或果糖，或 A_w＝0.990 且加入蔗糖时，产量最大。在 A_w＝0.925 时，于 CYA 培养基中加入葡萄糖可以观察到菌群的生长以及毒素的产生，但在 A_w＝0.910 时，于 CYA 培养基即使加入蔗糖也观察不到菌群的生长，也未检测到震颤素。

（6）温度。不同菌种生长需要的最适温度不同，甚至同一菌株产生不同震颤素时所需的最适温度也不同。N. fischeri 菌株同其他真菌相比高度耐热，在 10～52℃下均可生长，最适生长温度为 26～45℃。N. fischeri 在 CYA 培养基中（pH 值为 7.0）产生震颤素的最适温度分别为，疣孢青霉原 25℃、FTA 30℃、FTC 37℃，在 15℃培养能延缓震颤素的产生，但延长时间可使毒素产量接近在 25℃培养时的毒素产量。

此外，酸的种类（如柠檬酸、苹果酸、酒石酸）能影响震颤素产量。在特定的 pH 值时，加入柠檬酸、苹果酸、酒石酸能促进 N. fischeri 菌株的生长。震荡培养会降低震颤素的产量，光也对震颤素的产量有一定影响。总而言之，震颤素受多种因素的联合影响。

第二节　烟曲霉震颤素对食品的污染、危害及致病机制

一、对食品的污染

烟曲霉在自然界分布极广，粮食和饲料经常受其污染。食品中可检测出 FT，但由于 FT 与其他霉菌毒素（黄曲霉毒素、伏马菌素、杂色曲霉素、玉米赤霉烯酮、赭曲霉毒素等）相比，污染率较低，因此关于其在食品中的污染调查相对较少。从现有的调查结果来看，我国 FT 的污染率和污染水平并不高，但污染范围非常广，主要累及粮食和饲料。除此之外，还有从发酵肉制品中分离出 FT 的报道，如意大利帕尔马、美国及西班牙的腌制火腿。

1. 粮食类产品

在粮食类产品中 FT 的污染较轻，不同种类粮食中的污染率和污染水平存在差异，土壤中烟曲霉的污染率远高于粮食。

我国曾于 1995—2000 年对多个省的粮食及土壤中 FT 的污染状况进行了调查。结果表明，我国主要粮食中 FT 的平均检出率为 6%，但土壤中烟曲霉检出率高于 50%。

全国各个省份在 1994—1999 年对主食中 FT 的污染状况做过详细、独立的调查。贵州省对粮食中 FT 的污染调查表明，212 份粮食中烟曲霉检出率为 1.42%，85 份粮食中 FT 的检出率为 4.55%。其中，玉米、小麦、大米中 FT 的检出率分别为 6.68%、0%、6.45%。四川省部分地区 3 种主要粮食中 FT 的污染率和平均含量分别为 5.5%~2.16% 和 0.1~0.3 μg/kg。玉米、小麦、大米污染率依次为 20.4%、9.7%、5.6%。安徽省主要粮食中玉米、小麦、大米的 FT 污染率和平均含量分别为 14.29%、8.77% 和 8.06%，0.95 g/kg、0.43 μg/kg 和 0.08 μg/kg。河南省 3 种主要粮食中 FT 检出率最高为小麦 7.21%，最低为玉米 2.41%。其中，小麦的 FT 平均含量是玉米的 15.4 倍。山东省主要粮食中小麦、玉米、大米的 FT 污染率分别为 7.1%、3.4% 和 3.7%，平均含量分别为 0.236 4 μg/kg、0.316 4 μg/kg 和 0.336 1 μg/kg。吉林省的烟曲霉和 FT 的污染状况调查表明，粮食样品中烟曲霉的污染率为 6.1%~9.0%，土壤中检出率为 50%~80%。对 170 份样品和从中分离的 10 株典型菌株的产毒培养物的毒素提取液进行 FT 检测，结果只有 2 份玉米样品检测结果为 FT 阳性，含量分别为 92 mg/kg、126.5 mg/kg；10 株烟曲霉的代谢产物中均未检出 FT。这与烟曲霉的分离结果相差太大，可能是许多烟曲霉为非产毒株。

2. 饲料

由于烟曲霉易污染家畜饲料，故家畜饲料可能在适宜环境下产生 FT。如我国黑龙江省五大连池市发生的仔猪三日病事件，因猪饲料中含有大量发霉的野荞麦粒，使得饲料中 FTB 的含量高达 10~50 mg/kg，最终导致出生时正常的仔猪在产后 3 d 内发病死亡。

二、毒素代谢

1. 吸收

对于霉菌毒素，机体最先接触食物及污染物的器官是消化道，而且其有毒物质浓度往往高于其他组织。机体肠道不仅能够消化吸收营养物质，同时也是抵御营养型抗原、病原体以及毒素等外来污染物的有效屏障。研究表明，肠上皮是受霉菌毒素影响的主要部位，霉菌毒素浓度较低时对肠道平衡和生长无明显不良影响。但从总体上看，霉菌毒素可以影响一些肠道功能，如消化、吸收、渗透、防御，包括减少各类营养素吸收的表面积，使部分营养素转运蛋白和屏障失去功能，使机体活动能力低下和健康受损。此外，剂量不同可能导致其对生理过程的影响有差异。具体来说，小剂量的霉菌毒素能够提高细胞因子的表达，而大剂量反之。目前暂无 FT 代谢的有关研究报道。

2. 分布与排泄

血浆中几乎难以检测到 FT。目前，尚未有寻找到 FT 的代谢产物或者检测出吸附于红细胞表面的 FT 的研究报道。覃青霉素、FTB 是与燕麦草蹒跚症相关的两种震颤素。实验表明，绵羊在服用 10 mg 的覃青霉素后，发生持续 30 min 的震颤，但在其体内却没有检测到覃青霉素。当达到能引起 60 min 间歇性震颤的剂量时，仍然没有检测到覃青霉素。更大剂量的覃青霉素（50 mg）可致绵羊死亡，但在其体内能观察到的最大浓度仍然很低。因此，FT 经机体吸收代谢后，在血浆中的浓度可能更低。

目前无法检测出尿液样本中的 FT。因为覃青霉素无论是以本身的形式还是以葡糖醛酸苷的形式，都没有出现在绵羊的尿液中，这表明 FT 并不通过这些形式大量排泄出体外。在服药后的 48 h 内，绵羊尿液成分发生了一些微小的变化，但由于缺乏对 FT 代谢的正确认识，所以目前人们无法解释这一现象。

三、毒性与毒作用机制及其危害

（一）毒性

1. 急性毒性

FTA、FTB能引起小鼠、大鼠、家兔、蟾蜍、猪、羊等强烈的痉挛。给小鼠腹腔注射FT，能够引起其痉挛，其中FTA、FTB的半数有效量（ED_{50}）分别为177 $\mu g/kg$和3 500 $\mu g/kg$。给小鼠静脉内注射FTA时半数致死量（LD_{50}）为185 $\mu g/kg$，95％可信区间（CI）为159～215 $\mu g/kg$。随着剂量的增加和实验时间的延长，实验动物出现震颤、阵发性惊厥、袋鼠样体位、强直性肌肉痉挛，甚至死亡，其间伴有眼球震颤和瞳孔缩小，脑电波无明显变化。有些神经性药物如抗惊厥类药物等可以减轻上述症状或延缓症状发作。

给小鼠经口灌胃FTC时LD_{50}为71.37 mg/kg，95％ CI为64.13～79.38 mg/kg。根据外源化学物急性毒性分级标准可知，FTC属于中等毒性物质。给部分小鼠灌胃FTC 30 min后，小鼠出现震颤、呼吸缓慢等症状。在随后3～4 h，小鼠表现为呼吸频率降低、跛行及躺卧，严重的则表现为癫痫，甚至死亡。用药24 h后未死亡的部分小鼠表现为不食或少食、闭眼伏地等，其余小鼠则逐渐恢复正常。对死亡小鼠进行剖检，肉眼观察到大脑不成形、肝脏质脆肿大。此外观察到小鼠胃肠膨胀、肠内容物呈黑色液体状且有刺激性气味、其他脏器无肉眼可见病变。

2. 亚慢性毒性

（1）神经系统毒性。FTC对神经系统的影响具体表现为：大剂量组（1/20 LD_{50}）中小鼠出现剧烈的震颤，持续一段时间后约半数小鼠死亡，病理组织学检查可见脑细胞液化性坏死，细胞结构消失；中剂量组（1/40 LD_{50}）中少数小鼠死亡，其余小鼠未出现异常震颤等行为；小剂量组（1/80 LD_{50}）中小鼠正常。此外，中剂量组和大剂量组小鼠大脑出现不同程度的水肿变性，随着剂量的增加，这种变性的程度逐渐加重。

（2）致畸性和非致突变性。研究表明，FTB可以在彗星试验中引发基因毒性，从而造成DNA损伤。此外，FTB也可以在人类淋巴细胞中造成DNA损伤，但不能诱发突变。在不同捐赠者的淋巴细胞中FTB引起的DNA损伤程度不同，这种DNA损伤程度之间的差异目前无法解释，可能是由于捐赠者的年龄和健康状况不同。然而FTB在Ames试验中不能诱发突变。

（3）肺毒性、胃肠道毒性、肝毒性、肾毒性。FTC对肺、胃肠道、肝、肾主要器官都有一定毒害作用。FTC对呼吸系统的影响具体表现为大剂量组（1/20 LD_{50}）小鼠呼吸困难，病理组织学检查发现肺泡结构破坏，成纤维细胞大量增生；中剂量组部分未死亡小鼠的肺泡间隔明显增宽；小剂量组（1/80 LD_{50}）中小鼠呼吸正常。FTC对消化系统的影响具体表现为中剂量组（1/40 LD_{50}）和大剂量组（1/20 LD_{50}）小鼠出现明显的采食量和体重增长下降，表明FTC灌胃可能引起小鼠的食欲降低。病理剖检死亡小鼠可见肝脏质脆肿大、胃肠膨胀、肠内容物呈黑色液体状且有刺激性气味。

关于FTC对肝脏和肾脏的影响，病理组织学检查未观察到明显的病理变化，FTC是否对肝脏和肾脏造成实质性损伤有待进一步研究，但对其功能有一定影响。中剂量组（1/40 LD_{50}）和大剂量（1/20 LD_{50}）小鼠的总蛋白及白蛋白量均显著降低。谷丙转氨酶和谷草转氨酶活性呈现逐渐增加的趋势。尿素氮和肌酐浓度也呈现逐渐增加的趋势。

（二）毒作用机制

1. 神经系统

目前对于烟曲霉震颤素毒作用机制的研究主要是FTA对神经系统的毒性作用，但其机制尚未完全明确。多巴胺剂不能改变FTA诱导的震颤和痉挛，而预先使用单胺消耗剂可使5-羟色胺（5-HT）水平下降，使震颤和痉挛减少，反之若将异卡波肼与左旋色氨酸合用提高5-HT水平，则能够加剧震颤和痉挛。此外，FTA还能使脑中γ-氨基丁酸（GABA）含量下降，从而导致痉挛。FTA诱发的震颤和阵发性痉挛、强直性痉挛可能与5-HT、GABA相关。给去皮质和去脑处理的家兔静脉注射FTA后，其症状同神志清醒的家兔一样，仍出现阵发性痉挛和强直性痉挛，并伴有眼球震颤和瞳孔缩小。提示FTA作用位点不在脊椎神经元，可能位于脑干的中脑和延髓。随后研究显示FTA能显著增强脑干的中脑网状结构的放电活动并使其兴奋，中脑网状结构的一些神经细胞呈现出特征性的烧伤，这与外周运动神经的惊厥放电密切相关。中脑网状结构的电刺激使外周运动神经放电进而释放大量递质，促使动物发生抽搐，但FTA对脑干髓系网状结构的影响仍然未知。而已知的能抑制脑干影响的药物如戊巴比妥、氯丙嗪、地西泮能拮抗FTA引起的抽搐，同时苯巴比妥和地西泮也是GABA受体。尽管没有观察到FTA所致抽搐的典型脑电图，但是其与癫痫发作的脑电图确实不同。关于FTA如何刺激中脑的具体机制仍需进一步研究。

（三）健康危害

FT对大鼠、小鼠、家兔、猪、羊等的中枢神经系统有较强毒性，可引起动物的强烈痉挛乃至死亡。文献显示烟曲霉震颤素可造成病禽的全身性强直性痉挛和麻痹，最后中毒死亡。对于火鸡，FT还可以引起斜颈等其他神经症状。

FT与农民肺、麦芽工人病、伐木工人病有关。由于伐木工人病急性中毒期的症状和FTC及疣孢青霉原的急性中毒症状极为相似，提示伐木工人病和其他类似的职业性疾病可能属于真菌毒素中毒症，并且在其他职业人群如农场工人中也存在类似情况。1987年有学者从5个不同的锯木厂的木材堆、操作间的墙壁、地板以及室内空气中分离出8株烟曲霉。木材堆中心温度为35～60℃，相对湿度较高，这种环境非常适宜嗜热菌和耐热菌的生长。产毒培养发现，5株烟曲霉的粗提物中含有FTC和疣孢青霉原。1993年在瑞典的21个锯木厂中，73株烟曲霉被分离出来，用薄层色谱法检测出在YES培养基上培养的烟曲霉，其中有23株产生了FT。在7株烟曲霉的孢子中检测到FTB和疣孢青霉原。毒素含量为$0.6～8.0\ \mu g/10^8$孢子（平均值为$2.3\ \mu g/10^8$孢子，相当于0.18‰）。

燕麦草蹒跚症是一种在夏、秋两季偶尔发生在牲畜的神经肌肉疾病，尤其是绵羊，主要症状为震颤、共济失调、对外界刺激高度敏感、强直性痉挛等，轻者可恢复，重者可导致死亡。研究表明，放牧的绵羊吞食了黑麦草中的真菌孢子，从而出现震颤，甚至死亡。从牧场分离出的23种青霉菌中，有2种常见的菌株产生了FT，其中鱼肝油青霉产生疣孢青霉原和FTB。患燕麦草蹒跚症的绵羊表现与FT中毒表现相似，且在燕麦草蹒跚症发生地提取的真菌能够产生真菌毒素（蕈青霉素、疣孢青霉原、FTB）。目前，仍缺乏真菌毒素是引起燕麦草蹒跚症的直接证据，如有效剂量震颤素的确切通路。

第三节　烟曲霉震颤素污染的预防控制

一、防霉与减毒去毒

在自然界中食物要完全避免被霉菌污染是比较困难的。但要保证食品安全，必须将食物中霉菌毒素的含量控制在允许范围内。一方面需要减少田间、收获前后、储存运输和加工过程中霉菌的污染和毒素产生；另一方面需要在食用前和食用时去除毒素或不吃霉烂变质的谷物和毒素含量超过标准的食物。目前，没有专门针对FT污染的防治方法，但有很多预防、去除霉菌毒素污染的重要措施。

1. 预防措施

（1）利用合理耕作、灌溉和施肥及适时收获来减少霉菌毒素的污染和毒素的产生。

（2）采取减少粮食及饲料的水分含量，降低储藏温度和改进贮藏、加工方式等措施来减少霉菌毒素的污染。霉菌的繁殖需要一定的水分活度。$N.\ fischeri$ 菌株产生 FTA 的最低水分活度为 0.955，而 FTC 则为 0.925。

大部分霉菌在 28～30℃ 都能生长。10℃ 以下和 30℃ 以上时生长明显减弱，在 0℃ 几乎不生长。但烟曲霉在高温代谢并产生 FT，因此可以低温保存。烟曲霉菌孢子对外界理化因素的作用有较强抵抗力，煮沸 5 min 后被杀死，一般消毒液要经 1～3 h 作用方能灭活孢子。

（3）通过抗性育种，培养抗霉菌的作物品种。

（4）通过污染检测和检验，严格执行食品卫生标准，禁止出售和进口霉菌毒素超标的粮食和饲料。

2. 去除霉菌毒素污染的重要措施

（1）化学脱毒法。化学脱毒法即使用杀菌剂、防腐剂、添加剂、抗氧化剂等化学物质来抑制真菌生长和毒素产生。目前生产中常用的霉菌毒素吸附剂包括水合铝硅酸盐类、甘露聚糖类、聚乙烯吡咯烷酮。从安全角度来讲，虽然并不提倡使用这些化学物质，但考虑到实际生产中真菌侵染往往可造成较大的经济损失，同时相比之下真菌毒素的毒性较这些化学物质要高得多，因此，目前化学处理仍为果品中控制真菌及其毒素的主要方法。事实上，只要按照国家规定的浓度、用量和安全间隔期使用，杀菌剂、防腐剂、添加剂、抗氧化剂等物质对农产品的安全及人体健康产生的危害是很有限的。

（2）物理脱毒法。物理脱毒法主要有剔除霉粒法、物理吸附法、淘洗法、辐照法、高温高压法等，传统而言，热处理为去除真菌毒素最常用的方法，包括热水浸洗、干热处理、蒸汽加热、热水喷淋处理或日光晾晒等。近几十年来，辐照法因节约能源、无二次和交叉污染、无残留、工艺简单、快速高效等优点，被广泛用于食品和农产品真菌毒素降解领域，其中最为常用的是 γ 射线辐照。有人曾质疑辐照技术处理后产品的营养水平和安全性，FAO/IAEA/WHO 联合专家委员会研究小组得出结论：食品总体平均吸收剂量不超过 10 kGy 时没有毒理学危险，同时营养学上也是安全的。目前许多国家和地区已制定了相关的食品辐照标准。

（3）生物脱毒法。目前主要采用的生物脱毒法为生物竞争抑毒技术和生防微生物及其活性物质抑毒技术，后者在果品上较为常见。细菌和酵母是目前研究最多的生防微生物资源，其作用机制可能是诱导寄主防御系统、分泌分解酶、抵御活性氧伤害、缓解果实被氧化等。有研究者认为，生物脱毒法可能是未来控制果品中真菌毒素的最具竞争力的技术之一。

二、毒素检测与监测

通常，食品中真菌毒素含量极低，需采用筛选准确、灵敏的方法对其进行检测。且由于不同真菌毒素的化学结构和性质各异，因而无法采用一种标准方法完成对所有真菌毒素的定量测定。目前针对FT 的检测多采用薄层色谱法和高效液相色谱法。

1. 薄层色谱法

薄层色谱法（TLC）是检测真菌毒素的一种传统方法，其优点是可对大量样品进行检测且成本较低，缺点是样品前处理相对烦琐复杂、所用溶剂和展开剂毒性较大、灵敏度较低，因此实际应用时受到一定限制。但随着与多种前处理手段联用及前处理自动化研究等，TLC 法在真菌毒素多残留检测方面仍有一定的应用前景。

2. 高效液相色谱法

高效液相色谱法（HPLC）测定真菌毒素具有分离和检测效能高、分析快速等特点，是目前真菌毒素检测最重要的方法，应用极为广泛。国内学者根据FTB的理化性质，建立了检测玉米等粮食样品中FTB的HPLC方法。此方法灵敏度高、样品前处理及分析步骤简便、稳定性及重现性好、回收率高，适用于大量样品检测。

此外，研究学者还制备出抗FTB的单克隆抗体，建立了检测FTB的间接竞争酶联免疫吸附法。将FTB纯品与琥珀酸酐反应，制备出FTB琥珀酸单酯化合物。再用常规方法与3种载体蛋白脱水结合形成酰胺化合物，经红外吸收光谱鉴定制备出3种复合抗原。免疫后获得2种单克隆抗体。该方法检测FTB的敏感范围为10 pg/mL～100 ng/mL，检测限为5 pg/mL。

3. 液相色谱-串联质谱法

液相色谱-串联质谱法（LC-MS）是一种非常敏感的检测、鉴定霉菌毒素的方法。在此基础上研究者建立了6 min LC-MS/MS法。该法突出的优点是可快速、简便地定量测定草莓、草莓汁、马铃薯右旋糖肉汤、土壤等中的FT和疣孢青霉原。但在国内尚未见其运用在FT的研究中。

三、风险评估与食品限量标准

FT被认为与串珠霉症、燕麦草螨珊症和伐木工人病等人畜疾病有关。烟曲霉震颤素一旦达到一定剂量，就会对人体造成极大伤害，进而影响人的生活、工作、学习。

饲料中FT的超标暴露，将直接威胁畜禽健康，造成畜牧生产上的经济损失，同时还间接威胁人们的饮食安全。一方面，霉菌的污染和繁殖可消耗饲料中的营养物质，如氨基酸、碳水化合物等，造成饲料营养价值的流失，还可造成饲料脂肪的变质，降低饲料蛋白的消化率，降低适口性，最终影响畜禽采食。另一方面，FT随饲料被畜禽摄入后主要对神经系统产生影响，引起动物的震颤、抽搐和死亡。另外，畜禽食用含有FT的饲料后，会造成FT在畜产品如肉、蛋、奶等中的残留和蓄积，人们食用这种畜禽产品后，健康将受到严重威胁。

因为目前缺乏有关FT的毒理学资料、膳食数据和污染数据，所以FT膳食暴露风险评估研究应进一步深入开展，同时亟须根据评估结果对FT限量标准进行完善。

（荣　爽）

第八章　展青霉素的污染及其危害

展青霉素（patulin，PAT），又称展青霉毒素、棒曲霉素、珊瑚青霉毒素等，是由曲霉菌属和青霉菌属的真菌产生的一种次级代谢产物，具有广谱的抗生素特点。测试发现 75 株革兰阳性与革兰阴性细菌（如大肠杆菌、痢疾杆菌、伤寒杆菌与副伤寒杆菌等）无一能完全抵抗 PAT 的毒性，它还能够抑制典型真菌的生长。事实上，PAT 最早于 20 世纪 40 年代从灰黄青霉（*Penicillium griseofulvum*）和扩展青霉（*P. expansum*）中分离出来，用作抗生素，许多早期研究也主要是针对其抗菌活性的利用，例如用于治疗普通感冒和皮肤真菌感染。然而，到了 20 世纪 50－60 年代，越来越多的报道显示，PAT 除具有抗菌、抗病毒和抗原生动物活性外，对植物和动物也有明显毒性。PAT 污染食品和饲料后产生的毒害远大于其作为抗生素的药用价值，对 PAT 的关注随后也更多地倾向于其作为真菌毒素的生物毒性，其临床用途逐渐被排除，并于 1960 年代被重新分类为毒素。

第一节　展青霉素的性质及其产生

展青霉素污染不分地域，在世界各地多种食品中均有不同程度的检出，主要集中在水果及其制品、蔬菜、饲料以及谷物中，其中苹果及其制品中污染极为严重，是一种世界范围内的水果污染物。

一、展青霉素的结构与性质

多数青霉菌属与曲霉菌属的真菌能够产生 PAT 类有毒次级代谢产物。PAT 的化学结构式见图 8-1，分子式为 $C_7H_6O_4$，分子量为 154，化学名称为 4-羟基-4-氢-呋喃（3，2-碳）骈吡喃-2（6-氢）酮，为多聚乙酰内酯类化合物。与黄曲霉毒素、伏马菌素、赭曲霉毒素等主要真菌毒素一样，PAT 也是一种聚酮类代谢产物。

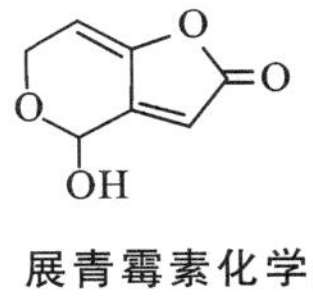

图 8-1　展青霉素化学结构式

PAT 晶体为无色菱形，熔点为 110.5～112℃。PAT 易溶于水、氯仿、丙酮、乙醇及乙酸乙酯，微溶于乙醚和苯，不溶于石油醚，最大紫外吸收波长为 276 nm。PAT 在酸性条件下稳定，在 pH 值为 3.3～5.5 水溶液、105～125℃下能保持结构不被破坏，但溶液蒸干后形成的薄膜则不稳定。因此，食品工业常规热处理如巴氏杀菌等并不能破坏苹果制品（如苹果汁、苹果酒）中的 PAT。PAT 在氯仿、二氯甲烷等溶剂中也能较长时间保持稳定，在水中（中性）和甲醇中开始逐渐分解，在碱性溶液中更不稳定，易被破坏。

二、产毒菌株与产毒条件

PAT 由曲霉菌属、丝衣霉属、拟青霉属、青霉菌属等真菌产生，丝衣霉是无性型拟青霉。曲霉菌属中的棒曲霉、巨大曲霉，青霉菌属中的、棒束青霉、嗜粪青霉、扩展青霉、栎实青霉、唐菖蒲青霉、灰黄青霉、狐粪青霉，丝衣霉属中的雪白丝衣霉，以及拟青霉属中的某些菌株，均能产生PAT。中国青霉菌属真菌中橘灰青霉、扩展青霉、栎实青霉、灰黄青霉、多毛青霉、杨奇青霉、梅林青霉、娄地青霉、小刺青霉、狐粪青霉等也能产生PAT。

PAT最先在霉烂苹果和苹果汁中被发现，广泛存在于各种霉变水果中，是水果及其制品中最为常见的真菌毒素类污染物，其中以苹果、山楂、梨、番茄、苹果汁和山楂片等受污染较为严重。侵染食品和饲料的主要有扩展青霉、荨麻青霉、棒曲霉、巨大曲霉，侵染水果最为常见的是雪白丝衣霉和扩展青霉。

扩展青霉、展青霉等是食品中PAT的主要来源，它们生长和产毒的温度范围很宽。作为一种好寒性霉菌，扩展青霉生长温度最低可达−6℃，在0℃下生长强劲，最适生长温度为20～25℃，最高生长温度为35～40℃，在0～40℃范围内均可产生毒素。除温度外，扩展青霉生长还受O_2和CO_2浓度等环境条件的影响。扩展青霉对O_2要求低，即使O_2浓度低至2.1％，其生长也几乎不受影响；空气中的CO_2能刺激扩展青霉生长，CO_2浓度高至15％仍有刺激作用，但较高的CO_2浓度会使扩展青霉生长速率降低。

三、展青霉素的生物合成

展青霉素的生物合成通路见图8-2。现已明确棒曲霉和扩展青霉中的展青霉素生物合成基因簇均包含相同的15个基因，但两者基因序列差异很大。扩展青霉中的展青霉素生物合成基因簇聚集在一个41 kb的DNA区域。其中，*PatL*编码一个转录因子；*PatM*、*PatC*和*PatA*编码转运蛋白；*PatB*编码羧酸酯酶；*PatD*编码依赖Zn的乙醇脱氢酶；*PatE*编码葡萄糖-甲醇-胆碱氧化还原酶（该酶催化展青霉素生物合成通路的最后一步；*PatG*编码一个脱羧酶（即6-甲基水杨酸脱羧酶，该酶呈现一个氨基羟化酶保守域，极有可能参与了6-甲基水杨酸脱羧生成间甲酚的过程）；*PatH*和*PatI*编码细胞色素P450（CYP450负责间甲酚羟化为间羟基苯甲醇和间羟基苯甲醇羟化为龙胆醇）；*PatJ*编码一个加双氧酶；*PatK*是扩展青霉的展青霉素生物合成基因簇中的骨干基因，编码6-甲基水杨酸聚酮合成酶；*PatN*编码isoepoxydon脱氢酶；*PatO*编码异戊醇氧化酶；*PatF*功能未知，有一个类似SnoaL的结构域。虽然在意大利青霉（*P. italicum*）和指状青霉（*P. digitatum*）中也发现了展青霉素基因的直系同源物，但均无骨干基因*PatK*，且在意大利青霉中仅鉴定出了*PatC*、*PatD*和*PatL*三个基因，这两种青霉菌都不产生PAT。

第二节　展青霉素对食品的污染、危害及致病机制

扩展青霉是食品中展青霉素的主要来源，水果受该菌影响最大，其中苹果及其制品是主要污染源，也是人类膳食中展青霉素最主要的来源，被认为是到目前为止PAT进入食物链的主要途径。除单独污染外，展青霉素还能与橘青霉素和黄曲霉毒素共生，例如，在苹果中与橘青霉素共生，在榛子中与黄曲霉毒素共生。

一、展青霉素对食品的污染

作为食品中PAT污染的主要产生菌，扩展青霉能污染苹果、梨、杏、桃、葡萄、樱桃、草莓、香蕉、油桃、李子、桑葚、猕猴桃、黑穗醋栗、薄壳山核桃、榛子、菠萝、橙子、树莓、柿子、蓝莓、青梅、杏仁、榅桲、花楸浆果、橡实、核桃、橄榄等果品，以及苹果汁、梨汁、葡萄汁、樱桃汁、醋

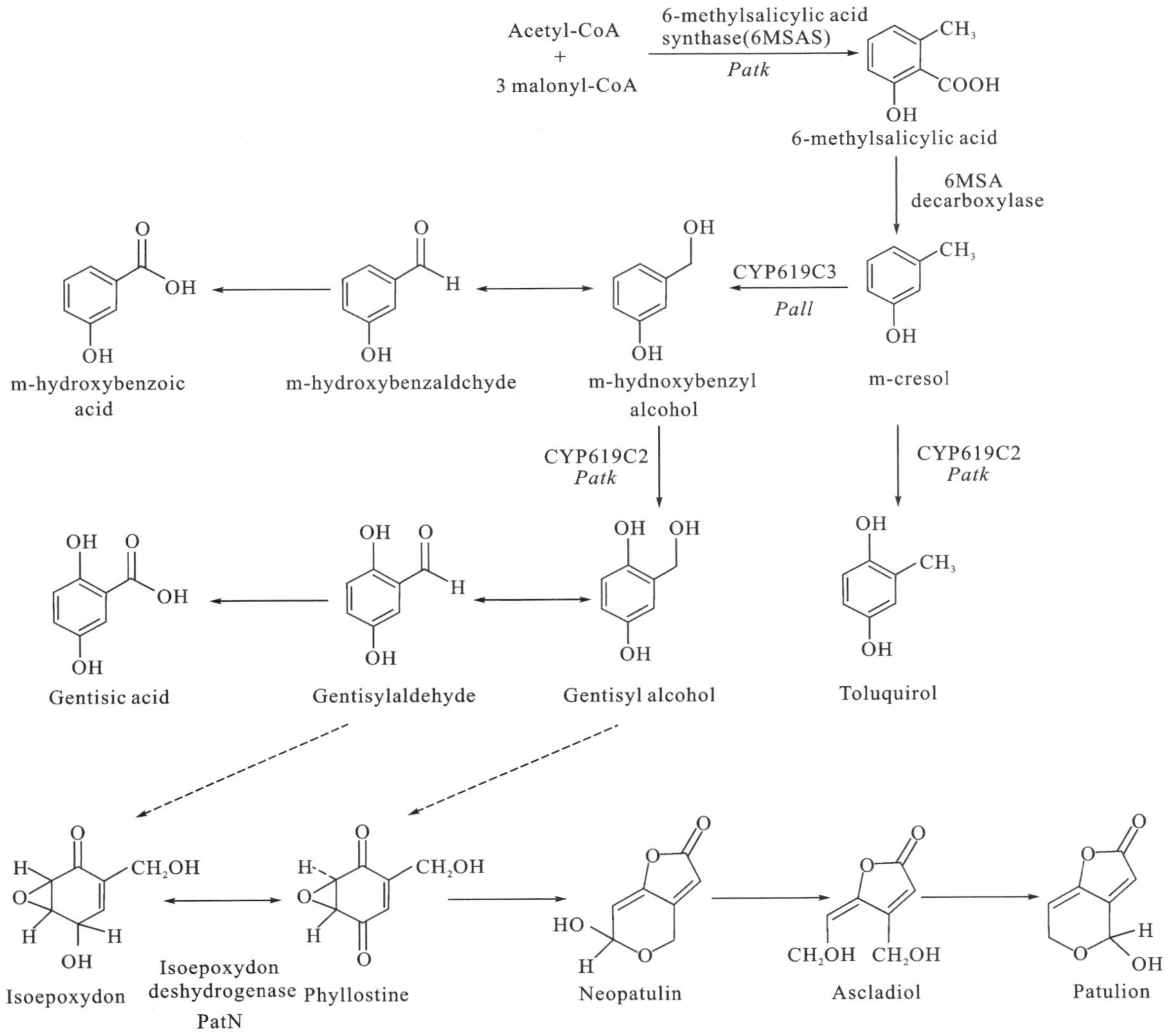

图 8-2　展青霉素的生物合成通路

注：Acetyl-CoA：乙酰辅酶 A；malonyl-CoA：丙二酰辅酶 A；6-methylsalicylic acid：6-甲基水杨酸；6-meth-ylsalicylic acid synthase：6-甲基水杨酸合成酶；6MSA decarboxvlase：6-甲基水杨酸脱羧酶；m-cresol：间甲酚；m-hydroxybenzyl alcohol：间羟基苯甲醇；m-hydroxybenzaldehyde：间羟基苯甲醛；m-hydroxybenzoic acid：间羟基苯甲酸；Toluquinol：邻甲基对苯二酚；Gentisyl alcohol：2，5-二羟基苯甲醇；Gentisylaldehyde：2，5-二羟基苯甲醛；Gentisic acid：2，5-二羟基苯甲酸；Isoepoxydon deshydrogenase：Isoepoxydon 脱氢酶；Phyllostine：叶点霉素；Neopatulin：新棒曲霉素；Ascladiol：5-［2-羟基亚乙基］-4-［羟基甲基］-2［5氢］-呋喃酮；Patulin：展青霉素。

栗汁、草莓酱、梨泥等果品制品。扩展青霉地域分布甚广，欧洲、美洲、亚洲、大洋洲和非洲的许多国家均分离到了其菌株。中国青霉菌属真菌中，狐粪青霉罕见，梅林青霉、多毛青霉和栎实青霉较罕见，余者均分布广或较广。

扩展青霉是食品中 PAT 的主要产生菌，污染后可引起苹果、梨、樱桃、杏、猕猴桃、桃等许多水果发生青霉病，造成贮藏期和货架期损失。水果青霉病变后，出现褐色软腐，产生绿色或蓝色分生孢子梗和分生孢子，形成脓疱。扩展青霉往往通过水果的伤口或受伤部位侵入，也可通过果柄、开放的萼筒和皮孔侵入，还可从果实上害虫为害部位和其他病原菌感染部位侵入。采前产生的伤口和采收、分级、包装、贮藏、运输过程中造成的机械损伤是扩展青霉的重要侵入点，任何机械损伤都会增加果实感染扩展青霉的敏感性。过熟或长期贮藏的水果更容易感染扩展青霉。对于树上的果实，即使上面有扩展青霉分生孢子，果实采收前这些分生孢子通常也不会生长，但这些果实如果受到病虫为害或掉落地上，在果实采收后就可能发病，并产生展青霉素。

在土耳其，有研究发现苹果中的展青霉素污染浓度为 $40.62 \sim 69.62\ \mu g/kg$。对阿根廷的苹果制品和梨制品进行检测分析时发现，只有 1 份梨制品检出展青霉素，含量为 $25\ \mu g/kg$；苹果制品检出展青霉素的污染水平为 $17 \sim 221\ \mu g/kg$，平均水平为 $61.7\ \mu g/kg$，且以苹果酱样品污染最为严重，50% 的苹果酱样品被污染，平均水平达 $123\ \mu g/kg$。通过对购自西班牙不同超市的 100 份苹果汁样品进行展青霉素测定分析，发现 PAT 污染水平为 $0.7 \sim 118.7\ \mu g/L$，11% 的样品所含展青霉素超出了欧洲的最高限量水平 $50\ \mu g/L$。对南非本地零售店的苹果制品样品进行展青霉素测定分析，发现苹果汁中展青霉素的污染水平为 $5 \sim 45\ \mu g/L$，平均含量为 $10\ \mu g/L$；10 份婴儿苹果汁样品中有 6 份检出展青霉素，水平为 $5 \sim 20\ \mu g/L$。

国内对有关展青霉素的污染状况也有相关报道。在 20 世纪 90 年代，对北京市 5 个区县 7 个生产厂家的 109 份水果制品及 28 份果酱样品的检测结果表明，展青霉素自然污染的阳性率为 31.3%。对山东地区水果中 PAT 污染情况调查分析，发现新鲜水果未见污染，霉烂苹果污染率 40%，苹果制品污染率 70%，阳性样品平均含量 $80.6\ \mu g/kg$，山楂制品污染率 31.4%，平均含量 $51.9\ \mu g/kg$。对采自北京、上海、甘肃、广西、浙江的 136 份霉烂苹果、6 份霉烂梨、25 份水果汁、5 份果酒和 5 份果酱样品的分析发现，PAT 阳性检出率依序为 48.5%、16.7%、73.3%、40% 和 0。前 4 种水果及制品中展青霉素平均含量分别为 $656\ \mu g/kg$、$1\ 275\ \mu g/kg$、$40\ \mu g/kg$ 和 $40\ \mu g/kg$。其中，以霉烂苹果含量最高。在 2005—2007 年广东省市场销售的苹果和山楂制品中抽检 83 份样品，有 6 份检出展青霉素，检出率占样品总数的 7.2%；有 1 份检出超标，展青霉素的含量为 $95\ \mu g/kg$，超标率占样品总数的 1.2%。这些结果表明，我国水果及其制品中展青霉素污染情况比较普遍。

尽管 PAT 的主要产生菌分布几乎没有地域性，但水果及其制品中 PAT 污染程度还是存在一定的地区差异。以报道最多的苹果汁为例，同期检测结果发现，中国陕西生产的苹果汁中展青霉素含量平均仅为 $8.44\ \mu g/kg$，西班牙加泰罗尼亚地区销售的苹果汁中展青霉素含量略高于该水平（平均含量 $11.7\ \mu g/kg$），而南非和突尼斯生产的苹果汁中展青霉素污染情况则要严重得多，展青霉素平均含量分别高达 $210\ \mu g/kg$ 和 $45.7\ \mu g/kg$。

二、展青霉素的吸收与代谢

对 17 只雄性和 12 只雌性的大鼠灌胃 $3\ mg/kg$ 的 ^{14}C-展青霉素，持续 $41 \sim 66$ 周。随后对持续摄入 PTA 4 h、24 h、48 h 和 72 h 以及 7 d 的大鼠进行血样采集。7 d 内，在粪便和尿液中回收到 49% 和 36% 的放射性 C，且大部分为 24 h 内。$1\% \sim 2\%$ 以 $^{14}CO_2$ 形式回收。7 d 时，$2\% \sim 3\%$ 的放射性 C 在组织和血液中回收到。主要的展青霉素残留组织为脾脏、肾脏、肺和肝脏。用同位素稀释法标记 PAT 后，灌注离体大鼠胃。在灌注 PAT 浓度为 $350\ mg/L$ 和 $3.5\ mg/L$ 的果汁后，55 min 后，$26\% \sim 29\%$ 的 PAT 转移到胃。从数量上，大剂量组和小剂量组分别有 17% 和 2% 被转运进血管循环，在胃组织中可检测到 3% 和 0.06%。

三、展青霉素的毒性与危害

展青霉素不仅如前所述对各类细菌、酵母菌等有强烈的抑菌活性，对高等植物也有明显毒性，如抑制种子萌发和引起植株萎蔫，对植物（伊乐藻和番茄）原生质体流动有强抑制作用，降低春小麦节间长度、小花数、种子质量和种子数量。体外试验中，PAT 对原生质体和培养的各类组织、细胞均有强烈的抑制或损伤作用。

展青霉素对人和动物具有广泛而强烈的毒性作用，表现出各种急性毒性、慢性毒性和细胞水平的危害。急性毒性症状包括紧张、抽搐、肺充血、水肿、胃肠道扩张、肠出血和上皮细胞变性。慢性毒性症状包括遗传毒性、神经毒性、免疫毒性、免疫抑制、致畸和致突变性。细胞水平的危害有原生质膜破裂以及蛋白质、DNA 和 RNA 合成受抑制等。

1. 急性毒性和慢毒性

展青霉素具有较强的急性毒性和神经毒性。1953 年日本发生一起奶牛饲料展青霉素中毒事件。中毒奶牛临床症状比较明显，包括运动时动作僵硬、步态不稳、后肢膝关节无力、频繁下跪、无法站立、肌肉震颤，其中以头部和后肢症状明显。尸体剖检主要发现后肢肌肉群退行性变化、上行性神经麻痹和中枢神经系统水肿、脑干脊髓神经元不同程度的退行性改变和坏死。啮齿类动物摄入展青霉素后的急性中毒死亡常伴有痉挛、水肿、肺出血、皮下组织水肿、少尿、局灶性肝坏死、胃及十二指肠充血和肠膨胀，组织病理学损伤包括胃肠溃疡和炎症。给小鼠注射展青霉素后出现皮下尤其是注射处组织水肿、感染、坏死，腹腔和胸腔积液，胃肠道充血扩张、出血和黏膜溃疡，明显肺水肿，呼吸困难，尿量减少。绵羊展青霉素中毒的表现为心跳加快、精神沉郁、食欲下降至消失、呆立后卧躺，最后死亡；组织病理变化有肝淤血、肺充血、心房心室扩张、心肌有出血点、神经细胞变性。禽类展青霉素中毒的主要临床表现为食欲下降、增重缓慢、拱背、腹泻、抽搐、卧地不起等。尸体剖检病理变化有肝脏呈土黄色、心肌变性、胆囊扩张并充满胆汁、肠内胀气、肠壁变薄等。人类展青霉素急性中毒的表现为恶心、呕吐、反胃、水肿、溃疡、便血、焦虑、抽搐、惊厥和昏迷等。

2. 组织细胞毒性

展青霉素具有较强的细胞毒性，能改变细胞膜的通透性，抑制细胞中大分子物质合成，造成细胞中非蛋白质巯基耗竭，导致细胞活性丧失。动物实验结果表明，展青霉素中毒可引起动物肝、肾、胃、肠、皮肤等多组织器官的充血、淤血、溃疡、炎症和局灶性坏死。体外研究发现，PAT 对培养的肝细胞、肺细胞、皮肤细胞、肠黏膜细胞等均具有明显的细胞毒性，其毒作用机制主要与细胞内谷胱甘肽的耗竭、线粒体功能紊乱和细胞色素 C 释放等线粒体凋亡诱导途径有关。此外，在 PAT 诱导的各种细胞损伤中，还观察到细胞有丝分裂与增殖周期阻滞、溶酶体功能紊乱、自噬受阻、内质网应激等。

3. 生殖毒性

对 5～6 周龄的雄性小鼠以 0.1 mg/kg 处理 60 d 和 90 d，小鼠精子数量呈先上升后下降的变化，尾部出现弯曲、盘绕和黏附等畸形变化，附睾和前列腺也出现了一些病理学变化。所以，长期接触展青霉素有可能影响到男性的生育能力。此外，体外实验研究发现，0.5～5 000 ng/mL 的展青霉素可影响到糖皮质激素核受体的转录活性；500 ng/mL 的 PAT 提高了黄体酮水平但同时降低了睾酮水平，而 5 000 ng/mL 的 PAT 在展现细胞毒性的同时，也使雌二醇水平增加 2 倍多。

4. 致癌、致畸与致突变性

世界卫生组织（WHO）认为展青霉素是较强的基因毒性物质，可选择性地诱导 DNA 突变、双链断裂、重组修复障碍和染色体畸变。尽管经口摄入 PAT 未能诱发实验动物肿瘤的发生，但给大鼠皮下注射后注射部位局部出现肉瘤，并相继发现了致畸性和致突变性，国际癌症研究机构（IARC）将其归为 3 类可疑致癌物。展青霉素对鸡胚有明显的致畸作用。给 4 d 的鸡胚注射小剂量的展青霉素，35%～45% 的小鸡产生严重的致畸反应，主要表现为小鸡外张爪、颅裂、啄畸形、突眼等。展青霉素能够引起哺乳细胞基因突变，这可能与其致癌、致畸有关。PAT 可引起正常的中国仓鼠肺 V79 细胞次黄嘌呤-

鸟嘌呤磷酸核糖转移酶（HPRT）基因发生突变，并具有明显的剂量依赖性。对于谷胱甘肽缺如的 V79 细胞，展青霉素暴露会使 HPRT 的突变率增加 3 倍；但经高水平谷胱甘肽处理后，HPRT 突变率明显下降。这些结果表明展青霉素是一种具有致突变性的真菌毒素，尤其是在谷胱甘肽浓度比较低的细胞中作用明显。此外，有研究发现，当展青霉素浓度为 10 μg/mL 时可引起大肠杆菌单链 DNA 的断裂，而当溶度达 50 μg/mL 时可引起双链断裂，更高浓度的 PAT（250～500 μg/mL）还会直接抑制体外蛋白质的合成，表明展青霉素是具有选择性的 DNA 损害毒素。

5. 免疫毒性

展青霉素对免疫系统有不同程度的影响。经展青霉素处理的小鼠，中性粒细胞数量升高，脾淋巴细胞特别是 B 淋巴细胞的数量下降，腹膜巨噬细胞吞噬功能降低，细胞对有丝分裂原植物血凝素、ConA 特别是美洲商陆的反应减弱，但加入半胱氨酸后恢复正常。低至 1～10 nmol/L 的 PAT 也对小鼠脾细胞有明显刺激效应，但高浓度的 PAT（0.02～0.24 mmol/L）则有明显的抑制作用。利用 50 ng/L 的 PAT 处理人外周血单核细胞，细胞内还原型谷胱甘肽水平降低，细胞培养上清中 IL-4、IL-13、IFN-γ 和 IL-10 的水平下降；在添加含巯基化合物后，前述变化有明显恢复。

四、展青霉素的毒作用机制

展青霉素的遗传毒性和细胞毒性是由于其 C-6 和 C-2 的不饱和杂环内酯结构具有与细胞亲核物质的高反应活性，它们通过共价键不可逆地结合到细胞内的亲核物质，特别是蛋白质和谷胱甘肽（GSH）的巯基（-SH），从而抑制含有巯基的酶如乳酸脱氢酶、磷酸果糖激酶、Na^+-K^+-ATP 酶、Mg^{2+}-ATP 酶、脑乙酰胆碱酯酶等的活性和 GSH 的耗竭，诱导 ROS 大量生成、DNA 损伤、脂质过氧化，或抑制 Na^+ 内流和依赖的甘氨酸转运，或激活 ERK、p38 和 JNK 的表达，导致细胞活性与功能的异常。PAT 与一个巯基反应形成的加合物比展青霉素本身具有更高的与巯基和氨基反应的活性，但有 2 个或 3 个巯基的加合物没有或仅有较低的进一步反应活性。展青霉素对细胞 GSH 的耗竭，具有明显的剂量和时间效应。因此，谷胱甘肽发挥着展青霉素防护剂的作用，而谷胱甘肽合成抑制剂丁硫氨酸亚砜亚胺则会引起细胞谷胱甘肽含量减少，从而增加展青霉素的细胞毒性和遗传毒性。此外，外源性抗氧化剂维生素 E 等对展青霉素引起的遗传毒性和细胞毒性有防御作用。

展青霉素与蛋白质和谷胱甘肽的巯基反应快，而与氨基的反应要慢得多。在高浓度展青霉素处理的中国仓鼠 V79 肺成纤维细胞中观察到了 DNA 链断裂、DNA 氧化性修饰和 DNA-DNA 铰链，证明在细胞系统中展青霉素直接与 DNA 反应。展青霉素诱导细胞遗传损伤的机制是交联的姐妹染色单体在有丝分裂期没有很好分离，被拉到相反的两极，形成后期桥，后期桥在胞质分裂期转变为核质桥；DNA 损伤引起的细胞周期紊乱导致中心体扩增，产生多极纺锤体；阴性着丝粒微核通过核质桥断裂产生或在铰链 DNA 修复和复制过程中产生，而阳性着丝粒微核则可能是有丝分裂紊乱的结果。展青霉素是致突变真菌毒素，特别是在谷胱甘肽浓度低的细胞中。例如，展青霉素处理人体肝 HepG2 细胞和中国仓鼠 V79 肺成纤维细胞后，染色体畸变率增加；展青霉素能诱导中国仓鼠 V79 肺成纤维细胞产生阴性着丝粒微核和阳性着丝粒微核。

第三节　展青霉素污染的预防控制

食品质量与安全已引起全球所有国家的普遍关注。我国是世界上水果产量最大的国家，苹果及其制品中展青霉素的污染已成为我国水果及其制品出口创汇的技术性及贸易性壁垒，因而控制水果及其制品中的展青霉素含量具有重要的现实意义。

一、展青霉素的检测

由于 PAT 具有致突变、致畸作用，对人体健康具有潜在危害，因而建立快速而灵敏的检测手段十分必要。展青霉素是小分子量的极性化合物，有较强的紫外吸收光谱，适于用配有紫外检测器（UV）或二极管阵列检测仪（DAD）的液相色谱仪检测，但存在 5-羟甲基糠醛和酚类物质干扰的问题。目前国内外关于展青霉素检测方法的研究取得了一定进展，主要采用的有 LC-UV、LC-DAD、LC-MS/MS、GC、GC-MS、GC-MS/MS 等气相色谱法、液相色谱法或气相色谱-质谱联用法、液相色谱-质谱联用法，检测限一般在 ppb 级，最低可至 0.09 ppb。除前述方法外，展青霉素检测还可采用胶束动电毛细管色谱法，检测限可低至不足 1 ppb。值得注意的是，在检测苹果浊汁展青霉素含量时，相比于浊汁的液相部分，浊汁的固体部分富含蛋白质，展青霉素极有可能与蛋白质相互作用而结合在一起，使高达 20％ 的展青霉素未被检测到，从而导致毒性水平的低估。

1. 薄层色谱法

薄层色谱法（TLC）是最早用于展青霉素检测的方法，具有设备简单、经济的特点，为展青霉素的广泛检测发挥了重要作用。由于传统的 TLC 法样品前处理费时，操作烦琐，与 5-羟甲基糠醛等共萃取时杂质干扰严重（尤其是在有酚类物质存在的条件下，有可能出现假阳性，需进行确证性试验），导致重复性差、灵敏度低，只能半定量，现已甚少采用。目前 TLC 法已得到部分改良，如使用乙酸乙酯作为萃取剂、以甲苯：乙酸乙酯：甲酸（6：3：1）为流动相所建立的快速 TLC 扫描法，已用于苹果制品中的展青霉素检测。该方法可在波长 275 nm 处应用紫外-可见光检测器直接检测定量；或预先在薄层板上喷上显色剂（3-甲基-2-苯并噻唑啉酮腙水合盐酸盐），在波长 412 nm 处间接检测定量，2 种方法检测限分别为 20 ng/g 和 12 ng/g，平均回收率为 78％，适用于展青霉素含量 50～150 μg/kg 的样品测定。还有研究利用 1.5％ 碳酸钠净化样品，经双向薄层分离后，利用 CS-910 薄层扫描仪进行紫外反射光扫描定量，运用该方法测定苹果及其制品中展青霉素时，平均回收率为 90％～104％，重复性试验变异系数为 2.2％～8.1％，检测限为 2 ng/g。

2. 高效液相色谱法

高效液相色谱法（HPLC）具有灵敏度高、选择性好、准确性和精确性高等优点，已被越来越广泛的应用于展青霉素的含量测定，但在检测过程中如何完全分离展青霉素和羟甲基糠醛仍是需要解决的关键问题。研究表明，前处理过程中用乙酸乙酯和碳酸钠净化可减少羟甲基糠醛的影响，但在高浓度的碳酸钠溶液中展青霉素可能受破坏而影响回收率，且分离效果较差。为此，固相萃取（SPE）技术近来被用于苹果汁、山楂等样品中展青霉素的提取和纯化，如 C18 固相萃取相对于液液萃取有着更加简单、快捷、精确、耗时少、污染小等优点。《食品安全国家标准　食品中展青霉素的测定》（GB 5009.185－2016）第二法规定对样品（浊汁、半流体及固体样品用果胶酶酶解处理）中的展青霉素经提取和固相净化柱净化、浓缩后，液相色谱分离（流动相为乙腈-水），紫外检测器（276 nm）检测，外标法定量。该方法在重复性条件下获得的 2 次独立测定结果的绝对差值不超过算术平均值的 15％；对液体试样的检测限为 6 μg/kg，定量限为 20 μg/kg；对固体、半流体试样的检测限为 12 μg/kg，定量限为 40 μg/kg。

3. 气相色谱-质谱联用法

采用 GC、GC-MS 和 GC-MS/MS 检测展青霉素时，需进行分析前衍生化，费时且烦琐，而采用进样口衍生则可节约衍生试剂和样品制备时间。大多数气相色谱法是以三甲基硅烷基为衍生试剂对展青霉素进行衍生化处理后，再用质谱法（MS）检测。样品经溶剂提取后再经薄层色谱法净化，检测限为 20 ng/kg，回收率为 90％，使污染的谷物中微量毒素的检测成为可能。直接酰基化法是利用原液酰基化和多相透析将展青霉素分离到透析管中，以氯化甲烷为溶剂、醋酸酐为衍生介质、4-N，N-二甲基氨基嘧啶为衍生促进剂，进行 GC-MS 分析（硝基苯作为内标），检测限为 10 μg/L，平均回收率为 79%。采用 QuEChERS 处理样品后进行 GC-MS 检测，发现腐烂苹果中腐烂部位展青霉素含量较高（0.147～40.808 μg/g），未腐烂部分几乎不含展青霉素（0.001 6～1.254 μg/g）。苹果汁和山楂样品经乙酸乙酯提取、无水硫酸钠干燥后除去溶剂，经 SLH 固相萃取柱净化、干燥后 BSTAF 衍生，发现苹果汁和山楂制品中 PAT 检测限分别为 0.58 μg/kg 和 0.96 μg/kg，回收率为 70%～117%。

4. 液相色谱-质谱联用法

液相色谱法常常因紫外检测器的局限性出现假阳性，液相色谱-质谱联用法（HPLC-MS）采用 APCI 源及 ESI 源，可有效避免此现象。但采用 ESI 源时会出现很强的基质效应，而采用 APCI 源时基质效应可忽略。因此，目前 LC-MS 检测通常采用大气压离子源（API 源）的负离子源模式（如 ESI 源、APCI 源和 APPI 源）。《食品安全国家标准　食品中展青霉素的测定》（GB 5009.185－2016）第一法采用同位素内标法检测食品中展青霉素，样品经混合型阴离子固相萃取柱净化后，采用 ESI 源负离子模式监测，MRM 检测。在 1.0～500.0 μg/L 范围内展青霉素线性关系良好，该方法定量限为 5.0 μg/kg，加标回收率为 80.6%～91.8%。在此基础上建立的同位素稀释高效液相色谱-串联质谱法（HPLC-MS/MS）法，克服了基质效应带来的误差和校正实验过程中的损失。利用该方法检测水果及其制品中的展青霉素时，样品经混合型阴离子交换柱净化、富集后，用 Waters HSS T3 柱分离、乙腈/水梯度洗脱、MRM 模式检测、同位素稀释内标法定量，发现展青霉素在 5～250 ng/mL 范围内线性关系良好（R＞0.999 5），检测限为 5.0 μg/kg，平均回收率为 90.6%～110.1%，相对标准偏差为 1.4%～3.9%。对果蔬中展青霉素测定时，80%乙腈提取物离心样品后用固相萃取柱（HLB＋MCX）净化，再用超高效液相色谱-串联质谱测定（基质外标法定量），发现樱桃、苹果和番茄的定量限均为 5 μg/mL，回收率为 93.7%～98.8%，相对标准偏差为 1.2%～3.3%。

5. 免疫学方法

免疫学方法以其灵敏度高、特异性高、高通量和快速简便等优点，在检测领域发展迅速，应用前景非常广阔。很多成品试剂盒也被开发出来，并被应用于实验室快速检测。然而，展青霉素分子量小，本身不具有免疫原性，导致抗体易受基质影响，特异性差、亲和力小，直接制约着高特异性、高亲和力抗体的制备，以免疫化学技术为基础的展青霉素分析方法还在不断发展、完善之中。展青霉素的检测方法问世，实现了对展青霉素的快速特异免疫性检测。自 1993 年利用衍生化处理的展青霉素与牛血清蛋白结合成抗原并制备出多克隆抗体，进而开发出间接酶联免疫吸附法用于 PAT 的特异性检测以来，表面等离子体共振免疫分析法、化学发光免疫分析法、近红外荧光免疫分析法、石英晶体微天平免疫分析法、荧光免疫分析法等多种检测展青霉素的免疫学方法不断推出。由于免疫学方法使用的免疫抗体由动物产生，昂贵且不可再生，为提高检测性能，展青霉素免疫学检测正尝试改用合成的生物受体，如寡核苷酸适配体。与抗体相比，寡核苷酸适配体亲和力高、稳定、可与多种目标物结合、合成简单。基于 DNA 适配体 PAT-11 建立的酶-发色底物系统可用于展青霉素检测，线性范围在 0.05～2.5 μg/L，检测限低至 0.048 μg/L。展青霉素的近红外荧光免疫分析法也很灵敏，检测限可低至 0.06 μg/L。此外，基于分子印迹溶胶-凝胶聚合物的石英晶体微天平传感器也开始应用于展青霉素的检测。

需要说明的是，展青霉素检测中普遍采用液液萃取（LLE）或固相萃取（SPE）。由于 LLE 需使用大量的有机溶剂，萃取成本高而且耗时，用碳酸钠净化还会使展青霉素发生降解（展青霉素在碱性介质中不稳定）。与 LLE 萃取相比，SPE 更简便，回收率高，污染小。采用 SPE 时，提取相中加入 NaH$_2$PO$_4$ 有利于保持微酸性，以免展青霉素降解。基于分子印迹聚合物的 SPE，模板分子识别选择性和亲和力高，有良好的选择性和稳定性，更高效，已成功用于苹果汁中真菌毒素的检测。分散液液微萃取（DLLME）提取时间短、操作简单、富集因子和回收率高。离子液体具有对空气和水分稳定、不挥发、热稳定性好、黏度可调、与水和有机溶剂混溶等优点，可作为 DLLME 的提取溶剂。在 DLLME 基础上，还发展出了二元溶剂分散液液微萃取（BS-DLLME）。通常，在传统固体、半固体和黏性生物样品的分析中，样品制备、提取和分离往往需要好几步，而基质固相分散可将所有这些步骤合并为一步。除上述方法外，盐析旋涡辅助液液微萃取、QuEChERS 等方法也开始应用于展青霉素的萃取。

二、展青霉素污染的预防

展青霉素作为一种广泛存在的、对人和动物健康有害的真菌毒素，是水果及其制品、谷物等食品中的天然污染物，变质的苹果及其制品中的污染尤为严重，且一旦污染则难以祛除。因此，对展青霉素污染的高效预防显得十分迫切和重要。

1. 化学防治与脱毒法

使用化学杀菌剂是控制农产品采后真菌污染的重要策略。过度使用杀菌剂会导致抗杀菌剂菌株的出现，导致一些杀菌剂失去效力，宜用敏感杀菌剂代替。咯菌腈通过抑制葡萄糖磷酰化转移和渗透压调节信号相关的组氨酸激酶的活性，抑制扩展青霉分生孢子萌发和菌丝体生长，并能降低扩展青霉产生抗药性的风险，被称为低风险杀菌剂。不少扩展青霉菌株已对苯咪唑类杀菌剂噻菌灵产生抗性，但可能对抑霉唑、咯菌腈敏感，因此，用抑霉唑或咯菌腈替代噻菌灵有望更好地控制扩展青霉引起的青霉病。有些杀菌剂甚至还会促进真菌的发展和展青霉素的产生，应避免使用。例如，噻菌灵能刺激扩展青霉孢子的形成，进而促进扩展青霉的繁殖；多菌灵、克菌丹和乙嘧酚磺酸酯能刺激某些扩展青霉菌株产生展青霉素。因此，在实际应用时需要予以特别注意。此外，真菌的不同种群对同一种杀菌剂的敏感性可能存在差异，为保证防控效果，往往需要多种杀菌剂或其活性成分的混合使用。

出于对公众健康的关注，果蔬采后化学药剂的使用要求越来越严，部分杀菌剂已在欧美等国停产或禁用，杀菌剂替代品开始进入公众视野。例如，采用 3% 次氯酸钠溶液浸泡受污染的苹果 5 min，能完全抑制互隔交链孢霉、黄曲霉、黑曲霉、枝孢样枝孢霉、镰刀霉、扩展青霉和桃软腐病菌在 25℃ 下的生长和危害。2%～5% 的醋酸溶液也能较好地抑制苹果上扩展青霉的生长和展青霉素的产生。在此方面，天然植物源性成分或植物化学物引起了更多的关注。例如柚皮苷、橙皮苷、新橙皮苷、樱桃苷、橙皮素葡萄糖苷等黄烷酮及其葡萄糖苷脂能抑制扩展青霉、土曲霉和黄褐丝衣菌产生展青霉素，使其积累量减少 95% 以上。槲皮素和伞形花内酯能控制扩展青霉生长和展青霉素积累，可代替传统化学杀菌剂，用于苹果采后青霉病的防控。0.2% 柠檬精油和 2% 橙子精油均对抑制苹果中扩展青霉产生展青霉素有非常好的效果。

臭氧杀菌力强，且不产生二次污染，早已被世界上许多国家的学者所认同，并且对真菌毒素也有一定的氧化降解和解毒作用。臭氧处理法对苹果汁中展青霉素的降解效果及对果汁品质影响的相关研究表明，臭氧处理对各浓度的展青霉素都有降解作用。其中臭氧对浓度为 50 μg/L 的展青霉素处理 15 min 后降解效果最佳，在该条件下，臭氧对苹果汁的品质没有明显的影响。因此，臭氧处理有望成为高效、安全、低廉的展青霉素降解方法。

2. 生物防治和脱毒法

作为化学防治的替代方法或补充，生物防治可减少甚至避免使用杀菌剂，其中使用微生物拮抗剂控制水果采后病害是最有前途的杀菌剂替代方案。水果表面存在细菌、酵母菌等微生物群落，对扩展青霉有显著的拮抗性。有的生防剂效果可与杀菌剂、气调贮藏结合杀菌剂相媲美。研究表明，清酒假丝酵母、西弗假丝酵母、浅白隐球酵母、罗伦隐球酵母、植物乳杆菌、乳酸菌、核果梅奇酵母、成团泛菌、卡利比克毕赤酵母、荧光假单胞菌、水拉恩氏菌、胶红酵母等拮抗菌对苹果上的扩展青霉都有显著防效。许多拮抗菌还将展青霉素降解、转化为毒性更低的物质，在展青霉素污染处理领域展现出诱人的前景。屎肠球菌能与展青霉素结合而将其从水溶液中清除。

此外，失活微生物因吸附效果好、使用更安全等优点，近年来也得到了一定的应用。利用固定化失活酵母、磁性固定化失活酵母和失活酵母粉处理苹果汁后，展青霉素的去除率最高可达 70.4％，且对苹果汁感官品质和基本理化指标无显著影响，其中磁性固定化失活酵母处理后苹果汁的色值显著下降，透光率升高。

需要说明的是，生物防治剂与低风险杀菌剂结合使用效果更好，如生防酵母结合啶酰菌胺和嘧菌环胺、丁香假单胞菌结合嘧菌环胺等。

3. 物理防治与脱毒法

物理防治与脱毒法主要包括吸附法、辐照法、微波法和超声波法等技术。硅胶、树脂及其他的多孔物质等具有良好的吸附作用，被广泛应用于降低液态环境中的毒素含量。利用键合了丙基硫醇功能团的 SBA-15 硅胶吸附液态环境中的展青霉素，室温下可以有效减少 pH 值为 7.0 的液态环境中的展青霉素含量；在酸性环境下，硅胶可以吸附 60℃苹果汁中的展青霉素，有很好的脱除效果。紫外线辐照也可以减少或消除展青霉素。苹果汁或苹果酒经 253.765 nm 的单色紫外线照射后，展青霉素的含量也有明显下降。微波处理法对展青霉素的去除率随微波功率和处理时间的增加而升高，在较优处理条件（中火处理 90s）下，$100 \sim 1\,000\ \mu g/L$ 的展青霉素可以得到 100％去除，其中热效应对展青霉素的破坏作用占微波总功效的 88％。超声波降解苹果汁中展青霉素的最佳工艺参数为超声波功率 420 W、处理时间 90 min、超声波频率 28 kHz、处理温度 30℃，在该条件下苹果汁中展青霉素降解率为 69.43％，且对苹果汁的关键质量参数影响不大。

4. 制定执行果蔬采前采后处理与贮藏加工规范

采前措施、采后处理和贮藏条件对控制产展青霉素的真菌生长和展青霉素污染十分重要。苹果及其制品是展青霉素的主要污染对象，为此，国家制定了《预防和降低苹果汁及其他饮料的苹果汁配料中展青霉素污染的操作规范》（GB/T 23585—2009）。根据该规范，为保证果品质量，一些采前措施值得特别注意，包括选择抗病虫和果皮坚实的品种；清理和销毁果园内的烂果、烂枝；保持树冠通风、透光；对引起果实腐烂的病虫害和产展青霉素霉菌入侵点进行防控；使用杀菌剂防止采收期间和采收后霉菌的发生和生长；施用钙肥和磷肥，改善果实细胞结构，降低对果实腐烂的敏感性；不将矿质元素含量少的果实用于长期贮藏（超过 3～4 个月）；果实充分成熟后采摘；采收、运输和装卸过程中避免对果实造成机械损伤；淘汰落地果、有病害的果和有机械损伤的果。苹果贮藏库应清洁卫生，可采取清洁剂和高压热水清洗后，喷洒 0.025％次氯酸钠溶液消毒。苹果贮藏期间，尽可能降低库温和 O_2 水平。苹果装入聚乙烯包装袋后贮藏，可避免使用化学药剂，易于控制扩展青霉生长和展青霉素产生，与不装袋相比，展青霉素产生量至少可降低 99.5％。气调贮藏能很好地控制苹果上扩展青霉生长和展青霉素产生，在低或超低 O_2 和 CO_2 条件下，1℃气调贮藏 2～2.5 个月的金冠苹果中均未检测到展青霉素。冷藏后再在室温下贮藏，苹果上扩展青霉的生长会被重新激活，因此，苹果在冷藏结束后应尽快消费或加工。加工前贮藏是控制加工用苹果展青霉素积累的一个关键点。苹果加工前，最好在 10℃以下冷藏；尽可能缩短室温贮藏时间（不超过 48 h），或不进行室温贮藏。在苹果加工过程中，选果、清洗和整理是除去苹果中展青霉素最关键的步骤。选果就是剔除腐烂严重的果实，苹果加工前应进行选果。清洗，特别是高压水冲洗，是控制展青霉素污染的好办法，能清除果实的腐烂部分和高达 54％的展青霉素。苹果中展青霉素污染主要集中在肉眼看得见的腐烂部位，去除腐烂部位能显著减少展青霉素污染。鉴于展青霉素能渗透到腐烂部位附近 1～2 cm 的健康组织中，将腐烂部位周围 2 cm 内的健康组织一并去除，通常可以避免展青霉素污染。清除腐烂和受损的果实或清理掉霉烂的部分，能显著降低苹果制品中的展青霉素水平。水果加工过程中一些加工工艺对展青霉素有消减作用。辐照能使苹果汁中的展青霉素发生降解，用 2.5 kGy 的剂量辐照展青霉素起始浓度为 2 mg/kg 的苹果浓缩汁，可使展青霉素完全消失。多波长紫外光照射也能使苹果汁中的展青霉素发生降解，其降解过程遵循一级时间动力学方程。巴氏杀菌、酶处理、微孔过滤、蒸发等加工步骤能在一定程度上降低果品制品中的展青霉素水平。巴氏杀菌能破坏扩展青霉的孢子，因而能降低扩展青霉产生展青霉素的风险。与超滤相比，采用回转式真空过滤的传统澄清方法去除展青霉素效果更好。超滤后用吸附树脂处理能显著降低苹果汁中的展青霉素水平，并能改善苹果汁的色泽和澄清度。展青霉素溶于水，硫脲改性壳聚糖树脂能有效去除水溶液中的展青霉素，在 pH 值为 4.0 和 25℃ 条件下，24 h 能吸附 1.0 mg/g。经丙硫醇功能化的介孔二氧化硅 SBA-15 的硫醇官能团能与展青霉素的共轭双键系统进行 Michael 加成反应，从而降低受污染苹果汁和水溶液中的展青霉素水平。交联黄原酸化壳聚糖树脂是清除苹果汁中展青霉素的适宜吸附剂，其最适条件为 pH 值为 4 和 30℃ 下吸附 18 h。雪白丝衣霉和黄褐丝衣菌均为耐热菌，在层压纸板和聚对苯二甲酸乙二醇酯瓶包装的苹果清汁和浊汁中均能产生展青霉素，果汁生产企业应采取措施控制这两种真菌的子囊孢子。高静水压也可用于控制苹果饮料中展青霉素污染。

5. 抗菌品种选育和污染菌监测

展青霉素是一种相当稳定的化合物，工业上尚无可靠的方法进行大规模、高效清除，而利用快速、专一的方法对潜在的展青霉素产毒真菌进行早期检测，可以在展青霉素达到不可接受的水平前，甚至展青霉素合成前，阻止其进入食物链。果树种类和品种多，地域分布广，对展青霉素产毒真菌的敏感性存在差异。开展果树抗展青霉素产毒真菌鉴定并筛选抗性品种和抗性种质资源，可为抗性品种的培育和推广创造有利条件。PCR 是检测食品中产展青霉素真菌的有效方法，针对真菌毒素生物合成或调控通路中的目标基因开发探针，扩展青霉 DNA 检测限可低至 ng/mg 级，建立的多重实时 PCR 方法可同时检测多种，甚至数十种产展青霉素真菌。ELISA 也可用于真菌鉴别，用常见的食源性真菌橘灰青霉制备的抗原可与测试的 45 种青霉菌属真菌中的 43 种反应。许多真菌都能产生展青霉素，但不同真菌之间以及同一种真菌不同菌株之间的产毒能力有差异。有必要针对主要果品及其主产区，开展展青霉素产毒真菌收集、分离和鉴定评价研究，建立展青霉素产毒真菌资源库，明确展青霉素优势产毒菌株及其区域分布，并以其为对象，有针对性地进行展青霉素污染防控研究。

三、风险评估与食品限量标准

展青霉素对食品的污染主要发生在腐烂、变质的果实和水果制品中。目前虽有不少关于果品及其制品中展青霉素污染的报道，但关于展青霉素污染风险评估的报道尚不多见，今后这方面的研究应予以加强，特别是中国这样一个果品生产、消费和加工大国。

依据最大无作用量（NOEL）43 μg/kg 和安全系数 100，暂定 PAT 的每日最大耐受摄入量（PMTDI）成人为 0.4 μg/kg，儿童为 0.2 μg/kg。目前，国际组织（国际食品法典委员会、欧盟）和不少国家均制定了食品中展青霉素限量（表 8-1）。我国《食品安全国家标准　食品中真菌毒素限量》（GB 2761—2017）规定水果制品（果丹皮除外）、果蔬汁类及其饮料及以苹果、山楂为原料酿造或配制的酒类中，PAT 的限量为 50 μg/kg。欧盟规定果汁及饮料中 PAT 的限量为 50 μg/L（或 μg/kg），固体苹果制品的限量为 25 μg/L（或 μg/kg），而婴幼儿食用的苹果汁和固体苹果产品、谷物加工食品外的婴儿食品中 PAT 的限量为 10 μg/L（或 μg/kg）。

表 8-1　国际组织和一些国家制定的食品中展青霉素限量　　　　　　　　　单位：μg/kg 或 μg/L

国家/组织	食品	限量
奥地利	果汁	50
	所有食品	50
捷克	儿童食品	30
	婴儿食品	20
芬兰	所有食品	50
法国	苹果汁	50
希腊	生咖啡豆、苹果汁、苹果制品	50
以色列	苹果汁	50
挪威	苹果汁	50
罗马尼亚	所有食品	50
俄罗斯	水果和浆果罐头	50
瑞典	浆果、水果、果汁	50
瑞士	果汁	50
乌拉圭	果汁	50
中国	水果制品（果丹皮除外），仅限以苹果、山楂为原料制成的产品	50
	酒类	50
美国	苹果汁和苹果制品	50
国际食品法典委员会（CAC）	苹果汁	50
	果汁、浓缩果汁复原后和水果饮料	50
	运动饮料、苹果酒和其他用苹果制成的或含苹果汁的发酵饮料	50
欧盟（EU）	固体苹果制品，包括糖渍苹果和即食苹果泥	25
	婴幼儿食用的苹果汁和固体苹果产品，包括糖渍苹果和即食苹果泥	10
	谷物加工食品外的婴儿食品	10

　　果品及其制品一旦被展青霉素污染就很难彻底清除，因此，预防和控制产毒真菌侵染产毒是展青霉素污染防控的关键。现已明确展青霉素生物合成通路及棒曲霉和扩展青霉的展青霉素生物合成基因簇均包含相同的 15 个基因。如能针对展青霉素生物合成通路中的关键步骤、关键酶和关键基因展开研究，提出阻遏展青霉素生物合成的技术和产品，必将为展青霉素污染防控开辟更广阔的前景。除栽培抗病品种和加强田间管理外，化学防控和生物防控是重要技术手段。为应对展青霉素产毒真菌抗药性发展，应持续从新研发的药剂中筛选高效、低毒的低风险杀菌剂。使用微生物拮抗剂是水果采后病害防控最有前途的杀菌剂替代方案。鉴于此，应高度重视生物拮抗剂，特别是拮抗菌的发掘与利用，包括单独使用和与低风险杀菌剂、贮藏技术等的结合使用。开发和利用对展青霉素产毒真菌有很好抑制作用的植物源性成分也属生物防控范畴。对于果品制品的展青霉素污染防控，就加工环节而言，主要是展青霉素污染脱除与消减技术和产品的研究。关于展青霉素检测技术，今后的发展方向是快速、高效、经济、环保，特别是提取及净化技术、现场检测技术以及与其他毒素和污染物的同时检测技术。

（刘　爽）

第九章　其他真菌毒素污染及其危害

丝状真菌产生的次级代谢产物数量巨大,目前已知来源于真菌代谢的天然产物约有 17 万种。有些真菌代谢产物可作为有效药物,而有些却具有强毒性,还有些兼具上述两种属性。有毒的真菌代谢产物通常称为真菌毒素,它不仅具有动物毒性,还具有植物毒性或抗菌作用。曲霉菌属、镰刀菌属和青霉菌属是可产生真菌毒素的典型菌属,产生的代表性真菌毒素包括具有强致癌性的黄曲霉毒素(如 AFB_1)、单端孢霉烯族化合物(如 DON)、伏马菌素(如 FB_1)、赭曲霉毒素(OTA)和玉米赤霉烯酮(ZEA)等。

近年来,LC-MS 等可靠分析方法的广泛应用,使得在更多复杂基质中同时灵敏地检测多种真菌代谢产物成为可能,并有意外发现。例如,不仅在非典型基质(葡萄中检测出伏马菌素 B_2)或不常见区域(欧洲发现黄曲霉毒素)发现已知真菌毒素,还发现诸多新型毒素、隐形真菌毒素以及真菌毒素的修饰体。

"新兴真菌毒素"(emerging mycotoxins)一词在 2008 年研究镰刀菌属代谢产物的报道中首次使用并沿用至今。对新兴真菌毒素的最新解释为:既非常规检测又非立法监管,但其毒性证据正在不断完善的真菌毒素。比如,镰刀菌属代谢产物恩镰孢菌素、白僵菌素、串珠镰刀菌素、镰刀菌酸、大镰刀孢菌素、丁烯酸内酯等,曲霉菌属代谢产物杂色曲霉毒素和大黄素,青霉菌属代谢产物麦考酚酸以及链格孢霉代谢产物互隔交链孢酚、互隔交链孢霉醇单甲醚和细交链孢菌酮酸等。由于以上毒素在食品和饲料中的存在会对人体和动物造成潜在危害,因而引起了科学关注。本章将分别简单介绍以上典型的新兴毒素。

第一节　杂色曲霉毒素

1954 年日本学者首次从杂色曲霉(*Aspergillus versicolor*)培养物中分离出杂色曲霉毒素(sterigmatocystin,STC)。1960 年,英国暴发由黄曲霉毒素导致的"火鸡 X 病",在确定分析病因时发现杂色曲霉毒素,其结构与黄曲霉毒素结构极其类似。近年来,因摄入含有杂色曲霉毒素饲料而发生的奶牛、羊、家禽等畜禽急性中毒事件时有发生,且其产毒菌株多、产毒量高,这引起各国对杂色曲霉毒素的重视。

(一)性质及其产生

1. 化学结构与性质

杂色曲霉毒素结构式为 $C_{18}H_{12}O_6$(图 9-1),分子量为 324.28。纯品为淡黄色结晶,熔点为 245～246℃,不溶于水,易溶于氯仿和其他有机溶剂(如甲醇、乙醇和乙腈等),最大紫外吸收波长为245 nm 和 325 nm。STC 作为黄曲霉毒素的前体物质,其结构与 AFB_1 非常相似,是含有双呋喃环的氧杂蒽酮类化合物,C8 位的羟基可被硫酸甲酯和甲基碘甲基化。

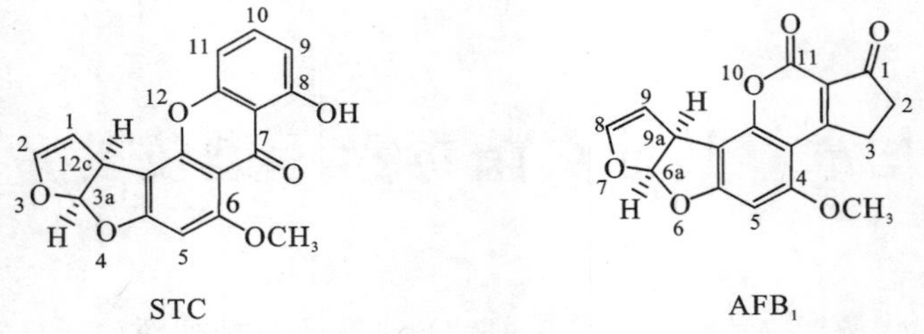

STC   AFB₁

图 9-1　杂色曲霉毒素与 AFB₁ 的化学结构式

2. 主要产毒菌株及分布

目前已知曲霉菌属、双极霉属、翘孢霉属、毛壳霉属、腐质霉属、枝葡萄孢属等 50 多种真菌可以产生 STC。曲霉属的黄曲霉、寄生曲霉、杂色曲霉和构巢曲霉等是其主要产毒菌株，特别是杂色曲霉，它是食品中 STC 的主要来源。研究表明，产生 STC 的菌株普遍存在于土壤、农作物、食物、饲料和水果中。此外，人的胃液和宫颈黏液中也发现杂色曲霉和构巢曲霉的存在。在自然状况下 STC 最高产量约 1.2 mg/kg 食物，而在人工培养条件下，STC 产量可达 12 mg/kg 培养基。

3. 毒素合成及产毒条件

研究发现，构巢曲霉和杂色曲霉不能将 STC 代谢成 O-甲基杂色曲霉毒素，它是合成 AFB₁ 和 AFG₁ 的直接前体物质。因此，受以上两种真菌污染的食品中含高浓度 STC，而感染黄曲霉和寄生曲霉的食品中却含有低浓度 STC。杂色曲霉毒素生物合成途径见图 9-2。

STC 主要产毒菌株杂色曲霉是一种适旱菌，可在水分活度 0.8 以下生长，其适应的最低与最高温度分别为 4℃和 40℃，最适温度为 30℃，最佳水分活度为 0.95，最低可在水分活度 0.75 以下生长。研究认为，STC 生成的适宜温度为 23～26℃，水分活度大于 0.76，湿度大于 15％。受杂色曲霉污染的玉米在 27℃的环境温度下，21 d 可产生 12 mg/kg 以上的杂色曲霉毒素。

（二）对食品的污染、危害及其致病机制

SCT 的毒性作用主要是因其经代谢活化成为环氧化合物后在呋喃结构上形成 DNA 加合物环，如图 9-3 所示。

1. 毒素对食品的污染

近几十年对食品受 STC 污染的调查数据有限，且受检测方法检测限（LOD）和定量限（LOQ）影响，现有为数不多的调查数据的可靠性受到质疑。研究发现，STC 主要存在于杂色曲霉污染的谷物、坚果、绿咖啡豆、调味料、啤酒和奶酪等，尤其是奶酪。最近对来自欧洲不同国家的 1 259 个样品中 STC 的调查发现，有 10％的样品检测出 STC，其中 50％的检出样品中 STC 污染水平在 LOD～0.5 μg/kg，啤酒和坚果中没有检测到 STC。

杂色曲霉毒素主要污染饲料、小麦、稻谷、玉米、面粉、大米等，污染量在 4～10 μg/kg。研究发现，食品加工可降低 STC 浓度，这与食品类型和加工条件密切相关。研磨、加工及烤制等食品加工过程可使 STC 浓度发生改变，但并不能完全去除。也有研究认为 STC 较为稳定，在食品加工过程中浓度变化不大，但随加热时间延长，浓度有下降趋势。

2. 毒素代谢（人或敏感动物）

在对长尾猴的研究中发现，单次口服 100 mg 的 STC（18.4 mg/kg）后，其胃肠系统吸收率最高不

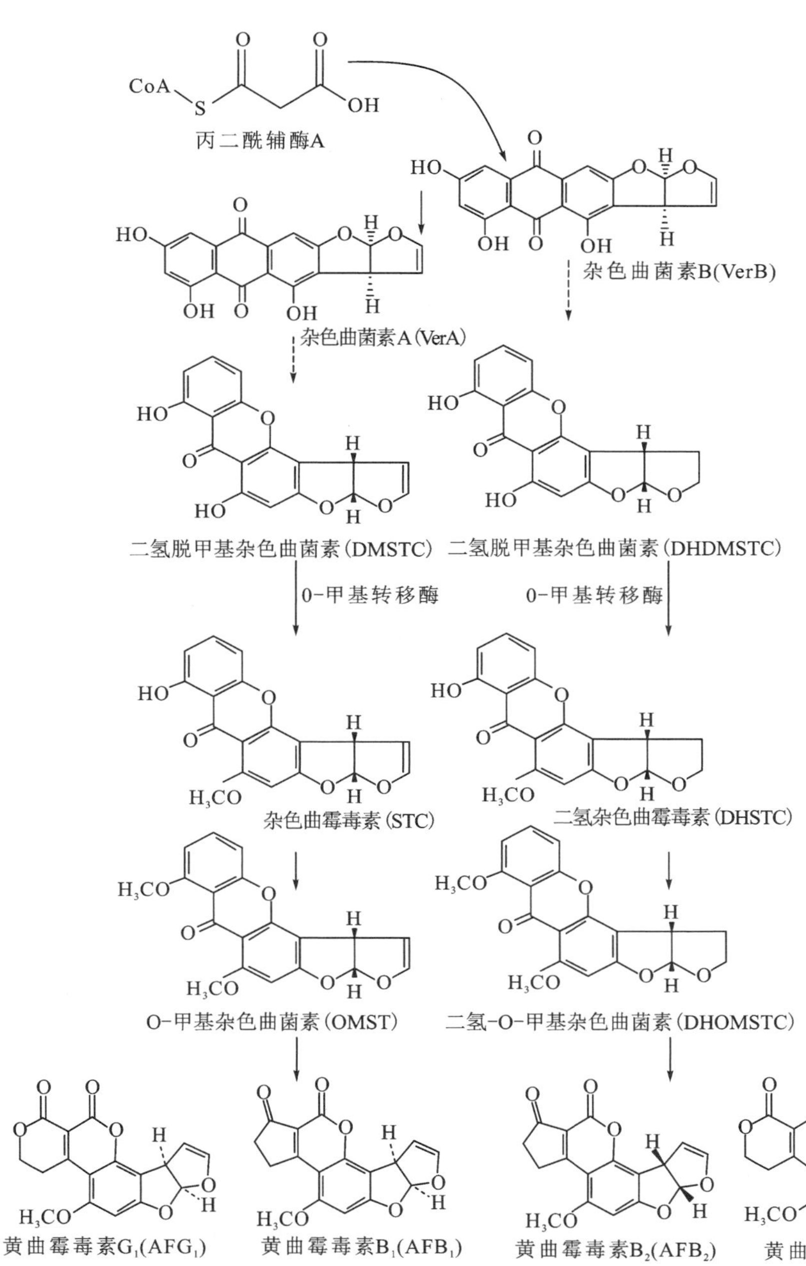

图 9-2 杂色曲霉毒素生物合成途径

足 30％。SD 大鼠口服 8 mg/kg 的 STC 后，其血浆 STC 浓度 30 min 后达到峰值，且雌性和雄性大鼠的血浆浓度-时间曲线存在显著差异，肾脏排泄比例在 7.3％～10.3％，可见 STC 在大鼠中的吸收比例有限。对 SD 大鼠进行多次给药后，STC 的组织分布存在显著的性别和年龄差异，成年雄性大鼠组织中的含量最高，未成年雌性大鼠含量最低。SD 大鼠口服 STC 后有 64％～92％的 STC 通过粪便排出，约 10％通过尿液排出。STC 在未成年雌性 SD 大鼠体内的消除半衰期为 61.5 h，成年雄性为 130 h。雄性 SD 大鼠 96 h 的累计清除率超过 99％，而雌性为 71.5％～77.4％。

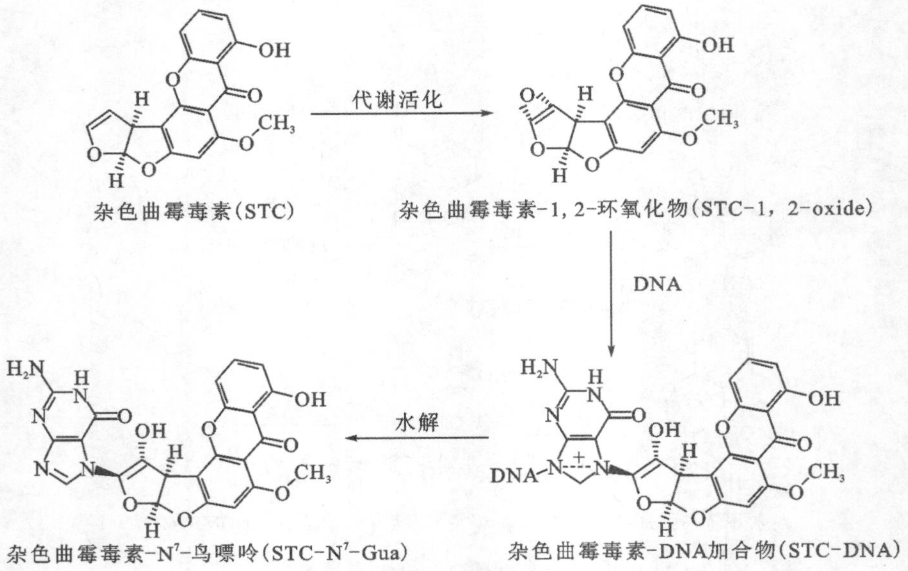

图 9-3　杂色曲霉毒素的活化与 DNA 加合物的形成

STC 在肝脏和肺中被细胞色素 P450 代谢，形成多种代谢产物。其中 I 相代谢主要是细胞色素 P450 介导的活性环氧基团形成以及单羟基化和双羟基化反应，II 相代谢产物主要有葡糖醛酸苷化 STC、单羟基化 STC、硫酸盐结合的单羟基化 STC 以及单氧化 STC 的 GSH 加合物，以上代谢产物的结构仍有待深入解析。目前尚没有足够证据表明 STC 可通过饲料转移至牛奶、肉和蛋中。

3. 毒性与危害及其机制

STC 的毒性与 AFB_1 相似，急性毒性剂量低。STC 对雄性大鼠的口服 LD_{50} 为 166 mg/kg，雌性大鼠为 120 mg/kg，小鼠 LD_{50} 大于 800 mg/kg；对猴的腹腔注射 LD_{50} 为 32 mg/kg；五日龄鸡胚的 LD_{50} 为 6～7 μg，当达到 10 μg 时，可导致超过 90% 的鸡胚死亡；10～12 日龄雏鸡的 LD_{50} 为 10～14 mg/kg。肝脏和肾脏是 STC 急性毒性的主要靶器官，其急性中毒的病变特点是肝脏、肾脏坏死；慢性中毒主要表现为肝硬化和肝脏坏死等。1987 年和 1991 年报道的宁夏地区马属动物和羔羊采食被 STC 污染的饲料后出现中毒症状，病理剖检特征为肝硬化、皮肤和内脏器官高度黄染。STC 污染的饲料对牛造成不利影响，对羊却不起作用。STC 浓度低于 12 mg/kg 的饲料可造成奶牛出血性腹泻、牛乳减产，偶尔出现死亡。STC 浓度 30 μg/kg 的饲料可引起猪的进食量下降、偶发性腹泻和肝组织坏死。STC 可导致罗非鱼染色体断裂。长期暴露可引起多器官肿瘤。用 STC 污染的饲料长期（58 周）喂养小鼠可造成肿瘤发生率达到 84%，且雌性小鼠的发病率远高于雄性小鼠。

STC 对小鼠具有免疫抑制作用，可下调小鼠外周血单核细胞和腹腔巨噬细胞的 TNF-α、IL-6 和 IL-12 的 mRNA 表达，以及血清 TNF-α 和 IL-6 的蛋白表达。给仔鼠单剂量皮下注射（5 μg/kg）STC 可诱导肺和肝脏肿瘤发生，而且雄性仔鼠更加敏感。腹腔注射 31.2 mg/kg 的 STC 可使大鼠骨髓细胞染色体畸变。

STC 还具有遗传毒性和细胞毒性，其对 CHO-K1 细胞的 IC_{50} 为 （12.5±2.0）μmol/L（72 h），对 HepG2 细胞的 IC_{50} 为 7.3 μmol/L。STC 可造成 HepG2 细胞 DNA 损伤，在 3～6 μmol/L 浓度范围内，随 STC 浓度增加，DNA 链断裂增加，ROS 水平升高，呈现剂量效应关系。在人肺腺癌细胞 A549 中

IC$_{50}$为 3.7 μmol/L。2 μmol/L 的 STC 可诱导人外周血淋巴细胞凋亡。STC 可造成原代培养人食管上皮细胞和永生化人食管上皮细胞（Het-1A）的 DNA 损伤，并导致 G1、G2 周期停滞。STC 对 HepG2 细胞的遗传毒性效应可能由氧化应激损伤和溶酶体泄露引起。芳香环的羟甲基化产生邻苯二酚可能是 STC 和 11-甲氧基杂色曲霉毒素毒性和遗传毒性效应的主要新途径。

杂色曲霉毒素具有强烈的致癌性，1987 年国际癌症研究机构（IARC）将 STC 定为 2B 类可能致癌物，它的致癌性是二甲基亚硝胺的 10 倍。最近研究发现，在 3 种人源细胞系中，STC 的遗传毒性甚至超过 AFB$_1$。目前，欧洲还没有 STC 在食品中限量的立法要求，只有捷克和斯洛伐克设定了大米、蔬菜、土豆、面粉、禽类、肉类、乳制品中的限量为 5 μg/kg，其他食品中为 20 μg/kg。至今还没有 SCT 的健康指导值。

第二节　链格孢霉毒素

链格孢霉又叫交链孢霉，俗称黑霉菌、黑霉病等，属于丝状真菌，是一种普遍存在于水果、蔬菜和田间作物等中的病原体和腐生菌。由于它可以在低温、潮湿环境下繁殖，因此是导致水果、蔬菜等农产品腐烂变质的主要微生物。已知的链格孢霉菌有 300 多种，是世界上分布最广、侵染经济作物最多的真菌之一。已发现链格孢霉菌产生的次级代谢产物——链格孢霉毒素中有 70 多种具有明显毒性，但只有一小部分的化学结构被表征，并且研究发现它对人或牲畜具有急性或慢性毒性作用，对人或牲畜的健康构成危害。链格孢霉毒素种类繁多，毒素对谷物、果蔬等农产品的污染情况呈全球化频发趋势。

（一）性质及其产生

1. 化学结构与性质

链格孢霉生长繁殖过程中所分泌的次级代谢产物根据化学机构式不同，可大致分为 3 类。

（1）二苯并吡喃酮类，又称为聚酮，代表性毒素有互隔交链孢酚（alternariol，AOH）、互隔交链孢霉醇单甲醚（alternariol monomethyl ether，AME）和交链孢霉烯（altenuene，ALT）。

（2）二萘嵌苯衍生物，主要包括交链孢毒素Ⅰ（altertoxins Ⅰ，ATX-Ⅰ）、交链孢毒素Ⅱ（ATX-Ⅱ）和交链孢毒素Ⅲ（ATX-Ⅲ）。

（3）特特拉姆酸衍生物，如细交链孢菌酮酸（tenuazonic acid，TeA）。

此外，链格孢霉属还可以产生茎叶毒素Ⅲ（STTX-Ⅲ），其中 TeA、AOH、AME、ALT 和 ATX-I 是食品中最主要、最常见的链格孢霉毒素（化学结构式如图 9-4 所示）。

2. 主要产毒菌株及分布

植物中较为常见的链格孢霉菌主要有互隔交链孢霉、细极链格孢霉、根生链格孢霉、芸苔链格孢霉、甘蓝链格孢霉等。链格孢霉对生长环境适应能力较强，在低温、潮湿环境下也可以繁殖。谷物、饲料、果蔬及其制品即使在冷链条件下运输、贮藏，也可能受到污染而发生腐败变质。链格孢霉可污染谷物、油料种子、番茄、黄瓜、花菜、葵花籽、胡椒、苹果、柠檬和柑橘等常见作物。我国发现谷物中互隔交链孢霉的污染水平与食管癌发病具有相关性。

2012 年 EFSA 建议要高度重视互隔交链孢霉所带来的公共健康问题。欧洲标准委员会也建议欧盟成员国要采集食品受互隔交链孢霉污染的数据。荷兰最近已完成食品中链格孢霉毒素的调查研究。我

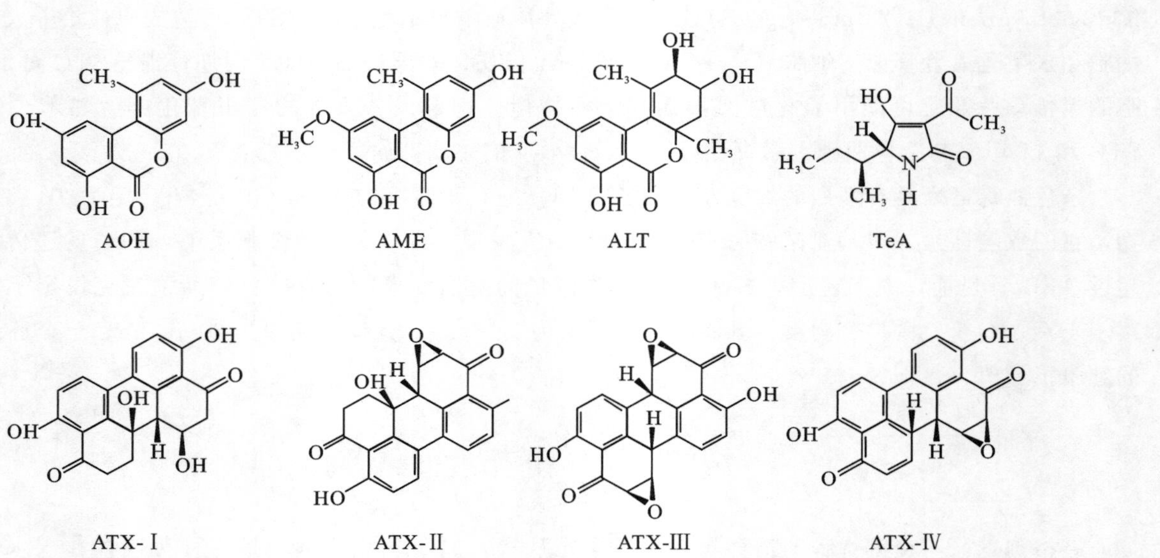

图 9-4　链格孢霉毒素的种类与化学结构式

国 2015 年的某项研究用 HPLC-MS/MS 法对安徽 370 份小麦粒中 TeA、AOH 和 AME 进行分析，结果发现在 95％的样品中检测出一种以上的链格孢霉毒素，在 64.6％的干制水果中检测出至少一种真菌毒素，链格孢霉毒素是主要毒素，甚至超过 OTA 和 PAT，其中尤以 TeA 最为严重。

细交链孢菌酮酸（TeA）广泛存在于干无花果、葵花籽及番茄制品中。谷物样品（如小麦、玉米和稻谷）最易受 TeA 污染，污染率为 15％～100％。一般而言，链格孢霉毒素在谷物中的污染水平均低于 100 μg/kg，最高不超过 1 000 μg/kg。但 TeA 在小麦中的最高污染水平可达 4 224 μg/kg。2013—2014 年荷兰采集的绝大多数葵花籽样品中 TeA 的最高浓度为 1 400 μg/kg，而 AOH、AME 的污染率为 10％～64％（污染浓度低于 50 μg/kg）。虽然新鲜番茄一般不会受到链格孢霉毒素污染，但其制品常常受到不止一种链格孢霉毒素污染。TeA 几乎在所有的番茄制品中均有非常高的检出率（番茄酱，78％～100％；番茄糊，80％；番茄汁，50％～100％）。番茄制品中 TeA 的最高污染浓度在 100～462 μg/kg。同时，AOH、AME 等在番茄制品中也有较高检出率，分别为 28％～86％、20％～78％，但污染水平仅为微克/千克。此外，植物在代谢该类毒素过程中，可形成毒素与硫酸盐或糖分子结合物，且研究人员已在番茄汁和番茄酱中检测到。但在无花果、葵花籽及番茄制品中均没有检出毒素与糖苷的结合物。在果汁和红酒中也检出多种链格孢霉毒素，检出浓度一般为几微克/升。TeA 检出浓度较高，其在果汁、白葡萄酒及红葡萄酒中的检出浓度分别为 250 μg/L、60 μg/L 和 46 μg/L。由于样品量有限，在焙烤制品、红酒、果汁及植物油中未能检出 ATX-Ⅰ和 ATX-Ⅱ。值得关注的是，所有婴幼儿食品均受到 TeA 污染，污染浓度范围为 0.8～1 200 μg/kg，其中在高粱为基质的婴儿米粉中污染浓度最高，污染均值达到 550 μg/kg。

链格孢霉毒素在饲料中的污染状况与食品中类似，且污染范围变化较大，其中 AOH 在 0％～80％，AME 在 1.5％～82％。饲料中 AOH、AME 的最高污染浓度分别为 221 μg/kg 和 733 μg/kg。65％的饲料样品受到 TeA 污染，浓度高达 1 983 μg/kg。

3. 毒素合成及产毒条件

温度和水分活度是影响链格孢霉萌发和生长的主要因素（表 9-1），生长和产毒条件在不同菌株之间存在差异。相对于环境因素对生长的影响而言，产毒条件对环境要求更为严苛。以 AOH 为例，其产毒条件为温度 15～30℃，水分活度 $A_w \geqslant 0.92$，而最佳条件则是 25℃，$A_w = 0.98$。当温度 >30℃ 时，AME 则不能产生，但仍可以产生 AOH。温度是影响番茄货架期、控制霉菌生长和毒素积累的主要因素。6℃ 以下可避免番茄被真菌污染。

表 9-1 链格孢霉萌发、生长和产毒的适宜环境条件

环境条件	萌发	生长	产毒
温度（℃）	1～35	<1 和 >35	<10 和 >35
水分活度（Aw）	0.84～0.995	<0.85	<0.90
pH 值	2.5～10	<2.5 和 >10	<2.5 和 >9

TeA 在体内的生物利用率非常高，口服后超过 90% 通过尿液排出；而 AOH 的生物利用率则较低，90% 通过粪便排出，最多只有 9% 通过尿液排出。TeA 在猪和肉鸡体内的总体清除率（CL）分别为 0.45 L/（h·kg）和 0.06 L/（h·kg），表观分布溶剂 V_d 较低，分别为 0.3 L/kg 和 0.2 L/kg。低的 CL 可能导致动物在饲用被污染的饲料后更易于在体内积累 TeA，进而威胁动物健康并增加进入食物链的风险。TeA 在人体内的口服利用率也非常高，几乎 90% 在志愿者的尿样中检测到。目前还没有关于链格孢霉毒素向动物源性食品转移的报道。但 Asam 在 2013 年发现，只摄入奶酪、乳及乳制品的人群尿样呈 TeA 阳性，这说明 TeA 可通过动物源性食品进入人体。动物长期摄入被 TeA 污染的饲料可能增加 TeA 进入食物链的风险，目前尚无链格孢霉毒素从动物向食品转移的可靠数据。

（二）对食品的污染、危害及其致病机制

AOH 和 AME 具有细胞毒性，可通过线粒体通路诱导细胞凋亡。AOH 形成 ROS，并与 DNA 拓扑异构酶结合，造成 DNA 单链和双链断裂。细胞周期在 G2/M 期停滞以修复 DNA 损伤，因此造成增殖下降。同样，AME 也可诱导突变，造成 DNA 链断裂和细胞周期停滞。与 AOH 相比，醌类物质 ATX-Ⅱ 和 STTX-Ⅲ 是更强的致突变剂。AOH 是拓扑异构酶抑制剂，而 ATX-Ⅱ 和 STTX-Ⅲ 是催化抑制剂。与 AOH 相比，ATX-Ⅱ 和 STTX-Ⅲ 不能造成 DNA 双链断裂。这可能说明，ATX-Ⅱ 和 STTX-Ⅲ 诱导 DNA 损伤的机制可能是通过其结构上的环氧基团形成 DNA 加合物。

此外，AOH 通过干扰巨噬细胞分化、减少 TNF-α 分泌，发挥对 THP-1 单核细胞的免疫调节作用。在 RAW 264.7 小鼠巨噬细胞和人源原代巨噬细胞中，AOH 还可以诱导细胞形态改变、修饰细胞显型。但在 RAW 264.7 小鼠巨噬细胞中，胞吞和自噬增加，而在人源原代巨噬细胞中却下降。随着 AOH 暴露时间延长（48～72 h，30～60 μmol/L），RAW 264.7 小鼠巨噬细胞进入细胞衰老阶段。

AOH、AEM 和 ALT 是结构上相似的雌二醇。AOH 表现出雌激素反应并干扰类固醇产生。人肾上腺皮质癌细胞和转化人乳腺癌细胞中，AOH 的雌激素作用可使黄体酮和雌二醇水平以及黄体酮受体的表达水平提高。相反，黄体酮分泌和细胞活力则会受到 AOH 和 AME 的影响，但在猪卵巢颗粒细胞中 TeA 不具有该作用。此外，AOH 和 AME 可降低黄体酮合成关键酶的量，如细胞色素 P450 胆固醇侧链裂解酶（CYP450scc），但并不能作用于响应基因（如 *cyp11a1*）的转录。目前有关链格孢霉毒素对生殖与发育健康的研究有限。研究表明，腹腔注射 200 mg/kg 的 AME 可给叙利亚金黄地鼠造成母体毒性和胎儿毒性，但并不产生畸形。在鸡胚法中，AOH、AME 和 ALT 不会引起死亡，当每枚受精蛋剂

量分别达到 1 000 μg/个、500 μg/个和 1 000 μg/个时，将造成新孵出小鸡的体重差异和致畸效果。

TeA 通过抑制核糖体上新合成蛋白的释放发挥毒性作用。尽管体内研究资料有限，但仍有证据表明低剂量 TeA 可能具有体外细胞毒性。相比而言，TeA 的体内毒性更强，它可以引起大鼠、小鼠、狗以及猴的呕吐、流涎、心动过速、出血以及出血性肠胃炎等。同样，用含有 TeA 的饲料饲养肉鸡和蛋鸡后也有出血现象。细交链孢菌酮钠盐在小鼠和大鼠中的口服 LD_{50} 范围是 81～186 mg/kg。鸡胚法中 TeA 的 LD_{50} 为 548 μg/个，但是 TeA 在 150～1 500 μg/个范围内不具有致畸作用。

第三节　橘青霉素

1931 年 Hetherington 和 Raistrick 从橘青霉中分离出橘青霉素（citrinin，CTN），橘青霉素是青霉菌属、曲霉菌属和红曲霉等真菌产生的次级代谢产物，广泛分布在各种霉变的食品和饲料中，对人类和动物健康有严重危害。CTN 使我国长期使用红曲霉发酵制备产品的安全性受到质疑。近年来，CTN 与 OTA 共存所引起的健康问题受到广泛关注。

（一）性质及其产生

1. 化学结构与性质

橘青霉素分子式为 $C_{13}H_{14}O_5$（化学结构式见图 9-5），纯品呈柠檬黄色针状结晶，熔点 172℃，在酸性及碱性溶液中皆可热解。其甲醇溶液在 250 nm 和 333 nm 处有最大吸收。橘青霉素热降解后可形成橘青霉素 H1（CTN H1）和橘青霉素 H2（CTN H2），其中 CTN H1 毒性强于 CTN，而 CTN H2 则相反。CTN 的水溶液热稳定性较差，可在 170℃ 干热条件下发生降解，在有少量水存在的条件下其降解温度降低至 140℃。沸水处理 20 min，可使红曲霉中 CTN 的浓度降低 50%。

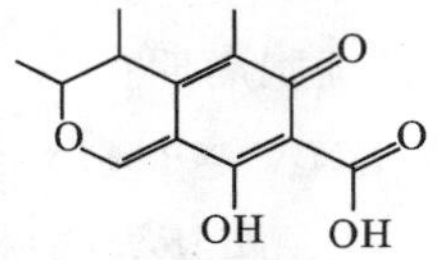

图 9-5　橘青霉素化学结构式

2. 主要产毒菌株及分布

多种食物和饲料中均有橘青霉素检出，其中植物性食品（包括谷物及其制品、水果、果汁、坚果、调味料等）以及大米经红曲霉发酵制备的食品是橘青霉素的主要膳食来源，红辣椒、黑胡椒及姜中也检测出高浓度的 CTN，奶酪也易受 CTN 污染，而茴香和孜然等调味品则对 CTN 具有抗性，不易受污染。采收后的水果和蔬菜被展青霉菌污染后也可以产生橘青霉素。在环境温度在 15～30℃ 范围时受污染食品易产生 CTN，产毒的最适温度为 30℃。

由于目前对食品中 CTN 的检测缺少立法要求，且其降解产物 CIT H1 检测难度较大，使得对食品中 CTN 污染的数据缺乏全面了解，导致人群膳食暴露难以评估。2012 年欧洲食品安全局（EFSA）将橘青霉素对人体肾脏毒性的无限制最大剂量设定为 0.2 μg/kg。

（二）对食品的污染、危害及其致病机制

肾脏和肝脏是 CTN 的主要靶器官。大鼠口服给药（3 mg/kg）0.5 h 后，肝脏和肾脏组织中橘青霉

素分别残留 14.7% 和 5.6%，而 6 h 后该值分别降至 7.5% 和 4.7%。血浆半衰期分别为 2.6 h 和 14.9 h。给药 24 h 后 CTN 通过尿液和粪便排出约 80%，给药 72 h 后约有 95% 的 CTN 通过尿液和粪便排出。儿童和成年人尿液中还检测出 CTN 的代谢产物 DH-CTN，研究认为，人体内从 CTN 到 DH-CTN 的转化过程属解毒过程，这是因为 V79 细胞经 DH-CTN 染毒 24 h 的 IC_{50} 为 320 $\mu mol/L$，显著高于 CTN 的 70 $\mu mol/L$。此外，骨髓也是 CTN 毒性的作用器官。

橘青霉素的急性口服致死剂量（LD_{50}）因给药方式、生理条件和动物种属而异。橘青霉素对小鼠和兔子的 LD_{50} 为 100 mg/kg。对大鼠的口服 LD_{50} 为 50 mg/kg，而皮下给药的 LD_{50} 则为 67 mg/kg。妊娠 6 d、9 d 和 10 d 的大鼠经 35 mg/kg 的 CTN 处理可有半数以上的死亡。急性致死剂量的橘青霉素可导致兔、豚鼠、大鼠及猪的肾脏膨胀和急性肾小管坏死。给大鼠慢性口服某青霉悬浮液导致 CTN 诱导的肾脏损伤。给小鼠每周注射 20 mg/kg 的橘青霉素，连续 6 周可以引起小鼠骨髓细胞、血红细胞前体细胞、白细胞前体细胞、巨核细胞显著降低，还可导致脾脏质量和脾细胞数量减少。肾脏和肝脏的线粒体是橘青霉素毒性的作用靶点，它可以通过抑制 Ca^{2+} 流入、增加 Ca^{2+} 流出的方式减少 Ca^{2+} 的积累，造成线粒体膨胀和细胞死亡。慢性毒性实验研究发现，橘青霉素可抑制胆固醇合成的关键酶，导致血清睾丸激素水平降低和低胆固醇脂血症，诱导免疫调节异常作用，引起肾病、肝毒性、胎儿毒性及肾腺瘤形成。用 CTN 污染水平 1 000 mg/kg 的饲料进行为期 80 周的大鼠喂养，实验结果显示肾脏轻度发病和渐进性的病理变化，以及肾脏上的腺瘤。

橘青霉素具有胚胎毒性和胎儿毒性。在 SD 大鼠孕期 3～15 d 皮下给予 35 mg/kg 的橘青霉素可致实验组胎儿比对照组小 22%。此外，CTN 还影响雄性小鼠的生殖器官和精子质量。橘青霉素对 DNA 的损伤因细胞类型而异，不同细胞间 CTN 的遗传毒性浓度存在较大波动，且各实验体系的结论并不一致，因此 CTN 的遗传毒性仍需进一步明确。CTN 可能具有致突变作用，但研究认为 CTN 只有经过复杂的细胞生物转化后才具有致突变作用。国际癌症研究机构（IARC）将橘青霉素列为 3 类可疑致癌物，其致癌性尚存争议，但它可以增加 OTA 的致癌性。

橘青霉素通过抑制 DNA 和 RNA 合成、抑制微管组装和微管蛋白聚合、改变线粒体功能、促进 ROS 产生、失活 HSP90 多蛋白伴侣复合物、激活信号转导通路和 caspase-cascade 体系导致细胞凋亡等多种途径产生毒性。氧化应激是橘青霉素诱导细胞毒性和细胞凋亡的重要机制之一。橘青霉素通过抑制谷胱甘肽还原酶和转氢酶，破坏大鼠肝细胞的抗氧化酶防御体系，但对谷胱甘肽过氧化物酶、过氧化氢酶、葡萄糖-6-磷酸酶以及超氧化物歧化酶等没有影响。橘青霉素通过生成的 ROS 诱导线粒体呼吸链超氧阴离子产生。研究认为橘青霉素诱导的细胞凋亡主要通过对细胞色素 C 的调节而不是通过氧化应激。这是因为橘青霉素增加细胞色素 C 从线粒体向细胞质的释放，而细胞色素 C 激活凋亡相关的酶。

橘青霉素诱导氧化应激，产生大量 ROS，从而造成 DNA 损伤，提高 p53、p21/waf1 以及 Bax 等可引起细胞周期停滞的蛋白表达，通过线粒体介导的信号通路造成细胞凋亡。橘青霉素引起的细胞周期停滞允许 DNA 修复，一旦修复错误，突变细胞会发生增殖，进而可能引发肿瘤。最近的研究还发现，橘青霉素对小鼠胚胎干细胞和胚泡的细胞毒性可能与其后续发育缺陷有关。在对胚胎干细胞的研究中发现，橘青霉素可通过促进 ROS 产生、增加胞浆游离钙水平、促进胞内 NO 产生、提高 Bax/Bcl-2 比例、降低线粒体膜电位、调节细胞色素 C 释放等多种机制诱导细胞凋亡。还有研究发现橘青霉素也可通过失活 HSP90 多伴侣复合物及后续降解 Ras 和 Raf-1 加速细胞凋亡，进而抑制 Ras-ERK 信号转导通路等抗凋亡过程。

第四节　丁烯酸内酯

镰刀菌是自然界普遍存在的真菌，寄生在农作物上引起经济作物多种病害，造成严重经济损失。镰刀菌产生的多种有毒的镰刀菌毒素对人类和动物健康存在严重威胁。现已发现的 61 种镰刀菌中，至少 35 种能够产生镰刀菌毒素。其中与人类和动物健康密切相关的主要有单端孢霉烯族化合物、玉米赤霉烯酮、伏马菌素、串珠镰刀菌素（moniliformin，MON）及丁烯酸内酯（butenolide，BUT）等。对于前三类毒素，已在多种动物体内进行了大量关于其毒性代谢和生物效应方面的研究。1967 年 Yates 从三线镰刀菌（*Fusariun tricintum* NRRL3249）中分离得到一种镰刀菌毒素，将其命名为丁烯酸内酯。

（一）性质及其产生

1. 化学结构与性质

丁烯酸内酯分子式为 $C_6H_7O_3N$，分子量为 141.04，化学名称为 4-乙酰氨基-4-羟基-2-丁烯酸-γ-内酯，化学结构式如图 9-6 所示。BUT 常温下为棒状结晶，熔点为 116.5～118.5℃。BUT 易溶于水，微溶于二氯甲烷和氯仿，不溶于四氯化碳，在碱性水溶液中极易水解，水解产物为顺式甲酰丙烯酸和乙酰胺。

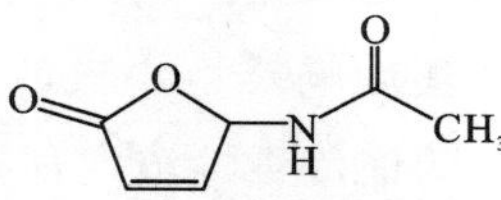

图 9-6　丁烯酸内酯化学结构式

2. 主要产毒菌株及分布

目前已陆续从雪腐镰刀菌、木贼镰刀菌、拟枝孢镰刀菌、梨孢镰刀菌、半裸镰刀菌、粉红镰刀菌、砖红镰刀菌等镰刀菌中分离出 BUT。BUT 还是烟草烟雾复合物的成分之一，某些食物中也存在 BUT。大骨节病区的 30 个玉米样品中丁烯酸内酯的检出率为 73.3%，浓度范围是 0.02～0.40 mg/kg。非病区产的 28 个玉米样品全部未检出。83 个饲料样品中 BUT 的检出率为 52%，中位数和最大浓度分别为 23 μg/kg 和 1 490 μg/kg。目前研究 BUT 毒性时所用的浓度普遍较高，在实际的膳食暴露量未知的条件下不能真实反映其毒性。长期小剂量暴露研究方面仍属空白。

3. 毒素合成及产毒条件

国外早期对动物丁烯酸内酯急性中毒反应的研究发现，对于小白鼠的 LD_{50}，经口服时为 275 mg/kg，腹腔注射时为 43.6 mg/kg，该毒素还可引起兔子轻微的皮肤反应。对仓鼠丁烯酸内酯气雾剂亚急性中毒的观察表明，在 130 ppm 浓度下，动物出现流泪、多涎、流鼻涕、生长迟滞、红细胞减少、肝脏质量增大、鼻腔上皮组织高度变异等症状及病理学改变。而在 5.4 ppm 和 25 ppm 浓度下未观察到丁烯酸内酯引起的病变。Tookey 观察发现牛犊口服丁烯酸内酯 69～89 mg/kg 13 d 后死亡；给予小剂量的丁烯酸内酯可诱发牛犊胃肠道出血及急性炎症等病理改变；当每天口服 31 mg/kg 时，46 d 后动物出现体重减少及食管和胃溃疡。21 d 饮用含丁烯酸内酯的水后，小鼠的体重无显著改变，甚至每日饮用含 0.5 mg/mL 丁烯酸内酯的水，体重改变仍不显著，口腔糜烂也未观察到。

近年来国内对动物丁烯酸内酯急性中毒反应的研究发现，大鼠经口 1 次灌服丁烯酸内酯 193 mg/kg 4 h 后，红细胞总数、血红蛋白含量及血细胞比容均比对照组显著增加，而红细胞平均体积、平均血红蛋白含量及红细胞分布宽度没有明显的改变；血浆生化指标除血浆总胆固醇轻度升高外，其他指标未见明显变化；血浆中 Ca^{2+}、Na^+、K^+、Cl^- 等离子浓度未见明显变化。而在中毒 24 h 后，血液中红细胞系统和白细胞系统指标未见显著性变化；血浆谷草转氨酶、总蛋白、白蛋白含量及碱性磷酸酶比正常对照组明显降低；总胆固醇与正常对照组比较无明显改变；血浆 Ca^{2+} 浓度有轻度降低。无论是中毒 4 h，还是中毒 24 h，血浆尿素氮、肌酐、谷丙转氨酶及乳酸脱氢酶活性与正常对照组比较均无明显改变。大鼠经口 1 次灌服丁烯酸内酯 193 mg/kg 后 4 h 肝脏脂质过氧化产物丙二醛含量有所升高，非蛋白巯基含量降低；中毒 24 h 后，肝脏脂质过氧化产物丙二醛含量明显升高，非蛋白巯基含量明显降低，与对照组比较有显著性差异。证实丁烯酸内酯可以引发脂质过氧化反应，使脂质过氧化产物蓄积，巯基损耗，从而使机体的抗氧化能力降低。

（二）对食品的污染、危害及其致病机制

丁烯酸内酯对培养的大鼠心肌细胞有很强的毒性作用并且呈现明显的剂量效应关系，能引起心肌细胞的脂质过氧化作用，这种作用有可能是因为丁烯酸内酯作用于线粒体呼吸链，从而影响了电子在呼吸链上的传递过程，表明心肌细胞对丁烯酸内酯的毒性作用非常敏感。丁烯酸内酯能够明显降低 HepG2 细胞的抗氧化能力。丁烯酸内酯可以影响线粒体呼吸链的功能及降低细胞内抗氧化防御能力，从而引起线粒体内活性氧的过量产生，进而引发细胞生物大分子的氧化性损伤，并通过其他途径引起细胞损伤，揭示了丁烯酸内酯可以削弱细胞非酶性抗氧化能力。丁烯酸内酯对软骨细胞的氧化系统和抗氧化系统具有不同作用。即低浓度毒素仅仅加强了机体的抗氧化系统但对氧化系统没有影响，表现为刺激反应；中浓度毒素则既增强了机体的氧化系统又加强了抗氧化系统，但对前者的作用更明显；高浓度毒素则对这两个系统均产生了抑制作用，但对抗氧化系统的抑制作用更明显。毒素组电镜下均表现为脂质代谢异常以及细胞器膜结构的改变。细胞活性方面表现为加微量毒素时，细胞处于应激状态因而细胞生长增殖受到刺激，随着毒素浓度的增高，表现为抑制作用，表明丁烯酸内酯可影响软骨细胞的生长代谢、DNA 合成和细胞分裂增殖。

（三）毒性与危害及其机制

在 0~1.0 mg/mL 范围内，BUT 暴露可诱导软骨细胞凋亡，同时伴随 Bcl-2 和 Bax 表达增加，而硒补充可抑制 BUT 诱导的软骨细胞凋亡。

BUT 对多种哺乳动物细胞系、原代培养的新生大鼠及小鼠心肌细胞具有细胞毒性。最低有效浓度在 1~25 μg/mL。高浓度 BUT（≥4 μg/mL）暴露能引起人类软骨细胞的细胞毒性，而低浓度 BUT（1~2 μg/mL）则可能增加细胞生存活力。诱导 ROS 产生被认为是 BUT 引起 HepG2 细胞毒性的主要机制。BUT 暴露产生的 ROS 可导致细胞的脂质过氧化和 DNA 损伤。在大鼠心肌细胞中，BUT 诱导线粒体紊乱，激活 ROS 产生。

连续 7 周以上以灌胃方式给予大鼠 10 mg/kg bw 或 20 mg/kg bw 的 BUT，可造成大鼠体重下降、心肌和肝脏损伤，组织及血清的氧化应激及氧化损伤标记物增加。小鼠连续 3 周饮用含 BUT（0.5 mg/mL）的水后，体重无明显变化。1.25 mg/L 或更高浓度的 BUT 对大鼠胚胎生长发育有不良影响，而当浓度为 0.625 mg/L 时则无作用。单剂量卵内注射（10~100 μg）BUT 可引起鸡胚胎心肌、肝脏和肾脏氧化应激。1.5 mg 以上的 BUT 可使小母牛皮肤发生炎症结痂病变。持续肌肉注射（1.1 g/d）3 个月、持续口服（4.5 g/d）2 个月或持续肌肉注射（3.8 mg/kg）90 d 可引起实验动物体重减轻和尾尖坏死。口服 39 mg/kg 和 68 mg/kg 的 BUT 可使小公牛分别在 3 d 和 2 d 内丧命。连续口服 31 mg/kg 的 BUT，46 d

后可发现实验动物体重减轻、食管和胃溃疡。

按欧洲化学品管理局风险评估技术规范推算，其预测无效应浓度（PNEC）为 0.016 8 $\mu g/L$，而按经济合作与发展组织对化学品测试的指导方针计算 PNEC 为 0.168 $\mu g/L$。BUT 可致斑马鱼胚胎心包积液、血液循环不畅以及大脑发育不良，但对最终孵化水平影响不大。BUT 对 HeLa 细胞、Ptk2 细胞、Sf9 细胞、HL-60 细胞和 K562 细胞的毒性相似，但神经元细胞对其更加敏感。BUT 处理 2 h 后发现 HeLa 细胞的 caspase 底物蛋白 PARP 裂解，表明活化蛋白酶 caspase-3 可能是 BUT 诱导 HeLa 细胞凋亡的机制之一。在 BUT 处理早期阶段（2 h 内），MAPKs 家族的 JNK 和 ERK 被活化的时间早于 p38。JNK 抑制剂 SP600125 处理后，能部分抑制 HeLa 细胞凋亡，而 p38 和 ERK 抑制剂没有此作用，说明 JNK 是 MAPKs 家族中参与 BUT 诱导细胞凋亡的主要蛋白。此外研究还发现，Bcl-2 家族蛋白与 BUT 的促凋亡相关，而与钙蛋白酶关系不大。

第五节　3-硝基丙酸

（一）性质及其产生

1. 化学结构与性质

3-硝基丙酸是结晶化合物，溶于水、乙醇、乙酸乙酯、丙酮和乙醚，不溶于苯。主要存在于发红的甘蔗中。分子式为 $C_3H_5NO_4$，分子量为 119.08，化学结构式见图 9-7。

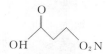

图 9-7　3-硝基丙酸的化学结构式

2. 污染现状

3-硝基丙酸是节菱孢霉菌的有毒代谢产物，是变质甘蔗食物中毒的主要毒性物质。我国主要甘蔗产区及甘蔗制品均有节菱孢霉菌的污染现象。

3. 产毒菌株与产毒条件

节菱孢霉菌，简称"节菱孢"或"节菱孢菌"，是一类产毒霉菌，主要包括蔗生节菱孢和甘蔗节菱孢等。每年 2—4 月为此菌的活跃期。25℃为其最佳产毒温度，该菌对光照无特殊要求。

4. 代谢

许多学者在牛、羊和大鼠等动物体内进行了 3-硝基丙酸的代谢研究。它在牛羊的消化道中吸收最快，入血后迅速降解。灌胃后其血液浓度达峰时间约为 12 min，进入血液后很快向各组织分布，能迅速通过血脑屏障，给药后 5 min 即可在脑部不同区域检出 3-硝基丙酸。肾脏为其主要排泄途径，3 d 内从尿、粪中排出总灌胃量的 22.3%，其余以代谢产物形式均匀分布于各组织中。

（二）健康危害及其检测

1. 健康危害

甘蔗节菱孢中毒主要危害人的中枢神经系统和消化系统，会造成神经损害，急性期的症状如呕吐、眩晕、阵发性抽搐、眼球偏侧凝视、昏迷，甚至死亡，后遗症主要为锥体外系的损害，包括屈曲、扭转、痉挛、肢体强直、静止时张力减低等。重者 1～3 d 死亡，病死率为 9.4%。重症患者占 24.2%，多为儿童。甘蔗节菱孢中毒给患者肉体上、精神上带来很大痛苦，愈后较差。

2. 临床表现

神经病理检查可见主要损伤部位是脑的尾-壳核，海马体、丘脑、大脑皮质和小脑皮质也可受累。电镜检查可见神经元胞浆疏松、线粒体肿胀和核染色质积聚，最后胞浆和核均发生固缩。还可见轴索膜与髓鞘间水肿、轴索内线粒体肿胀、髓鞘变薄或断裂、星形胶质细胞水肿、血管内皮细胞线粒体肿胀、血管周围有肿胀的突起。

根据患者有进食变质甘蔗史，出现恶心、呕吐、腹痛、腹泻等胃肠道症状以及昏迷、抽搐、脑局灶性损害等中枢神经系统障碍，及从可疑变质甘蔗样品中分离出节菱孢霉菌或检测出 3-硝基丙酸，一般可以确诊。根据临床表现可分为轻、中、重三级。

（1）轻度中毒。起病急，一般在食入霉变甘蔗 2～3 h 出现头痛、头晕、恶心、呕吐、腹痛、视物不清等症状，较快恢复正常。

（2）中度中毒。除轻度中毒的症状外，出现嗜睡、精神萎靡及脑局灶性损害，如眼球向上凝视或偏侧凝视、垂直性或水平性眼球震颤、运动性失语、锥体系或锥体外系神经损害。

（3）重度中毒。在中度中毒症状的基础上，迅速发展为昏迷、抽搐等脑水肿表现。

3. 检测方法

目前国内外测定 3-硝基丙酸的方法有薄层色谱法、高效液相色谱法和气相色谱法。其中，薄层色谱法较为常用，原理为：样品中的 3-硝基丙酸经提取、净化及浓缩后，点样液于硅胶薄层板上，展开后喷显色剂（3-甲基-2-苯并噻唑啉酮水合盐酸盐），在长波紫外光灯下显示黄色荧光点，利用目视定量或薄层扫描仪测定其含量。

（刘　亮）

参 考 文 献

[1] 孙长颢. 营养与食品卫生学[M]. 8版. 北京：人民卫生出版社，2017.

[2] 孙长颢，刘金峰. 现代食品卫生学[M]. 2版. 北京：人民卫生出版社，2018.

[3] 刘烈刚. 食品污染与健康[M]. 武汉：湖北科学技术出版社，2015.

[4] 刘阳. 真菌毒素加工脱毒技术研究[M]. 北京：科学出版社，2018.

[5] CHRISTINE E. R. DODD，TIM ALDSWORTH，RICHARD A. STEIN，et al. 食源性疾病[M]. 3版. 北京：中国轻工出版社，2021.

[6] 白艺珍，李培武，丁小霞，等. 我国粮油作物产品真菌毒素风险评估现状与对策探讨[J]. 农产品质量与安全，2015,6：54-58.

[7] 李雅静，秦曙，杨艳梅，等. 中国谷物真菌毒素污染研究现状[J]. 中国粮油学报，2020,35(3)：186-194.

[8] 王文珺，孙双艳，叶金，等. 我国现行真菌毒素检测标准概述[J]. 食品安全质量检测学报，2019,10(4)：837-847.

[9] ALSHANNAQ A，YU J. H. Occurrence，Toxicity，and Analysis of Major Mycotoxins in Food[J]. Int J Environ Res Public Health，2017,14(6)：632.

[10] PLEADIN J，FRECE J，MARKOV K. Mycotoxins in food and feed[J]. Adv Food Nutr Res，2019,89：297-345.

[11] KARLOVSKY P，SUMAN M，BERTHILLER F，et al. Impact of food processing and detoxification treatments on mycotoxin contamination[J]. Mycotoxin Res，2016,32(4)：179-205.

[12] LIEW WP，MOHD-REDZWAN S. Mycotoxin：Its Impact on Gut Health and Microbiota[J]. Front Cell Infect Microbiol，2018,8：60.

[13] DELLAFIORA L，DALL′ASTA C. Forthcoming Challenges in Mycotoxins Toxicology Research for Safer Food-A Need for Multi-Omics Approach[J]. Toxins (Basel)，2017,9(1)：18.

[14] DELLAFIORA L，DALL′ASTA C，GALAVERNA G. Toxicodynamics of Mycotoxins in the Framework of Food Risk Assessment-An In Silico Perspective[J]. Toxins(Basel)，2018,10(2)：52.

[15] PRADEEP KUMAR，DIPENDRA K MAHATO，MADHU KAMLE，et al. Aflatoxins：A global concern for food safety，human health and their management[J]. Front Microbiol，2017,7：2170.

[16] 雷元培，周建川，王利通，等. 2018年中国饲料原料及配合饲料中霉菌毒素污染调查报告[J]. 工作研究，2020,41(10)：60-64.

[17] 杨雪，高亚男，王加启，等. 亚洲和欧美地区霉菌毒素及其暴露风险分析[J]. 食品工业科技，2020,41(5)：311-318.

[18] MARI ESKOLA，GREGOR KOS，CHRISTOPHER T ELLIOTT，et al. Worldwide contamination of food-crops with mycotoxins：Validity of the widely cited "FAO estimate" of 25%[J]. Crit Rev Food Sci Nutr，2020,60(16)：2773-2789.

[19] TURNER P. C，HOPTON R. P，LECLUSEY，et al. Deter-minants of urinary deoxynivalenol and de-epoxy deoxynivalenol in male farmers from Normandy，France[J]. J. Agric. Food Chem，2010,58：5206-5212.

[20] NIELSEN J. K，VIKSTROM A. C，TURNER P，et al. Deoxynivalenol transport across the human placental barrier[J]. Food Chem. Toxicol，2011,49：2046-2052.

[21] COLLINS T. F，SPRANDO R. L，BLACK T. N，et al. Effects of deoxynivalenol (don，vomitoxin) on in utero development in rats[J]. Food Chem. Toxicol，2006,44：747-757.

[22] BAE H. K，PESTKA J. J. Deoxynivalenol induces p38 interaction with the ribosome in monocytes and macrophages[J]. Toxicol. Sci，2008,105：59-66.

[23] MEKY F. A，TURNER P. C，ASHCROFT A. E，et al.Development of a urinary biomarker of human exposure to deoxynivalenol[J]. Food and Chemical Toxicology，2003,41：265-273.

[24] WARTH B，SULYOK M，BERTHILLER F，et al. New insights into the human metabolism of the Fusarium myco-

toxins deoxynivalenol and zearalenone[J]. Toxicol. Lett,2013,220:88-94.

[25] YU M,WANG D,XU M,et al. Quinocetone-induced nrf2/ho-1 pathway suppression aggravates hepatocyte damage of sprague-dawley rats[J]. Food Chem. Toxicol,2014,69:210-219.

[26] PENG Z,CHEN L,NUSSLER A. K,et al. Current sights for mechanisms of deoxynivalenol-induced hepatotoxicity and prospective views for future scientific research: A mini review[J]. J. Appl. Toxicol,2017,37:518-529.

[27] YU M,CHEN L,PENG Z,et al. Mechanism of deoxynivalenol effects on the reproductive system and fetus malformation: Current status and future challenges[J]. Toxicol. In Vitro,2017,41:150-158.

[28] CHEN L,PENG Z,NUSSLER A. K,et al. Current and prospective sights in mechanism of deoxynivalenol-induced emesis for future scientific study and clinical treatment[J]. J. Appl. Toxicol,2017,37:784-791.

[29] FRISVAD J C,THRANE U,SAMSON R A,et al. Important mycotoxins and the fungi which produce them[M]. Advances in Food Mycology,2006.

[30] HE J,ZHOU T,YOUNG J C,et al. Chemical and biological transformations for detoxification of trichothecene mycotoxins in human and animal food chains: A review[J]. Trends in Food Science and Technology,2010(21):67-76.

[31] YU M,CHEN L,PENG Z,et al. Embryotoxicity Caused by DON-Induced Oxidative Stress Mediated by Nrf2/HO-1 Pathway[J]. Toxins,2017,9(6):188.

[32] JARAMILLO M. C,ZHANG D. D. The emerging role of the nrf2-keap1 signaling pathway in cancer[J]. Genes Dev, 2013,27:2179-2191.

[33] ZHOU H.R,ISLAM Z,PESTKA J. J. Rapid, sequential activation of mitogen-activated protein kinases and transcription factors precedes proinflammatory cytokine mrna expression in spleens of mice exposed to the trichothecene vomitoxin[J]. Toxicol. Sci,2003,72:130-142.

[34] PEARSON G,ROBINSON F,BEERS GIBSON T,et al. Mitogen-activated protein (MAP) kinase pathways: regulation and physiological functions[J]. Endocr. Rev,2001,22:153-183.

[35] CALONI F,RANZENIGO G,CREMONESI F,et al.Effects of a trichothecene,T-2 toxin,on proliferation and steroid production by porcine granulosa cells[J]. Toxicon,2009,54(3):337-344.

[36] ZHENG W,FENG N,WANG Y,et al. Effects of zearalenone and its derivatives on the synthesis and secretion of mammalian sex steroid hormones: A review[J].Food and Chemical Toxicology,2019,6:18-32.

[37] ROGOWSKA A,POMASTOWSKI P,SAGANDYKOVA G,et al. Zearalenone and its metabolites: Effect on human health,metabolism and neutralisation methods[J].Food Chemistry,2019,2:214-223.

[38] AL-JAAL BA,JAGANJAC M,BARCARU A,et al. Aflatoxin,fumonisin,ochratoxin, zearalenone and deoxynivalenol biomarkers in human biological fluids: A systematic literature review,2001—2018[J]. Food and Chemical Toxicology,2019,4:152-163.

[39] CHRISTIANE GRUBER-DORNINGER,TIMOTHY JENKINS,GERD SCHATZMAYR. Global Mycotoxin Occurrence in Feed:A Ten-Year Survey[J]. Toxins,2019,11:1-25.

[40] KOWALSKA K,HABROWSKA-GRCZYSKA,DOMINIKA EWA,et al. Zearalenone as an endocrine disruptor in humans[J]. Environmental Toxicology and Pharmacology,2016,48:141-149.

[41] WANG X,YU H,SHAN A,et al. Toxic effects of Zearalenone on intestinal microflora and intestinal mucosal immunity in mice[J]. Food and Agricultural Immunology,2018,29(1):1002-1011.

[42] FLECK SC,CHURCHWELL MI,DOERGE DR. Metabolism and pharmacokinetics of zearalenone following oral and intravenous administration in juvenile female pigs [J]. Food Chem Toxicol,2017,106:193-201.

[43] GAJECKA M,ZIELONKA L,GAJECKI M. Activity of Zearalenone in the porcine intestinal tract[J]. Molecules, 2016,22(1):E18.

[44] MALLY A,SOLFRIZZO M,DEGEN GH. Biomonitoring of the mycotoxin Zearalenone: current state-of-the art and application to human exposure assessment [J]. Arch Toxicol,2016,90(6):1281-1292.

[45] ZHENG W,PAN S,WANG G,et al. Zearalenone impairs the male reproductive system functions via inducing struc-

tural and functional alterations of sertoli cells [J]. Environ Toxicol Pharmacol,2016,42:146-155.

[46] ZINEDINE A,SORIANO J. M,MOLT J. C,et al. Review on the toxicity,occurrence,metabolism,detoxification,regulations and intake of zearalenone:an oestrogenic mycotoxin[J]. Food Chem Toxicol,2007,45(1):1-18.

[47] 尚艳娥,杨卫民. CAC、欧盟、美国与中国粮食中真菌毒素限量标准的差异分析[J]. 食品科学技术学报,2019,37(01):14-19.

[48] 谭红霞,马良,郭婷,等. 玉米赤霉烯酮新型生物传感器检测技术研究进展[J]. 食品与发酵工业,2019(2):240-246.

[49] 杨美璐,吴峰洋,刘静慧,等. 玉米赤霉烯酮毒性的研究进展[J]. 饲料研究,2019(1):74-77.

[50] 邓友田,袁慧. 玉米赤霉烯酮毒性机理研究进展[J]. 动物医学进展,2007,28(2):89-92.

[51] 马传国,王英丹. 玉米赤霉烯酮污染状况及毒性的研究进展[J]. 河南工业大学学报,2017,38(1):122-128.

[52] 刘盼,蔡俊. 玉米赤霉烯酮生物脱毒与降解的研究进展[J]. 中国酿造,2017,37(2):1-5.

[53] 夏春龙. 粮食及其制品中真菌毒素快速检测技术研究进展[J]. 粮油食品科技,2013,21(3):26-28.

[54] 朱克卫. 粮食作物中真菌毒素及其检测与脱除方法研究进展[J]. 粮食与油脂,2014,27(8):66-69.

[55] 孟娟,张晶,张楠,等. 固相萃取-超高效液相色谱-串联质谱法检测粮食及其制品中的玉米赤霉烯酮类真菌毒素[J]. 色谱,2010,28(6):601-607.

[56] LIU X,FAN L,YIN S,et al. Molecular mechanisms of fumonisin B1-induced toxicities and its applications in the mechanism-based interventions[J]. Toxicon,2019,167:1-5.

[57] LUMSANGKUL C,CHIANG H,LO N,et al. Developmental Toxicity of Mycotoxin Fumonisin B-1 in Animal Embryogenesis: An Overview[J]. Toxins,2019,11(2):1-12.

[58] ALEXANDER N J,PROCTOR,ROBERT H,et al. Genes,gene clusters,and biosynthesis of trichothecenes and fumonisins in Fusarium[J]. Toxin Reviews,2009,28(2/3):198-215.

[59] 左小霞,高志贤,曹巧玲. 伏马菌素 B1 检测的免疫芯片技术研究[J]. 中国卫生检验杂志,2008(4):597-598.

[60] 任文洁,黄志兵,许杨,等. 伏马菌素 B1 胶体金免疫层析快速检测试纸条的研制[J]. 食品工业科技,2015,36(24):58-63.

[61] 王莹,顾舒舒,何成华,等. 伏马菌素 B1 噬菌体单链抗体库的构建与鉴定[J]. 南京农业大学学报,2013(5):113-119.

[62] 王金昌,王小红,杨一兵,等. 伏马菌素的毒害及脱毒防控技术的研究进展[J]. 江西科学,2009(1):76-80.

[63] 张荷,胡琼波,刘承兰. 伏马菌素的毒性及其作用机理[J]. 西北农林科技大学学报(自然科学版),2016,44(1):162-166.

[64] 刘书宇. 伏马菌素的研究进展[J]. 安徽农业科学,2009,37(24):11397-11399.

[65] 张凡,姜琳,李芳芳,等. 伏马菌素毒性及其毒性机制研究进展[J]. 中国药物警戒,2018,15(10):45-50.

[66] 杨静,哈益明,王锋,等. 伏马菌素分析方法研究进展[J]. 河南工业大学学报(自然科学版),2008,29(4):89-94.

[67] 任爱国,李竹. 伏马菌素与神经管畸形发病关系的研究进展[J]. 中国生育健康杂志,2007,18(1):55-60.

[68] 杨世亚,邱景富. 食品中真菌毒素的污染状况与检测方法研究进展[J]. 现代预防医学,2012,39(22):5897-5900.

[69] 郭耀东,刘艺茹,袁亚宏,等. 我国主要食品中伏马菌素污染水平分析与风险评估[J]. 西北农林科技大学学报(自然科学版),2014,42(1):78-82.

[70] RINGOT D,CHANGO A,SCHNEIDER Y. J,et al. Toxicokinetics and toxicodynamics of ochratoxin A,an update [J]. Chemico-Biological Interactions,2006,159(1):18-46.

[71] 郝俊冉,许文涛,黄昆仑. 赭曲霉毒素 A 生成转化及致毒机制的研究进展[J]. 食品工业科技,2012,33(12):427-433.

[72] ALBASSAM M. A,YONG S. I,BHATNAGAR R,et al. Histopathologic and electron microscopic studies on the acute toxicity of ochratoxin A in rats[J]. Veterinary Pathology,1987,24(5):427-435.

[73] 赵博. 赭曲霉素 A 污染及毒性研究进展[J]. 粮食与油脂,2006,4:39-42.

[74] 王巍,王刘庆,刘阳. 食品中主要真菌毒素生物合成途径研究进展[J]. 食品安全质量检测学报,2016,7(6):2158-2167.

[75] 李军,于一茫,田苗,等. 免疫亲和柱净化-柱后光化学衍生-高效液相色谱法同时检测粮谷中的黄曲霉毒素、玉米赤霉烯酮和赭曲霉毒素 A[J]. 色谱,2006,24(6):581-584.

［76］ 朱超,白文荟,张桂兰,等.核酸适配体技术在霉菌毒素检测中的应用［J］.中国食品学报,2018,18(05):213-226.

［77］ 陈兴龙,徐玲,刘仁荣,等.基于噬菌体展示技术的赭曲霉毒素 A 高密度模拟表位的表达研究［J］.食品科学,2012,33(19):188-192.

［78］ 闫好杰,卫敏,郭凯丽.基于新型核酸适配体传感器的赭曲霉毒素 A 检测研究［J］.河南工业大学学报自然科学版,2018,39(1):93-96.

［79］ 周伟璐,王宇婷,孔维军,等.胶体金色谱技术在赭曲霉毒素 A 快检中的研究进展［J］.中国中药杂志,2015,40(15):2945-2951.

［80］ 赵阳阳,吕蕾,刘仁杰,等.适配体生物传感器在赭曲霉毒素检测中的应用［J］.食品科技,2017(6):280-284.

［81］ 熊露,王晓云,梁志宏.羧肽酶 A 的脱毒功能及其应用前景［J］.生物技术通报,2017,8:82-86.

［82］ 王玉萍,黄昆仑,梁志宏.微生物对赭曲霉毒素 A 的生物脱毒机理研究进展［J］.农业生物技术学报,2017,2:316-323.

［83］ FUNG F,CLARK R. F. Health effects of mycotoxins:A toxicological overview［J］. Journal of Toxicology.Clinical Toxicology,2004,42(2):217-234.

［84］ SHERHARD G. S.Impact of mycotoxins on human health in developing countries［J］. Food Additives and Contaminants:Part A,2008,25(2):146-151.

［85］ ZAIN M. E. Impact of mycotoxins on humans and animals［J］. Journal of Saudi Chemical Society,2011,15:129-144.

［86］ YAMAZAKI M,SUZUKI S,MIYAKI K.Tremorgenictoxins from Asoergillus fumigatus Fres［J］. Chem Pharm Bull,1971,19(8):1739.

［87］ LIU J. Y,SONG Y. C,ZHANG Z,et al. Aspergillus fumigatus CY018,an endophyic fungus in Cynodon dactylon as versatile producer of new and bioactive metabolites［J］. J Biotechnol,2004,114:279-287.

［88］ 刘江.震颤毒素研究进展［J］.国外医学:卫生学分册,1992(3):155-158.

［89］ EICKMAN N. Structure of fumitremorgin A［J］.Tetrahedron Lett,1975,8:1045-1051.

［90］ COLE R. J,COX R. H. Tremorgin group. Handbook of Toxic Fungal Metabolites［M］. New York:Academic Press,1981:355-509.

［91］ HORIE Y,YAMAZKI M. Productivity of tremorgenic mycotoxins A and B in Aspergillus fumigatus and allied species［J］. Nippon Kingak kai Kaiho,1981,22(1):113-119.

［92］ NAKATSUKA S. Synthetic studies on fumitremorgin. II.Total sythesis of fumitremorgin B［J］. Tetrahedron Lett,1986,27(52):6361-6364.

［93］ KODATO S. Total sythesis of (＋) fumitremorgin B,its epimeric isomers,and demethoxt derivatives ［J］. Tetrahedron,1988,44(2):359-377.

［94］ HINO T. A synthesis of so-called fumitremorgin C［J］. Tetrahedron,1989,45(7):1941-1944.

［95］ NIELSEN P. V. Growth and fumitremorgin Production by Neosartorya fischeri as affected by food presernatives and organic acids［J］,J Appl Bacteriol,1989,66(3):197-207.

［96］ NIELSEN P. V. Influence of atmospheric oxygen content on growth and fumitremorgin Production by a heated-resistant mold［J］. Neosartorya fischeri.J Food Sci,1989,54(3):679-682.

［97］ NIELSEN P. V.Growth of and fumitremorgin production by Neosartorya fischeri as affected by temperature,light and water activity［J］. Appl Environ Mycotoxins,1988,54(6):1504-1510.

［98］ 魏桂兰,王子坚,赵萍,等.贵州省粮食、土壤中烟曲霉震颤毒素的污染调查［J］.中国公共卫生学报,1998,17(5):298.

［99］ 何树森,辛又川,刘金秀,等.四川省部分主要粮食中霉菌及其毒素污染状况调查［J］.预防医学情报杂志,1999,15(4):199-201.

［100］ 张慧玲,何欣荣,刘霞,等.安徽省主要粮食中霉菌及其毒素污染状况研究［J］.中国公共卫生,2001,17(1):73-74.

［101］ 廖兴广,张秀丽,王爱月,等.河南省粮食中伏马菌素、杂色曲霉素和烟曲霉震颤素污染状况研究［J］.中国公共卫生学报,1999,18(1):46-47.

[102] 李军,李森,颜燕.几种真菌毒素在山东省主要粮食中污染情况调查[J].中国公共卫生,1999,15(5):382.

[103] 刘桂华,赵共和,孙武长,等.吉林省三种主要粮食中烟曲霉及其毒素污染状况的研究[J].卫生研究,1998,27:55.

[104] GRENIER B,APPLEGATE T. J. Modulation of Intestinal Functions Following Mycotoxin Ingestion:Meta-Analysis of Published Experiments in Animals[J]. Toxins,2013,5:396-430.

[105] GALLAGHER R. T,KEOGH R. G. The role of fungal tremorgens in ryegrass staggers[J]. New Zealand Journal of Agricultural Research,2012,20(4):431-440.

[106] 孟玲玲,班晓敏,张皓博,等.烟曲霉震颤素 C 对小鼠的急性和亚慢性毒性试验[J].南京农业大学学报,2015,38(6):998-1002.

[107] SABATER-VILAR M,NIJMEIJER S,FINK-GREMMELS J. Genotoxicity assessment of five tremorgenic mycotoxins (fumitremorgen B,paxilline,penitrem A,verruculogen,and verrucosidin)produced by molds isolated from fermented meats[J]. Journal of Food Protection,2003,66(11):2123-2129.

[108] YAMAZAKI M,SUZUKI S,KUKITA K. Neurotoxical studies on fumitremorgin A,a tremorgenic mycotoxin,on mice[J]. Biological & Pharmaceutical Bulletin,1979,2(2):119-125.

[109] YAMAZAKI M,SUZUKI S,OZAKI N. Biochemical investigation on the abnormal behaviors induced by fumitremorgin A,a tremorgenic mycotoxin to mice[J]. 1983,6(10):748-751.

[110] NISHIYAMA M,KUGA T. Pharmacological effects of the tremorgenic mycotoxin fumitremorgin A[J]. Japanese Journal of Pharmacology,1986,40(4):481-489.

[111] NISHIYAMA M,KUGA T. Central effects of the neurotropic mycotoxin fumitremorgin A in the rabbit(I). Effects on the spinal cord[J]. Japanese Journal of Pharmacology,1989,50(2):167.

[112] NISHIYAMA M,KUGA T. Central effects of the neurotropic mycotoxin fumitremorgin A in the rabbit(II). Effects on the brain stem[J]. Japanese Journal of Pharmacology,1990,52(2):201-208.

[113] LAND C J,HULT K,FUCHS R,et al. Tremorgenic mycotoxins from Aspergillus fumigatus as a possible occupational health problem in sawmills[J]. Applied & Environmental Microbiology,1987,53(4):787-790.

[114] LAND C J,LUNDSTR M H,WERNER S. Production of tremorgenic mycotoxins by isolates of Aspergillus fumigatus,from sawmills in Sweden[J]. Mycopathologia,1993,124(2):87.

[115] 刘岱岳,余传隆,刘鹊华.生物毒素开发与利用[M].北京:化学工业出版社,2007.

[116] 刘江,俞世荣.烟曲霉震颤素 B 的高效液相色谱检测方法的建立[J].卫生研究,1996,6:368-370.

[117] 刘江,孟昭赫.FTB 单克隆抗体的研制与特性鉴定[J].中国食品卫生杂志,1998,1:9-11.

[118] FORNAL E,PARFIENIUK E,CZECZKO R,et al. Fast and easy liquid chromatography-mass spectrometry method for evaluation of postharvest fruit safety by determination of mycotoxins:Fumitremorgin C and verruculogen[J]. Postharvest Biology & Technology,2017,131:46-54.

[119] 聂继云.果品及其制品展青霉素污染的发生、防控与检测[J].中国农业科学,2017,50(18):3591-3607.

[120] 杨倩,刘艳琴,赵男,等.食品中展青霉素的研究进展[J].食品研究与开发,2017,38(8):211-216.

[121] WEI C,YU L,QIAO N,et al. Progress in the distribution,toxicity,control,and detoxification of patulin:A review [J]. Toxicon,2020,184:83-93.

[122] LI X,LI H,LI X,et al. Determination of trace patulin in apple-based food matrices[J]. Food Chem,2017,15:290-301.

[123] ZHONG L,CARERE J,LU Z,et al. Patulin in Apples and Apple-Based Food Products:The Burdens and the Mitigation Strategies[J]. Toxins(Basel),2018,10(11):475.

[124] SALEH I,GOKTEPE I. The characteristics,occurrence,and toxicological effects of patulin[J]. Food Chem Toxicol,2019,129:301-311.